计算机建筑应用系列

AutoCAD
建筑设计"易筋经"

黎 亮　王 渊　丁庆祥　著

中国建筑工业出版社

图书在版编目（CIP）数据

AutoCAD建筑设计"易筋经"/黎亮等著．北京：中国建筑工业出版社，2004
（计算机建筑应用系列）
ISBN 7-112-06930-0

Ⅰ.A... Ⅱ.黎... Ⅲ.建筑设计：计算机辅助设计—应用软件，AutoCAD Ⅳ.TU201.4

中国版本图书馆CIP数据核字（2004）第106195号

本书共分上、下两篇，即二维基础部分和三维设计部分。上篇为前4章，通过简单讲述了AutoCAD初学者应知的基本知识和操作，并运用实战操演来使读者能够熟练地应付建筑工程的二维制图。下篇为后5章，运用制作三维模型的过程，达到用AutoCAD的目的；用做好的三维模型研究设计，透过虚拟的三维世界，来推敲设计，然后将推敲好的结果快速地通过二维的图纸表达出来。

本书力图引导读者突破二维设计的局限，通过更好的、更贴切的三维设计方式，使得读者的设计能力快速地提高，为将来的设计打好基础。

本书适合从事建筑设计计算机辅助设计人员，同样适合于AutoCAD爱好者，也可供大专院校相关专业师生教学使用。

责任编辑 张礼庆 郭 栋
责任设计 刘向阳
责任校对 刘 梅 王金珠

计算机建筑应用系列
AutoCAD建筑设计"易筋经"
黎 亮 王 渊 丁庆祥 著

*

中国建筑工业出版社出版、发行（北京西郊百万庄）
新 华 书 店 经 销
北京建筑工业印刷厂印刷

*

开本：787×1092毫米 1/16 印张：27 字数：670千字
2004年12月第一版 2004年12月第一次印刷
印数：1—4,000册 定价：**52.00**元（含光盘）
ISBN 7-112-06930-0
TU·6174（12884）

版权所有 翻印必究
如有印装质量问题，可寄本社退换
（邮政编码100037）

本社网址：http://www.china-abp.com.cn
网上书店：http://www.china-building.com.cn

前言

"这易筋经实是武学中至高无上的宝典，只是修习的法门甚为不易，……一百多年前，少林寺有个和尚，自幼出家，心鲁钝，疯疯颠颠。他师父苦习易筋经不成，怒而坐化。这疯僧在师父遗体旁拾起经书，嘻嘻哈哈的练了起来，居然成为一代高手。但他武功何以如此高强，直到圆寂归西，始终说不出一个所以然来，旁人也均不知是易筋之功。"——金庸《天龙八部》。

用 AutoCAD 做建筑设计手法很多，有人最后就成为"辅助设计"的高手，有人最后做成"辅助绘图"的高手，有人至今庸庸。学习与应用 AutoCAD，应该超脱一点，本无需苦思冥想，顺其自然才是；同样做建筑设计有成者亦有不成者，为何？方法正确与否？无论是学习还是从事设计，有没有正确的方法显然是其中的关键法门；本书可以称为用 AutoCAD 学做建筑设计的"易筋经"，教您形成一套做建筑设计的新思路、新方法。

2004 年 7 月 7 日子夜，经历了一年半的时间，终于，本书脱稿了。

一年半的时间，时断时续，版本也从最早的 AutoCAD2004 的阿尔发版本到了 2005 的简体中文版，连 ET 工具都变成中文的了，见图 0-1。

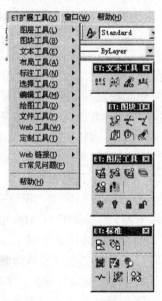

图 0-1　ET工具栏

在这一年多的时间里，著者和著者的家庭都发生着很大的变化，可以说，惟一没有变化的，是一份执着。今天，它能得以完成，靠的是，这份执着，当然，还有李箐和其他朋友们的不断鼓励鞭策☺。

做建筑的人大概还记得，在一年半以前，有这样一件事情，CCTV 的新楼投标，库哈斯（Rem Koolhaas）夺标。当时，众多的建筑人就展开了很"开诚布公"的辩论。即便是当时甚至出口大骂的人，也无法否认其设计的视觉冲击力，而我们国内的方案与其相比……。是中国人不灵光吗？笔者认为不是，而且，大家也不会这么认为吧。就连库哈斯本人也曾经高度评价一些中国的建筑师："Ma could be the first Chinese architect who breaks through internationally, through his commitment to the local – political, economic, and——马先生可能是第一位实现国际性突破的中国建筑师，通过对地区政治，经济……的贡献。"但是，为什么差距如此的大？！笔者后来认识了一个朋友，曾经在被派驻在库哈斯的事务所工作，从他给笔者的转述中可以窥见一斑：他们专门有一个模型室，会做很多的模型来帮助思索……。就是嘛！本来，人的世界，包括建筑就是三维的世界，而图纸是二维的东西，靠它来表现，来承载三维的东西何其难哉！不信？！就做张人头的图试试，看看得要多少张平立剖才能……，而一个小小的三维的模型就可以把一切简化。

在笔者工作中接触到的一些比较有成就的建筑师的工作经验来看，他们依然要花大量的时间和精力去制作各种比例的整体或局部的模型来进一步推敲，越是难度高的建筑，他们在模型上所花的时间越多，乃至远远超过了绘制图纸的时间，建筑师在空间中思考，从三维角度考虑问题会给设计带来事半功倍的效果。

比如马清运做的北京后海项目，多方面以三维的方式思考，工作中配合以大量的三维模型；再比如，曾主持山本理显设计工场建外 SOHO 设计的迫庆一郎（"在中国，我们有很多事情都是请教 Sako 的"——SHA）更是以大量的模型协助思索，甚至工作中为一个很小的问题制作多个模型（如同我们做多个方案）来辅助设计。

现在，大家可能要问了，在实际模型上工作，意味着高额的消费，我们没有这么多的钱来制作模型，更不可能有一个专门的模型室怎么办？这就是本书力图解决的问题了。你有计算机吧？你有 AutoCAD 吧？！（没有的话，我劝你还是尽快去买一套，这可是学习本书的基础。）我们通过计算机模拟现实来进行设计，这样可以节省大量的人力物力，并且，以 AutoCAD 进行三维设计，更可以将前期的工作与后期紧密结合，达到"Auto"的目的。在本书的写作过程中，笔者也学习了 Sketch Up 快模软件等新兴的计算机辅助设计类软件，在这些软件中就更多的强调了三维模型，篇幅有限在此就不多论述。总的来讲，我们力图通过本书，引导读者突破二维设计的局限，通过更好的、更贴切的三维设计方式，使得读者的设计能力有所提高，为将来的设计打下良好基础。

在此，我还想说的一件事是，现在国内很多的"设计师"在使用 AutoCAD 时，只将其作为低端的代笔工具，完全曲解 CAD 的涵义把"CAD, abbr. 计算机辅助设计 (computer aided **design**)"变成了"CAD, abbr. 计算机辅助绘图 (computer aided **draw**)"。而且，甚至绘图的技法都很低劣，甚至离开了国产二次开发软件就不会"设计"（其实是画图）了，乃至言曰："不是有天*吗？！还装什么 AutoCAD 啊！有了天*，AutoCAD 还有什么用啊！"狂晕啊~~！天*的张工听了简直哭笑不得。甚至北京某著名设计所，测试设计的时候还在片面强调画图速度，而其本身，却没有基本的画图模板，不知道 R15 版本已经可以不用分色来区别打印粗细了，至于交叉引用等组工作技法，更是闻所未闻……

唉！不知道什么时候才能真的从计算机辅助绘图走向辅助设计。本书希望以很初步的事例引导读者从简单的二维做起，直到可以掌握基本与实际的三维设计方法。可能有人会问，"既然你强调三维设计，为什么不直接就写三维设计呢？"的确，本书最早的定位是只有三维部分的，但是，从多方的教学经验来看，必要的二维基础是很重要的，而如同上面所说的，二维基础也不容乐观，所以本书还是要花大量的篇幅讲二维的部分，如果读者认为自己的二维作图没有问题，可以略过前面二维的部分。再强调一遍，这本书讲的是如何用 CAD 做设计，如果，你学三维是为了画张漂亮的效果图，这本书似乎不适合你，它只适合真正有心做设计的人。

本书共分上、下两篇，即二维基础部分与三维设计部分。二维部分为第 1~4 章，三维部分为第 5~9 章，共 9 个章节。分由两位作者编写。且风格各异。讲解形式略有不同，力求给大家耳目一新的感觉。读者可根据自己的喜好选择阅读方式。

二维部分将从第 1 章，简单讲述 AuotCAD 的历史、AuotCAD 现阶段版本的发展方向及更新开始，教初学者一些 AutoCAD 的基本操作，比如：打开或者关闭文件、如何缩放绘图的窗口、如何切换到另一张图纸，以及 AuotCAD 新增加的方便的功能，以便更及时地了解 AutoCAD 的新增功能。

而后进入第 2 章，将主要讲述运用 AutoCAD 2005 绘制图形前的准备工作及相关的绘图环境设置，例如 AutoCAD 2005 特有的坐标系统、图形单位与图形界限设置、图层设置、绘图辅助功能设置以及简单的绘图操作等内容；使 AutoCAD 2005 的用户熟知这些知识，然后更高效、便捷地使用 AutoCAD 2005 进行工程图的设计以及绘制。

第 3 章开始实战操演，引入了一个小型住宅的建筑设计，这个单体的小住宅面积虽然不大，但是建筑应该有的部分也非常的齐备。我们引入这个实例，用来说明绘制一张建筑工程图的步骤，这里我们会由浅入深地详细讲解，重点讲解一些使用的绘图技巧。从建筑的轴线开始，再到建筑的外立面、剖面以及结构图。最后还将运用 AutoCAD 2005 新的填充功能，完成一张布置好家具的彩色平面布置图。对前面几章为了这章打下的基础作一个总结与练习，为大家演示一个完整二维绘图的过程。

在第 4 章里，我们会利用与完善第 3 章的小住宅建筑设计，进一步的丰富里面的设计内容。为它填加一些建筑元素。比如家具、卫浴设备、厨房设施等等内容。还要给它配上图纸框以及图签。直到最后打印出图，做成一张标准的图纸。在第 4 章里，我们将完成这一过程。在这个过程之中，我们将用到很多 AutoCAD 的高级命令，这里面包含了笔者多年的绘图工作总结出的经验。并且，AutoCAD2005 新的一些实用功能，将在第 4 章中得以应用，这里面包括：定义和修改图块、外部参照的管理、修正用云线、AutoCAD2005 支持的真色彩、工具选项板的使用、AutoCAD 设计中心等等。

通过对二维部分的学习，读者应该可以熟练地应付建筑工程的二维制图了。

从第 5 章开始，我们将进入三维世界。

第 5 章，我们以一个例子来给大家展示三维的个阶段过程，并且，以此打消读者对三维的顾虑，让大家看到：用心学，三维"就那么回事……"！

第 6 章，"心法"！很枯燥的三维理论，而且，读了半天，似乎也没什么长进，没见有一张图出来，但是，这是基础，熟练掌握了这章的内容，才能更好地进行三维的设计。在这章里，读者应尽力：

➢ 熟悉AutoCAD世界坐标系（WCS）的特性，熟悉如何设置坐标系的位置和三维模型在坐标系中的方向。

➢ 熟悉如何管理和理解AutoCAD用户坐标系（UCS）的图标。

- ➢ 能够在三维空间移动和设置在任意方向观察的视点。
- ➢ 能够用二维绘图技术通过AutoCAD的用户坐标系构造三维模型。
- ➢ 熟悉多视口设置和操作。

三维设计，建模是基本。AutoCAD提供了线框模型、面模型和实体模型共3种建模方式，由于篇幅有限，以及用实体建模，简单、方便，并且对于设计整体而言，要比其他建模方式更利于后期的工程工作。所以，在这本书里，我们不再讨论其他的建模方式，而专一论述实体建模及修改。

第7章将以简单建筑元的形式来讲解实体模型的建立，共分两部分讲解：

一、标准实体元建模。从掌握基本的形状入手，掌握建立实体模型的程序。

二、自定义模型。练习建立自己设计的实体对象的技巧。

在第7章里，将教大家：
- ➢ 区分实体模型和3D表面模型的不同。
- ➢ 理解实体工具栏的组织。
- ➢ 使用每种建立实体元的命令。
- ➢ 使用Extrude（拉伸）和Revolve（旋转）命令从2D对象建立3D对象。
- ➢ 理解命令的规则和限制。

辅助设计程序，在制作模型后，必须要有强大的模型编辑程式，才能做出千变万化的模型。AutoCAD也不例外。作为一款专业的CAD软件，AutoCAD具备了强大的模型编辑功能，尤其在实体模型的编辑，更是强大。学习第8章后，读者可以掌握以下技能：
- ➢ 剖切实体模型。
- ➢ 检验实体干涉，勾画实体轮廓。
- ➢ 在实体模型中完成布尔操作。
- ➢ 细化柔化实体。
- ➢ 编辑单体实体模型。
- ➢ 制作组合实体模型

我们一直反复强调，制作三维模型，从来不是CAD的目的，当然，主业做效果图的读者除外，AutoCAD是一个辅助设计的软件，我们做三维模型的目的也就在此。我们的目的是，用做好的三维模型来研究设计，透过虚拟的三维世界，来推敲我们的设计。然后，将推敲好的结果快速的通过二维的图纸表达出来。

所以，在第9章中，我们将讲解：如何观察研究三维模型和如何把三维模型快速准确地用二维方式输出。第9章将努力使读者学会：
- ➢ 使用Dview和3Dorbit命令动态观察三维对象。
- ➢ 能够使用AutoCAD的专用命令根据3D实体模型创建2D多视图。

中国本土的建筑师们，在全球化进程不断加快的今天，洋建筑师们不断涌入中国，挤占市场份额，当你们看到自己周围到处充斥着洋建筑师的作品的时候，你们，作为中国自己培养的建筑师，心里难道就没有感到难过和羞愧？难道你们就愿意这样沦为洋建筑的绘图员？我想，从心里讲，大家都不愿意！那么，就让我们行动起来，以骄人的成绩向世界宣布：中国有自己的建筑师！中国的建筑师是优秀的！

然，也许有细心的读者会发现，书中写的是 AutoCAD，而光盘中附加的是 ICAD，是否有点不配套呀？！既然提出，想是需要解释了。本书主旨是希望大家使用新思维、新方法，而 ICAD 也是一种新思路、新方法开发出的中国人自己的平台，完全脱离 AutoCAD，是不同于天正与理正软件的自主产权产品。所以在本书中予以介绍，也将促成中国的建筑师更加快速发展。

以"虚拟建筑"的概念出发把建筑师从疲于经营图面效果中重新拉回到实现他们的原始目标上。如果一个建筑师仍拒绝使用 3D Design 的话，他惟一的理由只能是"懒惰"。让我们携起手来，为推动中国建筑事业的不断向前发展贡献自己的一份力量。

注：文中所有 AutoCAD 命令均不区分大小写。
光盘中附加内容：
      浩辰 ICAD 平台软件
      浩辰 ICAD 建筑软件
      浩辰 ICAD 电气软件
      浩辰 ICAD 暖通软件
      浩辰 ICAD 给排水软件

目　　录

第1章　AutoCAD 2005 基础介绍 ……………………………………………3

1.1　关于 AutoCAD 2005 ………………………………………………3
1.1.1　启动 AutoCAD2005 ………………………………………3
1.1.2　开始使用 AutoCAD …………………………………………21
1.2　本章练习 ………………………………………………………36

第2章　设置 AutoCAD 2005 绘图环境 ……………………………………37

2.1　AutoCAD 的坐标系统 ………………………………………………37
2.1.1　笛卡儿坐标系（世界坐标系）………………………………37
2.1.2　数据输入的方法 ……………………………………………39
2.1.3　用户坐标系 …………………………………………………43
2.2　单位及图形界限的设置 ……………………………………………46
2.3　AutoCAD 2005 图层设置 …………………………………………47
2.3.1　图层的概念 …………………………………………………47
2.3.2　图层创建与命名 ……………………………………………47
2.3.3　控制图层状态 ………………………………………………48
2.4　制作建筑图的模板 …………………………………………………50
2.4.1　图形界限设置 ………………………………………………50
2.4.2　保存和关闭文件 ……………………………………………51
2.4.3　图形单位设置 ………………………………………………53
2.4.4　设置图层 ……………………………………………………55
2.4.5　设置尺寸标注以及文本标注样式 …………………………59
2.4.6　保存为模板文件 ……………………………………………65
2.4.7　调用模板文件 ………………………………………………66
2.5　本章练习 ………………………………………………………71

第3章　单体小型住宅设计 …………………………………………………72

3.1　分析建筑平面 ………………………………………………………72
3.2　绘制住宅的平面图 …………………………………………………73
3.2.1　绘制小住宅的轴线 …………………………………………75

3.2.2 绘制小住宅的墙体 ……………………………………………………80
3.2.3 绘制窗 ……………………………………………………………104
3.2.4 图块应用 …………………………………………………………105
3.2.5 门的绘制 …………………………………………………………111
3.2.6 渐渐成型的住宅平面 ……………………………………………114
3.3 为图形添加尺寸标注 ……………………………………………………125
3.3.1 AutoCAD 中的尺寸标注 …………………………………………125
3.3.2 绘制尺寸标注 ……………………………………………………126
3.4 本章练习 …………………………………………………………………132

第 4 章 制图的技巧 …………………………………………………………134

4.1 绘制家具图块 ……………………………………………………………134
4.1.1 绘制一个沙发 ……………………………………………………134
4.1.2 调用外部文件到图形 ……………………………………………142
4.2 家具、插入图块 …………………………………………………………146
4.2.1 设计中心 …………………………………………………………146
4.2.2 工具选项板 ………………………………………………………152
4.2.3 查询 ………………………………………………………………155
4.2.4 完成这个住宅的布置 ……………………………………………157
4.3 图案填充 …………………………………………………………………158
4.3.1 阴影线的填充 ……………………………………………………158
4.3.2 渐变真色彩的填充 ………………………………………………168
4.3.3 显示顺序 …………………………………………………………172
4.4 打印出图 …………………………………………………………………173
4.4.1 运用 AutoCAD 的光栅打印机 …………………………………174
4.4.2 打印到图纸上 ……………………………………………………198
4.5 本章练习 …………………………………………………………………217

第 5 章 初识三维 ……………………………………………………………221

5.1 欢迎进入三维世界 ………………………………………………………221
5.1.1 做简单的楼体研究模型 …………………………………………222
5.1.2 轴测消隐观察 ……………………………………………………235
5.2 三维的下一步 ……………………………………………………………235
5.2.1 两个同样方形的配楼 ……………………………………………235
5.2.2 半圆柱型的露台 …………………………………………………237
5.3 再做一步 …………………………………………………………………240
5.3.1 南配房的制作 ……………………………………………………240

5.3.2 用旋转及抽壳做台阶 ………………………………………………………249
5.4 简单的三维观察 …………………………………………………………………258
5.5 结束语 ……………………………………………………………………………259

第6章 步入三维空间 …………………………………………………………………260

6.1 三维空间与坐标系统 ……………………………………………………………260
6.2 右手定则 …………………………………………………………………………262
6.3 在三维空间确定点 ………………………………………………………………263
   6.3.1 点输入设备 ………………………………………………………………263
   6.3.2 输入 X、Y 和 Z 坐标 ……………………………………………………263
   6.3.3 使用点过滤 ………………………………………………………………263
   6.3.4 输入柱面坐标 ……………………………………………………………265
   6.3.5 输入球面坐标 ……………………………………………………………266
6.4 坐标系统 …………………………………………………………………………266
6.5 坐标系统的图标 …………………………………………………………………267
6.6 控制图标的 UCSICON 命令 ……………………………………………………270
   6.6.1 开(ON)选项 ………………………………………………………………270
   6.6.2 关(OFF)选项 ……………………………………………………………270
   6.6.3 全部(A)选项 ……………………………………………………………270
   6.6.4 非原点(N)选项 …………………………………………………………270
   6.6.5 原点(OR)选项 ……………………………………………………………270
   6.6.6 特性(P)选项 ……………………………………………………………271
   6.6.7 相对 UCSICON 命令的菜单 ……………………………………………272
6.7 关于三维空间确定方向的体会 …………………………………………………272
6.8 三维观察基础 ……………………………………………………………………273
6.9 VPOINT 命令 ……………………………………………………………………274
   6.9.1 指定视点选项 ……………………………………………………………274
   6.9.2 [旋转(R)]选项 …………………………………………………………274
   6.9.3 罗盘 COMPASS 和三角架 TRIPOD 选项 ………………………………275
6.10 PLAN 命令 ………………………………………………………………………277
   6.10.1 当前 UCS(C)选项 ………………………………………………………277
   6.10.2 UCS(U)选项 ……………………………………………………………278
   6.10.3 世界(W)选项 …………………………………………………………278
   6.10.4 应用实例 ………………………………………………………………278
6.11 DDVPOINT 命令 …………………………………………………………………279
6.12 3DORBIT 命令简述 ……………………………………………………………280
   6.12.1 3DCORBIT 命令 …………………………………………………………281
   6.12.2 其他细节问题 …………………………………………………………281

- 6.13 用户坐标系 ... 282
- 6.14 ELEV 命令 ... 283
  - 6.14.1 新的当前标高 ... 283
  - 6.14.2 厚度 ... 283
- 6.15 UCS 命令 ... 283
  - 6.15.1 "NEW" 选项 ... 284
  - 6.15.2 "移动(M)" 选项 ... 288
  - 6.15.3 "正交(G)" 选项 ... 288
  - 6.15.4 "上一个(P)" 选项 ... 288
  - 6.15.5 "恢复(R)" 选项 ... 289
  - 6.15.6 "保存(S)" 选项 ... 289
  - 6.15.7 "删除(D)" 选项 ... 289
  - 6.15.8 "应用(A)" 选项 ... 289
  - 6.15.9 "?" 选项 ... 290
  - 6.15.10 "世界(W)" 选项 ... 290
- 6.16 UCSMAN 命令 ... 290
  - 6.16.1 "命名 UCS" 选项卡 ... 290
  - 6.16.2 "正交 UCS" 选项卡 ... 291
  - 6.16.3 "设置" 选项卡 ... 292
- 6.17 VIEW 命令 ... 292
- 6.18 多平铺视口 ... 293
  - 6.18.1 平铺视口特性 ... 294
  - 6.18.2 使用平铺视口 ... 294
  - 6.18.3 视口和用户坐标系 ... 296
- 6.19 VIEWPORTS(VPORTS)命令 ... 296
  - 6.19.1 "新建视口" 选项卡 ... 296
  - 6.19.2 "命名视口" 选项卡 ... 298
- 6.20 命令行选项 ... 299
  - 6.20.1 合并选项 ... 299
  - 6.20.2 "？" 选项 ... 300

第7章 实体建模 ... 302

- 7.1 介绍 ... 302
  - 7.1.1 实体模型的用途 ... 303
  - 7.1.2 绘制实体图 ... 303
- 7.2 实体元的制作 ... 303
  - 7.2.1 绘制一个立方体实体 ... 304
  - 7.2.2 生成锥形实体 ... 311

7.2.3	使用椭圆形底构建锥体	313
7.2.4	生成圆柱实体	315
7.2.5	生成球体实体	317
7.2.6	生成一个楔形实体	319
7.2.7	生成一个环体实体	322

7.3 从二维创建实体 ……………………………………………………… 323
    7.3.1 生成拉伸的实体 …………………………………………………… 324
    7.3.2 生成一个旋转体实体 ……………………………………………… 333

第 8 章 实体进阶 …………………………………………………………… 340

8.1 介绍 …………………………………………………………………… 340
8.2 单体的简单编辑及其他 ……………………………………………… 341
    8.2.1 用平面来分割三维实体 …………………………………………… 341
    8.2.2 实体截面 …………………………………………………………… 347
    8.2.3 找出重叠区域 ……………………………………………………… 349
8.3 布尔操作 ……………………………………………………………… 350
    8.3.1 并集 UNION 操作 ………………………………………………… 352
    8.3.2 差集 SUBTRACT 命令 …………………………………………… 353
    8.3.3 交集 INTERSECT 命令 …………………………………………… 356
8.4 单个对象的边角修整操作 …………………………………………… 357
    8.4.1 圆角 FILLET 命令 ………………………………………………… 358
    8.4.2 倒角 CHAMFER 命令 …………………………………………… 360
8.5 编辑实体 ……………………………………………………………… 362
    8.5.1 表面编辑 …………………………………………………………… 363
    8.5.2 边缘编辑 …………………………………………………………… 374
    8.5.3 主体编辑 …………………………………………………………… 376
8.6 三维操作菜单命令 …………………………………………………… 382

第 9 章 三维模型的观察利用 ……………………………………………… 386

9.1 三维观察 ……………………………………………………………… 386
    9.1.1 三维动态观察模式 ………………………………………………… 386
    9.1.2 古老的三维观察：DVIEW 命令 ………………………………… 402
9.2 三维模型的二维输出 ………………………………………………… 410
    9.2.1 图纸空间中的实体模型 …………………………………………… 411
    9.2.2 SOLPROF 命令 …………………………………………………… 411
    9.2.3 SOLVIEW 命令 …………………………………………………… 413

上篇

二维基础部分

第1章 AutoCAD 2005 基础介绍

1.1 关于 AutoCAD 2005

今天的计算机、互联网技术的已经非常的普及，我们的工作的生活都发生了变化，在建筑工程的计算机辅助设计领域，也发生了革命性的变化。现在的建筑设计领域更多的是异地合作，通过互联网交换文件已经很普遍，但是根本的转变在于不同地域的同行们可以同时在互联网上共享设计的资源，更好地进行信息交流。基于以上的考虑 AutoDesk 公司开发的 AutoCAD 系列软件，自 AutoCAD 2000i 版本起加强了软件的集成互联网技术，从而增进了软件用户之间与设计团体、客户、项目管理人员以及其他的项目有关参与人员之间的交流与协作。例如在网络上发布设计数据、召集网络会议、搜索世界范围内的设计资源，将制造商和供应商网站上的有关内容直接插入到当前的 AutoCAD 图形中等等。

AutoCAD 2005 是 AutoDesk 公司出品的 AutoCAD 系列的最新版本，可以说新版本对以往的设计概念将是一个革新。用户可以很方便地输入来源于 Web 的图标，轻松地发布一套图作品到公司的 Web 站点。用户可以快捷地获得最新的软件升级，找到待解决的技术问题的答案。使用 AutoCAD 2005，设计团队局域网或个人虚拟网的团队可以更容易合作。不管团队是在一个房间里，还是分散在世界的各个地方，AutoCAD 配备的工具都能使工程协调更加容易。同时在绘图工具里面也得到了相应的加强，例如，渐变的阴影图案、更加丰富的色彩，三维的编辑命令等等。

在开始应用这些新的功能之前，用户需要熟悉一些 AutoCAD 的基础知识。在第一章里面，初学者可以了解到 AutoCAD 的基本操作，比如：打开或者关闭文件、如何缩放绘图的窗口、如何切换到另一张图纸。

如果读者熟悉 AutoCAD 的早期版本，这一章对你也会有帮助，以便更及时地了解到 AutoCAD 的新增功能。

1.1.1 启动 AutoCAD 2005

更加人性化的 AutoCAD

安装好了 AutoCAD 2005 以后，在桌面上双击 AutoCAD 2005\acad.exe（可执行文件）的图标（图 1-1）即可启动 AutoCAD 2005。

启动 AutoCAD 2005 时，系统可能会自动弹出如图 1-2 所示的移植自定义设置的对话框。这是由于 AutoCAD 检测到了计算机已经安装了 AutoCAD 早期版本。它可以把我们在以前版本内的习惯设置直接移入到 AutoCAD 2005 中，省去了很多麻烦，提

图 1-1 AutoCAD 2005 图标

高工作效率。假如读者的计算机是初次安装 AutoCAD 软件，那么该对话框将不会出现。用户可以单击"确定"按钮。

AutoCAD 2005 会弹出如图 1-3 所示的对话框，单击"是"按钮即可。

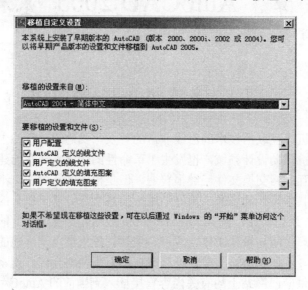

图 1-2　移植自定义设置对话框

图 1-3　配置移植成功对话框

这时会出现 migration.log 的记事本文件，这里面显示了移植设置的文件路径等内容，读者浏览后关闭即可（如图 1-4 所示）。

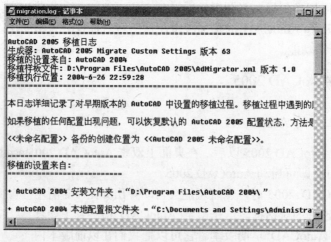

图 1-4　migration.log 的记事本文件

现在 AutoCAD 2005 正式启动了，AutoCAD 2005 和 AutoCAD 早期各版本的首先不同之处就在于，在启动 AutoCAD 2005 时会首先出现新功能专题研习对话框，这对于有一定 AutoCAD 使用经验的用户来讲是非常有帮助的，这里面大致地说明了 AutoCAD 2005 的新增强功能（如图 1-5 所示）。

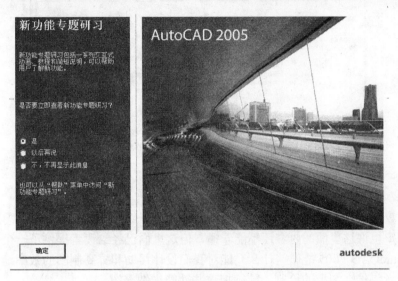

图 1-5　新功能专题研习对话框（一）

读者选择左侧的"是"选项，并单击对话框左下脚的"确定"按钮，接着会相继显示图 1-6、图 1-7 对话框。

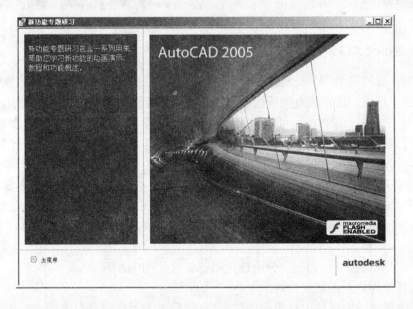

图 1-6　新功能专题研习对话框（二）

图1-7 新功能专题研习对话框（三）

笔者建议无论是 AutoCAD 的新老用户，都应该仔细看看新功能专题研习对话框中的内容。新用户也许这里面的内容还不能看懂，但这里面已经给读者提供了一个平台，向用户展示了 AutoCAD 2005 能做些什么，能对我们设计帮助和提高制图的效率途径。这下面的章节，笔者将结合图形的绘制，陆续把这些功能详细介绍。

> 提示\注意：本书的很多地方，在一个讨论的主题之后，会看到这样的字样，这说明这段文字提到的是 AutoCAD2005 的新增功能以及一些作图的技巧。这些文字对提高读者的制图水平非常有用，因为这些都是笔者绘图经验的积累。请关注这样的文字。

写给 AutoCAD 的老用户（14版本之前）

本章的作者同样是一个长期的14版本用户，习惯了14版本的一贯用法，但是 AutoCAD 是不断发展更新的，这样就迫使我们要改变一些老的绘图习惯了。有的读者朋友因为使用 AutoCAD 已经有了一段时间，可能像我一样，已经习惯了一些特定的操作。如果大家觉得还是老的习惯用法比较合适，那么以下的步骤可以使得 AutoCAD2005 的工作环境用起来更加熟悉。

假设读者是刚刚接触 AutoCAD 的用户，可以在学习本书前3章以后再回头看下面这段文字，根据笔者的一些绘图经验来看，右键的单击对于绘图速度的提高有明显的效果。

例如，可以把右键单击功能恢复成 Enter（回车）键，取代右键单击菜单。下面是操作的步骤：

1. 单击菜单的工具>选项，弹出选项对话框（如图1-8所示）。
2. 选择"用户系统配置"选项卡。
3. 先选择"绘图区域中使用快捷菜单"，然后单击"自定义右键单击"按钮。
4. 弹出了"自定义右键单击"对话框，在对话框如图1-9所示选择，然后单击"应用并关闭"按钮。这样定义后的鼠标操作，基本上和 AutoCAD14 版本是一致的。

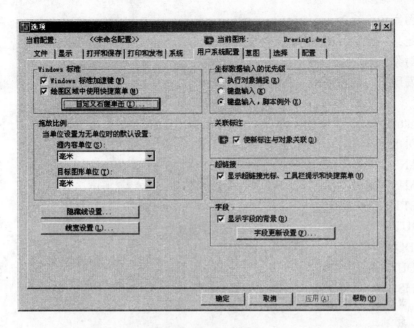

图 1-8 选项对话框

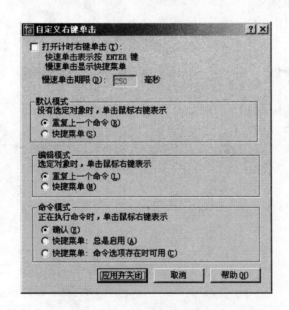

图 1-9 自定义右键单击对话框

有些应用 AutoCAD 更久的用户可能还喜欢通过键盘输入命令和命令选项,而不是用对话框。那么您仍然可以在命令行输入相应的命令。所不同的是使用这些命令时,要在命令的前面加上一个"-"。例如:要是用原来的 HATCH 命令,可以在命令行输入-h。然后命令行依然会提示:

输入图案名或 [?/实体(S)/用户定义(U)] <ANGLE>:
指定图案缩放比例 <1.0000>:

指定图案角度 <0>:
选择定义填充边界的对象或 <直接填充>,
选择对象:
你会发现很多的常用键盘命令依然有效。

以下是 AutoCAD 2005 中的新命令:
　　3DCONFIG
　　CLEANSCREENOFF
　　CLEANSCREENON
　　HLSETTINGS
　　JPGOUT
　　MREDO
　　PNGOUT
　　PUBLISH
　　QNEW
　　REVCLOUD
　　SECURITYOPTIONS
　　SETIDROPHANDLER
　　SIGVALIDATE
　　TIFOUT
　　TOOLPALETTES
　　TOOLPALETTESCLOSE
　　TRAYSETTINGS
　　WIPEOUT
　　XOPEN

以下命令已从 AutoCAD 2005 中删除:

　　DWFOUT
　　ENDTODAY
　　MEETNOW
　　TODAY

以下命令在 AutoCAD 2005 中已被更改:
　　BHATCH
　　BMPOUT
　　CHAMFER
　　CHECKSTANDARDS
　　COLOR

DDVPOINT
ETRANSMIT
FILLET
LAYOUTWIZARD
MTEXT
NEW
PAGESETUP
PLOT
SAVE
SAVEAS
STANDARDS
TOOLBAR
QUIT
VIEWRES
WHOHAS
WMFOUT
XATTACH
XREF

以下是 AutoCAD 2005 中的新系统变量：

GFANG
GFCLR1
GFCLR2
GFCLRLUM
GFCLRSTATE
GFNAME
GFSHIFT
GRIPHOVER
GRIPOBJLIMIT
GRIPTIPS
HPASSOC
INTERSECTIONCOLOR
INTERSECTIONDISPLAY
LOCALROOTPREFIX
MTEXTFIXED
MTJIGSTRING
MYDOCUMENTSPREFIX
PALETTEOPAQUE

PEDITACCEPT
REPORTERROR

ROAMABLEROOTPREFIX
SIGWARN
STANDARDSVIOLATION
STARTUP
TPSTATE
TRAYICONS
TRAYNOTIFY
TRAYTIMEOUT
TSPACETYPE
XREFNOTIFY

以下系统变量已从 AutoCAD 2005 中删除：

PLOTID
PLOTTER
STARTUPTODAY

以下系统变量在 AutoCAD 2005 中已被更改：

ACISOUTVER
CELCOLOR
CHAMFERA
CHAMFERB
CHAMFERC
DWGCHECK
FILLETRAD
MAXSORT
MIRRTEXT
OBSCUREDCOLOR
SAVETIME
SHORTCUTMENU
SORTENTS
VIEWRES
XLOADCTL
ZOOMFACTOR

对于一般的工程制图来讲，AutoCAD 2005 方便使用者的改变主要体现在以下几个方面：更简易的绘图组织、自动在每页加入页数、计划名称、客户资讯、自动设置指标、简易化的图表设置和文字编辑、整体运行速度。

Autocad 2005 是最快速、最便捷的 AutoCAD 版本，它附带了新增功能和增强功能，可以帮助用户更快地创建设计数据，更轻松地共享设计数据，更有效地管理软件。

更快地创建设计数据

在执行日常设计任务时，速度就是一切，如打开和发送文件、编辑标注、制作演示图纸和访问所需的工具等。这些新的 AutoCAD 2005 增强功能使您能够更快、更加有效地创建设计数据。

通过新的 DWG 格式获得高速体验

AutoCAD DWG 文件进行了优化，比运用旧版软件创建的文件小 52%。这意味着在通过电子邮件发送、上传和下载文件时可大大缩短文件打开和传送时间。

运用新工具提高生产力

新的 AutoCAD 工具面板对于清理屏幕空间和提高生产力发挥了重要作用：这些工具面板的透明度可以调整，能够增大屏幕工作区域，并且可以充分进行定制，因此您可以将日常使用的内容保存在一个方便的位置。例如，您只需从工具面板将图块拖入您的图纸即可，而不必使用命令插入它。Express Tools（包括图层管理、尺寸标注和对象修改）减少了完成工作所需的步骤。运用更新的"重做"功能，您可以跟踪修改历史，恢复多次"撤消"命令；希望列表项目（多行文本）现已包括定位点和缩排功能，并且删除了"文本编辑"对话框，可提供给用户更加友好的体验。

新的演示图形

现在，您可以运用 AutoCAD 应用程序所包含的高质量图形制作演示图纸，而无需额外的软件。在两种颜色或同一颜色的明暗色彩之间指定梯度填充。运用描影 Viewport 出图功能，打印演示质量的描影、[E 维下载]三维等角视图。而且，通过 1600 多万种可供选择的 24 位真色彩，包括 PANTONE&reg、RAL CLASSIC 和 RAL DESIGN 颜色系统库，您可以向 AutoCAD 2005 对象应用自己想要的颜色。

更加轻松地共享设计数据

许多人可以同时进行一个设计项目，包括承包商、分包商、业主和工程师等，这里不再一一列举了，而且每个人都有不同的视角。但是，无论一个团队是多么千差万别，所有人都朝着一个共同的目标努力：成功的项目。而且为实现这一目标，他们需要交换信息。新的 AutoCAD 2005 功能使您能够比以前更加轻松地共享数字设计数据。

安全地共享数据

通过在 CAD 中新增加的密码保护、数字签名和加强的 DWF 文件格式，可使用户安全高效地共享电子设计数据。用户可以：

1. 通过使用密码保护来确定哪些人能够打开用户的文件。
2. 通过进行数字签名可以保持数据的真实性，并为发送和接收数据提供一个安全的环境。可以进行工程协作、通过 Internet 传输文件并保证文件未被更改。
- 数字签名概述

  使用数字签名，可以更方便地与其他人进行工程协作，为图形接收者提供可靠信息，例如图形集的创建者以及图形在附加数字签名后是否被修改。
- 个人签名图形

  如果向文件附加数字签名，查看该文件的所有人都可以知道文件签名后是否被修改，修改将使数字签名无效。
- 查看带有数字签名的图形

  数字签名提供了验证（验证真实性）附加到图形文件的签名的电子方法。

3. 并且，通过使用增强的 DWF 文件格式，使得用户可以更加高速地通过英特网与需要查看和出图，而不是编辑您的 AutoCAD 2005 图纸的团队成员交换图档文件。
- 其主要优点是：

  Autodesk DWF 和查看器解决方案的突出优点是提高了项目的协调效率，并降低了成本（相对于纸上通信）。它们的数字功能能够提供图纸所不具备的过程改进，例如安全性、易于分发（相对于图纸或原有 CAD 格式）、强大的标记和跟踪功能、紧凑的存储和归档、在世界任何地方即时传输数据，以及与 AutoCAD 软件和 Autodesk® Buzzsaw® 服务集成的工作流。

  只有 Autodesk DWF Composer 能够通过直观的评审和审批过程，支持将红线圈阅标记直接完全返回到 AutoCAD 中。项目管理人员和 AutoCAD 绘图人员都可以在 AutoCAD 软件中浏览图纸集中的注释，还可以系统地复查评审集以完成审批过程，并将更改融入设计。DWF Composer 的注释浏览功能确保了整个设计评审过程中的所有红线圈阅和标记都会被列出并易于跟踪。这样就降低了成本、减少了错误和循环次数。
- 什么是 Design Web Format (DWF)？

  Design Web Format™ (DWF) 是 Autodesk 专为设计人员共享工程设计数据而开发的一种开放式安全文件格式。由于 DWF 文件高度压缩，因此比设计文件更小，传输速度更快，可用于交流丰富的设计数据，而无需与一般 CAD 图形相关的开销。DWF 文件不会取代原有的 CAD 格式（如 DWG）文件，并且不允许编辑文件中的数据。DWF 的目标是使设计人员、工程师、开发人员及其同事能够与任何需要查看、评审或打印设计信息的人员交流设计信息和构想。

  DWF 的最新版本是 DWF 6。DWF 6 允许用户在单个 DWF 文件中建立设计文档和布局的组合集。这样，工程人员就可以在单个 DWF 文件中建立图纸集的等价物，从而向在项目中执行各种任务的众多人员进行分发和交流。

——源自 AutoDesk 官方网站
细节问题不在本书讨论范围内，请参阅 www.autodesk.com.cn

共享内容

如果图纸已经绘制出来，请不要浪费时间重新绘制，使用它即可！您可以从更新的 AutoCAD 中直接将现有的设计内容（如图块、标准、布局甚至整个 DWG 文件）拖入您的图纸。也可以使用新的选项卡访问 Design Center Online（访问大量预绘制图形；内容的接入点），您可以简单地从 autodesk.com 或参与厂商的网站将内容拖入您的制图会话，而没有下载、保存和插入命令的烦扰。厂商也可以在一个方便的 I-drop 文件包中附加关联的设计信息，如电子表格和订单。

共享标准

运用 AutoCAD 2005，您将不必检查标准。该软件已具备"标准意识"：在您进行制图时，Standards Manager 会自动在后台运行。

而且，您可以选择要检查的标准类型（如尺寸和文本样式、图层或线型），并以读者友好的格式通过电子邮件发送或打印标准核查报告。

更加有效地管理软件

Autocad 2005 软件具有众多新的工具，可使您有效地管理和获得最大的技术投资回报。例如，运用 Autodesk Product Manager，您可以从单一位置跟踪多个软件许可的版本、序列号和 PC 编号，而不再需要访问每个办公室的每台 PC。如果您的设计人员需要在途中工作，可以通过 Autodesk Network License Manager (NLM) 方便地从您的网络借用软件许可。他们可以提前归还许可，也可以等待指定的借用时限到期。无论哪一种方式，NLM 都会自动在您的服务器上续借许可。

AutoCAD2005 的窗口

启动了 AutoCAD2005 之后，会出现 AutoCAD2005 的绘图窗口。窗口分为以下几个部分。

- 下拉菜单条
- 浮动工具条
- 绘图区
- 命令窗口
- 状态栏

如图 1-10 所示，这是一个典型的 AutoCAD2005 窗口的布局。绘图区占据了窗口的大部分面积，其他的菜单、浮动工具条、命令行、状态栏等等占据了其他的部分。读者的绘图区可能使用黑色显示，这没什么关系。当然，也可以在选项对话框中改变显示的颜色（在以后的章节里将会提到）。本书为了清晰，所以把绘图区设置成了白色。

所谓浮动的工具条，就是用户可以任意的改变它在窗口中的位置。用鼠标放在任意一个工具条上，按住左键不动，同时移动鼠标。你会发现很轻易地就可以移动到窗口的任意位置。同时，也可以改变工具条的形状。而菜单条以及状态栏是不可动的。

AutoCAD 2005 可以同时打开若干个图形，如图 1-11 所示。

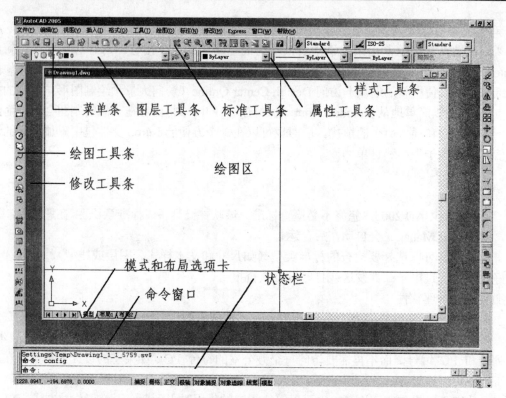

图 1-10　AutoCAD2005 的绘图窗口默认的布局

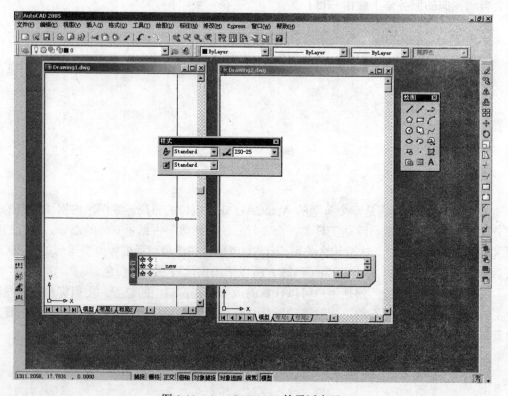

图 1-11　AutoCAD2005 的灵活布局

熟悉这些绘图工具

1．标准工具条（如图 1-12 所示）：黑框内这些图标都是 Microsoft 通用的功能。在 AutoCAD 2004 中，Redo（重做）命令得到了加强。用户可以重做到 Undo（放弃）之前的所有命令。后面黑框以外的部分是一些屏幕视角变幻的工具，以及设计中心和工程模板的开启按钮。这将在以后的章节里面详细介绍。

图 1-12　AutoCAD2005 的标准工具条

2．AutoCAD2005 把原来老版本的对象特征工具条拆成了两部分。图层工具条从对象特征里面独立了出来。

这里需要向新用户对图层的概念做一下介绍。观察图 1-13 所示的图层工具条，层的名字前是和层一起工作的工具图标，目前显示，当前的图层为默认的"0"层。

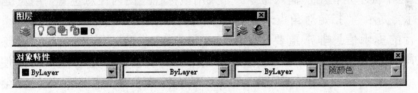

图 1-13　图层和对象特征工具条

图层允许将不同类型的信息分开，理论上 AutoCAD 允许用户设置无数的层。在新的图纸中，默认层为"0"层。层就好像是很多张拷贝纸叠在一起，每张上都可以有不同图形，可以一起看到，也可以关掉其中的一部分。运用 AutoCAD 可以很灵活地修改图层。

对象特征工具条显示了图元的一些相关属性，例如：颜色、线型等。

3．绘图工具条：如图 1-14 所示，提供建立新对象的命令。

图 1-14　绘图工具条

4．修改工具条：如图 1-15 所示，提供了修改对象的命令。

图 1-15　修改工具条

5．占据了最大面积的绘图区，我们绘制的任何内容都在这个区域显示出来。当读者移动鼠标的时候，会看到绘图区内鼠标变成了十字光标。这是绘图光标，十字光标的中心，就是读者用鼠标输入点的位置。在绘图区的底部是命令行，再下面为状态栏（如图 1-16 所示）。

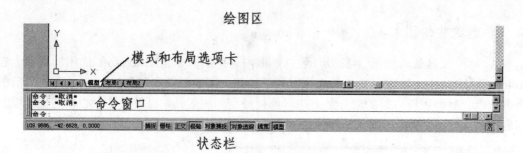

图 1-16 状态栏和命令窗口

可以在命令行内输入相关的绘图或者修改的命令，同时显示这些命令的提示，状态栏提供了图纸的信息，比如是出于模型空间还是图纸空间、正交模式是否打开等等。状态栏左侧显示了坐标的读数，表示光标所在的位置。命令窗口类似于工具条，可以移动和改变尺寸。默认情况下，命令窗口位于它的固定位置。AutoCAD 在这里显示对用户输入的反馈信息。默认状态下，它显示三行文字，最下一行先是当前的信息，上面两行显示以前的信息。有些情况下，当信息在一行内显示不下时可能会占用上一行的位置。目前最下面显示"命令："，这个提示是让用户输入命令。如果用鼠标在绘图内任意位置，用左键单击一点，这是命令行会提示："指定对角点："。同时，光标开始拉出一个矩形的选择框。

命令行的提示信息非常重要，这就是 AutoCAD 和读者的对话过程，除了给读者提供信息，命令窗口还记录用户在 AutoCAD 中的以前的命令历史，可以使用命令窗口右边的滚动条来回顾之前的信息。还可以放大这个窗口，用鼠标左键移至命令行的上方，注意鼠标的变化，然后按住鼠标左键，可向上或者向下拉动这个窗口，改变命令行的行数。

下拉菜单

另一种和 AutoCAD 对话的方式就是使用下拉菜单，这和许多的 Windows 应用程序是一样的。菜单条中的下拉菜单提供了一种对初学者来讲简单的控制 AutoCAD 的方式。由于使用的是中文版本，读者更能轻易地看懂这些下拉菜单。这些菜单中，包含了很多的核心命令和功能。在这些菜单中，可以找到绘图以及修改的常用命令，改变 AutoCAD 的设置，用户可以自定义符合需要的工作方式，设置系统的单位，获得帮助等等。

提示：按 Esc 键，可以快速地推出任何一个下拉菜单的选择。

通过下拉菜单可以打开对话框，读者可以改变对话框内的设置。下拉菜单还提供了一套和绘图、修改工具条相同的扩展工具。下拉菜单中还有很多子菜单，可以很方便地选择它们。

下面举一个用下拉菜单的例子。

1. 用鼠标选择绘图菜单。出现了一个下拉菜单列表（如图 1-17 所示），里面包涵了很多绘图的命令。读者先暂且不用管它们是如何使用的，因为此书下面的部分很快就会提到这些。现在我们先熟悉这些菜单的使用。

2. 用鼠标向下（不要离开绘图下拉菜单），选择圆弧（可以看到此项被高亮显示，

Windows 默认的被选择呈蓝色)。注意圆弧选项的右侧有一个向右指向小箭头,这表示该选项有子菜单,这些子菜单,意味着有附加的多项选择。现在已经出现了子菜单。这个子菜单成为层叠式菜单,不论是在 AutoCAD 中的哪个下拉菜单选项,只要它的后面出现了这个小三角形,那么说明后面包含有层叠式的子菜单,它提供了更详细的选项。

3. 鼠标向右移动,选择三点(如图 1-17 所示)。同时观察状态栏的左下角,显示出三点画弧的简单描述(如图 1-18 所示)。

其他的一些下拉菜单选项后面会跟有一个省略号(…),这表明如果选择这个选项会打开一个相应的对话框。

> 提示:仔细观察我们会发现,在命令行提示的中文描述后面会出现一个简短的英文单词。这个单词是键盘命令,它等效于高亮显示的菜单或工具条选项命令。用户可以键入这个键盘命令来运行这个命令,现在用户仅仅需要了解这个功能即可。后面的章节里面笔者将尽可能多地介绍经常使用的命令快捷键,方便读者的绘图。

再举一个例子,我们将要通过对话框打开或者关闭一些工具条。

1. 选择视图菜单,然后向下移动光标,选择工具栏(如图 1-19 所示)。弹出自定义的对话框。

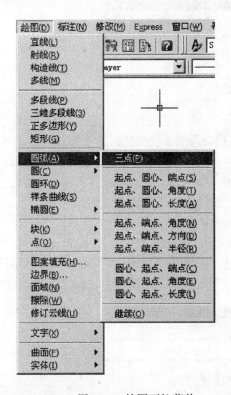

图 1-18 状态栏的提示

图 1-17 绘图下拉菜单　　　　图 1-19 在视图菜单里选择工具栏选项

2. 选择工具栏选项卡,按该选项卡左侧的工具栏里面的滚动条,直到出现对象捕捉,选择它(如图 1-20 所示)。

3. 这时出现了对象捕捉工具条（如图1-21所示）。
4. 在自定义对话框中，单击关闭按钮，关闭该对话框。

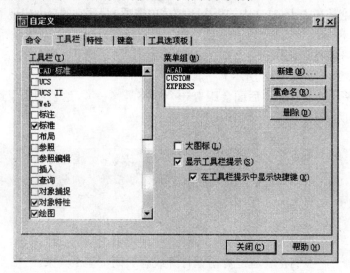

图1-20 自定义对话框

图1-21 对象捕捉工具条

移动工具条

AutoCAD 工具条之所以称之为"浮动工具条"，就是它拥有可移动性。它们可以浮动到 AutoCAD 绘图窗口中的任意位置，或者固定在窗口周围。我们把它放置于 AutoCAD 绘图窗口的底部、顶部或者两侧的边界，称之为"泊定"，就好像轮船的抛锚。在"泊定"的时候，工具条占用最小的空间。工具条的名称不显示，只能看到图标，在读者习惯了 AutoCAD 之后，会很容易分辨这些工具条，一般的布局，工具条一般都位于绘图窗口的周围。

现在我们先试着把这个捕捉工具条放置在绘图窗口边上。

1. 把光标移动到对象捕捉工具条的上方，就是和对象捕捉这几个字同一个水平方向的位置，一般 Windows 会显示这部分为蓝色，这部分称为"抓取条"。按住抓取条不放，试着移动鼠标，发现工具条在随着鼠标移动（如图1-22所示）。同时，出现了灰色的矩形。

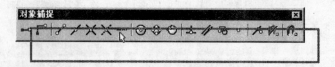

图1-22 移动的对象捕捉工具条

2. 按住鼠标不放，向下移动鼠标，灰色的矩形随着鼠标移动。
3. 当灰色的矩形框抵达绘图区的下边缘的时候，这个灰色的矩形发生了变化（如图1-23所示）。

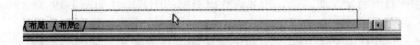

图 1-23　移动对象捕捉工具条到绘图区的下方

4．释放鼠标，捕捉工具条已经被移动到了绘图区的下方。位于布局选项卡之下。

5．现在再试试把它移动回去，用鼠标按住如图 1-24 所示的位置不放。

图 1-24　移动泊定工具条时鼠标箭头的位置

6．移动鼠标，发现刚才的灰色矩形框，又一次出现。把灰色框移动到绘图窗口中，释放鼠标。捕捉工具条又回到了窗口中，成为了浮动的工具条。

7．再一次把捕捉工具条放在如图 1-24 的位置。这个位置就是泊定位置了，以后的章节这个捕捉命令很有用，我们先把它放在这个位置，下次用的时候会很方便。

> 提示：可以双击泊定工具条的抓取条，工具条又回到了浮动的位置。反之亦然。这里要和新用户说明一下：捕捉是应用 AutoCAD 很关键的一个环节，图形的绘制和定位很多都要依靠捕捉的帮助。

关闭和打开工具条

可以改变任意一个工具条的位置，放置于用户使用方便的地方，当然，如果你愿意，也可以把它们全都关闭。打开自定义对话框，全部取消选择即可。在需要的时候，还可以再次把它们调出来。

1．关闭工具条

前面提到的，在自定义对话框内可以打开或者关闭工具条。另一种方法是在任意一个工具条上按右键，会弹出一个如图 1-25 所示的菜单，这个菜单其实是一个工具条名称集合。在工具条名称前面，有"√"显示，表明这个工具条已经被打开。单击这样的工具条名称中的某一个，相应的工具条将会被关闭。

再有就是，在工具条处于浮动的状态，用左键单击抓取条于右侧的"❌"，也可以关闭工具条。

2．打开工具条

再次用右键在某一个工具条上单击右键，然后菜单出现。用左键试着单击某一个没有"√"显示的工具条名称，会发现这个工具条会弹出。在这个菜单的最下端，有一个自定义选项，注意它的后面也有"…"号，单击它同样可以打开自定义对话框。

如果不小心关闭了所有的工具条也不要紧，还可以从视图菜单的

图 1-25　菜单

工具栏选项中打开自定义对话框,按名称找出需要的工具条(如图1-19所示)。

AutoCAD中有很多工具条,但是大多数都不是很常用,放在绘图窗口上,显得过于拥挤,绘图区会变得很狭窄。所以我们没有必要把它们都打开,仅仅保留几个常常用到的即可。

下面的列表1-1简要介绍了这些工具条的功能。

工具条的名称以及功能简介　　　　　　　　　　　　　表1-1

名称	功能
CAD标准	配置、检查标准(层、尺寸标注、文字样式等)
UCS	设置工作平面的工具,表示用户坐标系
UCS II	从一套预定义的用户坐标系统中进行选择的工具
Wed	访问World Wide Web(www)的工具
标注	标注图纸尺寸的工具命令集
标准	用于视图控制、文件管理和编辑的最常用命令
布局	用于观察、打印和标注图时设置图纸布局的工具
参照	控制图纸的交叉引用命令
参照编辑	允许修改作为外部参照图纸的符号或背景图纸的工具
插入	用来输入其他图纸、扫描图像的命令
查询	用来寻找距离、点的坐标,对象属性、块属性和区域的命令
对象捕捉	帮助选择对象上特定点的工具,比如选择对象的端点、中点等
对象特征	用来操作对象属性的命令
绘图	创建常用对象的命令。例如:移动、拷贝、旋转、擦除、修饰、扩展等
绘图顺序	控制对象显示顺序的工具
曲面	用来创建3D表面的命令
三维动态观察器	控制3D视图的工具
实体	创建3D立体图形的命令
实体编辑	编辑3D立体图形的命令
视口	控制观察3D模型方式的工具
视图	用于建立和编辑图纸的多视图工具
缩放	放大或者缩小图形
图层	创建、控制图层的命令
文字	创建或编辑文本
修改	编辑现存对象的命令。例如:移动、拷贝、旋转、擦除、修饰、扩展等
修改 II	用来编辑特殊复杂对象的命令。例如:编辑多义线、多重线、阴影等
渲染	操作AutoCAD渲染特性的命令
样式	编辑文字、尺寸标注的命令
着色	控制3D模型显示方式的工具

1.1.2 开始使用 AutoCAD

经过了前面的介绍，读者应该对 AutoCAD 有了初步的认识，下面我们试试使用一些 AutoCAD 的一些命令。首先，打开一个文件，通过命令对这个文件做一些修改，从中熟悉操作的一般方法。

打开一个文件

这个练习的目的是了解 AutoCAD 的选择文件对话框。首先要输入打开命令。既可以使用标准工具条，也可以使用下拉菜单。

1．从菜单条中选择"文件"再选择"打开"（如图 1-26 所示）。或者单击标准工具条上的打开图标（如图 1-27 所示）。在鼠标移到打开图标上的时候，会发现出现了一个提示条，上面写着"打开（Ctrl+O）"，这个 Ctrl+O 是打开命令的键盘快捷方式，方法是按住键盘上的 Ctrl 键不放，同时按"O"键。

图 1-27　打开命令的图标按钮

2．出现了选择文件对话框，这是一个和典型 Windows 对话框非常相似的对话框，所不同的是，它拥有 AutoCAD 自己的风格。右侧有一个预览框，读者可以在这里以缩略图的方式预览图形文件，有利于节约文件的查找时间。左侧是一个选择打开文件的位置的面板。里面包涵有历史纪录（直接访问上几次打开过的文件）、My Documents（在自己的目录下查找文件）、收藏夹（可以直接访问连接的 Web 页）、FTP、桌面以及通过 Buzzsaw 寻找站点。读者可以在这里面找到经常使用的文件夹或者站点。首先，AutoCAD 的安装目录，打开一个名叫"Sample"的文件夹（如图 1-28 所示）。我们将打开一个 AutoCAD 自带的文件，扩展名为 dwg。

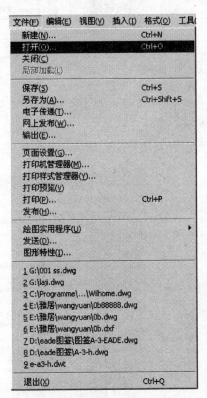

图 1-26　文件下拉菜单选择

> 技巧：有可能有些读者使用的 AutoCAD2005 的选择对话框没有显示预览框，这不要紧。先单击右上"查看"按钮，在弹出的菜单中选择"预览"即可。如果在菜单中选择"略图"那么窗口中将直接显示 dwg 文件的缩略图，读者可以自己试一下。

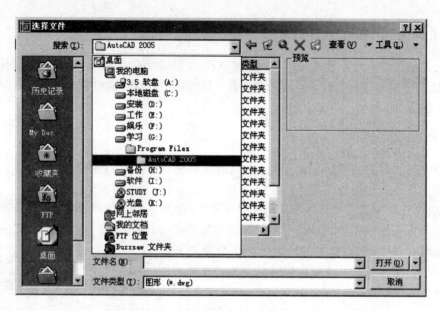

图 1-28 选择文件对话框

3. 中间的列表中，显示出了 Sample 目录，在 Sample 文件夹内的文件列表中选择名为 db_samp.dwg（dwg 是 AutoCAD 一种文件扩展名）的文件。在寻找这个文件的同时，会发现预览栏里面出现了这个文件的缩略图（如图 1-29 所示）。

图 1-29 在选择文件对话框中选这文件

提示：这个目录如果不容易找到，读者可以通过 Windows 的查找文件功能查找。

4. 单击选择文件对话框的"打开"按钮。这样这个名为 db_samp.dwg 的文件就被打开了，熟悉 Windows 操作的读者会发现，这和其他的 Windows 应用软件的操作很相似。这个文件是一个写字楼的平面图（如图 1-30 所示）。

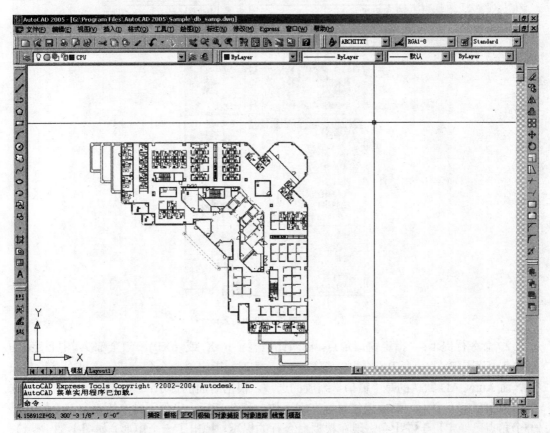

图 1-30　打开的db_samp.dwg文件

> 提示：读者可以观察 AutoCAD 绘图窗口的左上角，显示了这个文件的名称和在硬盘中的路径。

如何放大视图（窗口缩放命令）

窗口缩放（Zoom）命令是一个最经常使用的命令了，它在 AutoCAD 命令中的大致上相当于"的"字在汉字中的使用频率。使用 Zoom 命令，可以缩放图形的任意一部分，可以观察或者绘制图形的更多细节。我们将首先使用这个命令来和 AutoCAD 对话。

1．单击标准工具条的窗口缩放按钮（如图 1-31 所示），或者在选择下拉菜单>视图>缩放>窗口（如图 1-32 所示）。另外也可以在使用键盘在命令行键入 Z（Zoom 的键盘快捷键）然后回车。以上的几种方式，都可以达到执行 Zoom 命令的目的。至于哪个更快捷更实用要根据读者自己的习惯，一般来说经常使用的 AutoCAD 用户比较习惯使用键盘快捷键。因为这样会加快绘图的速度，缩短时间。在以后的章节，一般的命令都会提到它们的键盘快捷键。执行命令以后，发现光标变成了十字形。

图1-31　标准工具条的窗口缩放按钮

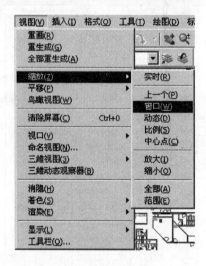

图1-32　在下拉菜单中执行Zoom命令

2. 命令行提示:"指定窗口角点,输入比例因子 (nX 或 nXP),或[全部(A)/中心点(C)/动态(D)/范围(E)/上一个(P)/比例(S)/窗口(W)] <实时>:指定第一个角点:"。这里面有很多选项,而 AutoCAD 默认的是"窗口"缩放的选项。根据后面的提示:"指定第一个角点:"选择缩放窗口的一个点。然后按住鼠标左键不放,移动光标,出现了一个矩形,这个矩形第一个角点已经定位于左上角。现在根据命令行的提示,拽出了一个矩形(如图1-33所示),也就是在矩形的对角点按下鼠标的左键。这个矩形的框就是我们将要放大的窗口。

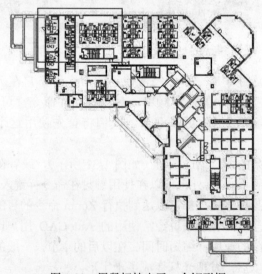

图1-33　用鼠标拽出了一个矩形框

3. 在按下左键的同时，放大了图形，Zoom 命令也相应地退出了。放大后的图形如图 1-34 所示，我们已经能很清楚地看到了墙体、门窗、办公桌椅、楼梯等等。

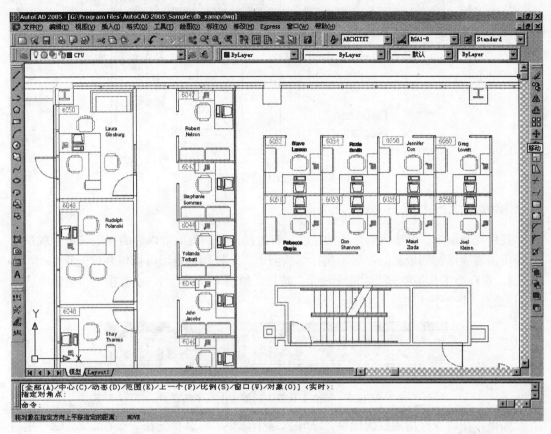

图 1-34 放大后的图形

4. 重复一次这个命令，再次放大楼梯上方的一个办公隔断单元，以便我们看清楚这些办公家具和电器设备。再次放大后的图形如图 1-35 所示。

> 技巧：在 AutoCAD 中，按回车键可以重复上一次使用的命令。同时在定义窗口的时候，若是觉得第一点的位置不满意，可以单击鼠标的右键，然后可以重新选择这个矩形的第一点。但是，用键盘快捷键输入的命令却无效。

读者还可以试着继续放大图形，但是这种放大不是无限的。在放大到了 AutoCAD 的极限之后，图形便会重新生成。通过这个练习，读者尝试了使用窗口缩放命令来定义一个区域，放大获得了近似近距离观察的清晰图形。同时我们还发现，我们执行命令的过程中，AutoCAD 的命令行，都会出现相应的提示。在以后的练习里面，读者将会遇到很多的命令提示，这些命令提示，有的是提示用户输入点，有的是提示用户选择对象等等。对于初学者来讲，学会认真观察这些提示，对以后的学习大有裨益。

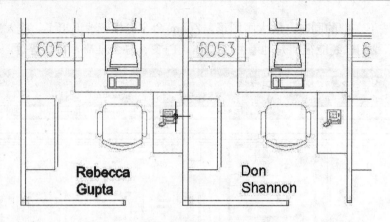

图 1-35　再次放大看清楚了办公隔断

缩放到上一个视图

我们观察图纸需要放大到合适的尺度，有时候需要回到放大以前的视图来进行观察，或者可能需要退回到最初的视图。执行缩放到上一个视图命令，可以做到这一点。

1. 在标准工具条中按"缩放上一个"按钮（如图 1-36 所示），或者在下拉菜单中选择视图>缩放>上一个（如图 1-37 所示）。

图 1-36　标准工具条中的缩放上一个按钮

如果，在命令行用键盘快捷键方法输入这个命令。那么首先在命令行键入"Z"然后回车，在 "[全部(A)/中心点(C)/动态(D)/范围(E)/上一个(P)/比例(S)/窗口(W)] <实时>:"的提示下，键入"P"，然后回车。

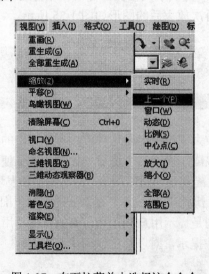

图 1-37　在下拉菜单中选择这个命令

2．这时，这次放大之前的视图又重新出现了。

3．也可以打开缩放工具条（前面已经提到了打开关闭工具条的方法），按上面的图标按钮来实现缩放功能。这些缩放的工具如图 1-38 所示，读者可以试试"放大"和"缩小"命令。其他的命令我们在以后的章节内将会提到。如果读者的鼠标有滚轮，也可以通过滚轮来缩放视图。滚动滚轮时，光标所在的位置就是放大或者缩小的中心。同时按住滚轮不放，发现光标变成了一只小手，移动鼠标发现视图随之移动。这个命令称为"移屏"。

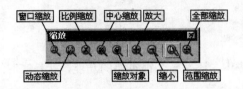

图 1-38 缩放工具条

这里笔者把 Zoom 命令的每一个扩展命令详细介绍一下：下面的文字新用户看着可能会觉得枯燥，可以学习完后面的章节，回过头来再仔细阅读，会对 Zoom 命令有一个更深的认识。

"[全部(A)/中心点(C)/动态(D)/范围(E)/上一个(P)/比例(S)/窗口(W)] <实时>:"

全部：
  缩放以显示当前视口中的整个图形。在平面视图中，AutoCAD 将图形缩放到图形界限或当前范围两者中较大的区域中。在三维视图中，ZOOM 的"全部"选项与它的"范围"选项等价。即使图形超出了图形界限也能显示所有对象。

中心点：
  缩放以显示由中心点和放大比例值（或高度）所定义的窗口。高度值较小时增加放大比例。高度值较大时减小放大比例。

  指定中心点：指定点 (1)
  输入比例或高度 <当前值>：输入值或按 Enter 键

动态：
  缩放以使用视图框显示图形的已生成部分。视图框表示视口，可以改变它的大小，或在图形中移动。移动视图框或调整它的大小，将其中的图像平移或缩放，以充满整个视口。

范围：
  缩放以显示图形范围并使所有对象最大显示。

上一个：
  缩放以显示上一个视图。最多可恢复此前的 10 个视图。

比例：
  以指定的比例因子缩放显示。
  输入比例因子 (nX 或 nXP)：指定值
  输入值并后跟 x，指定相对于当前视图的比例。例如，输入 .5x 使屏幕上的每个对象显示为原大小的 1/2。
  输入值并后跟 xp，指定相对于图纸空间单位的比例。例如，输入 .5xp 以图纸空间单位的 1/2 显示模型空间。创建每个视口以不同的比例显示对象的布局。

输入值，指定相对于图形界限的比例。（此选项很少用。）例如，如果缩放到图形界限，则输入 2 将以对象原来尺寸的两倍显示对象。

窗口：

缩放以显示由矩形窗口的两个对角点所指定的区域。在绘图过程中我们应用最多的就是窗口缩放功能。

实时：下面重点介绍。

实时缩放

AutoCAD 的缩放命令中，还有一个很重要的功能，就是实时缩放。它可以快速地放大或者缩小视图。

1．单击标准工具条上的实时缩放按钮（如图 1-39 所示）。也可以在下拉菜单中选择视图>缩放>实时（参考图 1-37 所示，实时选项在第二级菜单的最上方）。如果用键盘在命令行输入命令，则需要在输入"Z"后按两次回车键。

图 1-39 标准工具条上的实时缩放按钮

这时候光标变成了一个放大镜的图形，并且两边各有一个"+"和"－"号。

2．请读者把这个放大镜形式的光标放置于绘图区的中心，按住左键不动，向下拖动鼠标。注意绘图窗口中图形已经被缩小了。

3．再次按下鼠标左键不放，向上移动鼠标。视图被推近了，放大了视图。

4．通过上述的方式调整视图，直到绘图窗口里面完整的显示了整个图形。然后按鼠标的右键，弹出了一个快捷菜单（如图 1-40 所示），选择退出，按左键。这样便退出了实时缩放命令。另外，也可以按键盘上的 ESC 键退出这个命令。

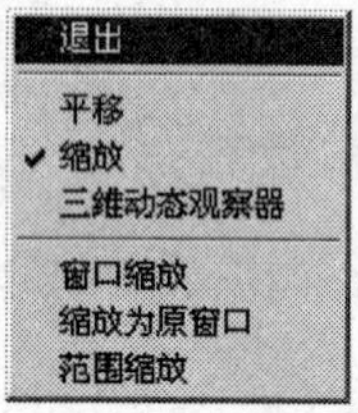

图 1-40 需要退出实时缩放命令时按右键弹出的菜单

5．上一个步骤，可以在这个快捷菜单中选择平移，这时光标又变成了小手形式。按住左键不放可以移动视图。

从以上的练习可以发现，AutoCAD 提供了许多的观察图纸的方式，读者可以根据自己的需要来找到合适的视图。同时鼠标的滚轮、窗口边上的滚动条，都可以控制视图的放大缩小或者移动视图。

三维动态观察器

前面提到都是基于俯视图的缩放命令，基本上是二维方式的观察图形。而三维动态观察器是一个方便读者进行三维状态观察命令，在读者进行三维模型的创建和编辑的过程中这时一个经常用到的命令。下面简单介绍一些相关的命令。

1. 打开三维动态观察器工具条，然后按其中的三维动态观察按钮（如图 1-41 所示）。或者在视图下拉菜单选择三维动态观察器（如图 1-42 所示）。

图 1-41　三维动态观察器工具条

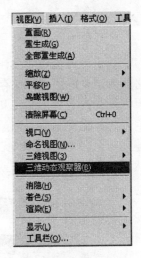

2. 执行了三维动态观察命令以后，会发现视图上出现了一个绿色的圆圈（如图 1-43 所示）。光标变成了互相环绕的两个小圆圈。

3. 这时，按住鼠标的左键不放，向上移动光标。随着光标的移动，图形也随之变化，如图 1-44 所示。

图 1-42　菜单命令

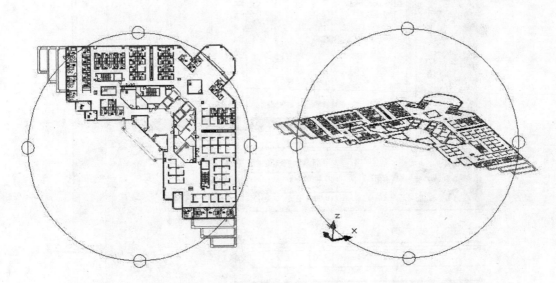

图 1-43　执行三维动态观察命令后视图的显示　　图 1-44　三维动态观察命令执行中的图形

4. 按右键弹出快捷菜单，选择退出选项退出三维动态观察命令。图形的观察角度变成了如图 1-44 的形式，所不同的是没有继续显示绿色的圆圈。

5. 打开视图工具条，然后点选其中的俯视图选项（如图 1-45 所示）。

图 1-45　视图工具条中的俯视图选项

6. 视图又恢复到了平面俯视的角度。

保存文件

对于计算机辅助设计而言，保存文件是至关重要的。尤其在这里向初学者强烈地建议，必须养成良好的定时保存保存文件习惯。图纸保存的目录要有条理，图纸的名称要直观的反映图的内容。上面打开的图形，我们把它另存盘到一个目录。

选择文件菜单，选择其中的另存为选项。然后在除了 C 盘外的任意盘上（例如 D 盘）建立一个名为"AutoCAD 2005 学习"的文件夹（建立文件夹，只需在名称框中按右键，然后如图 1-46 所示建立），起文件名"练习 1"，然后按下保存按钮。

> 注意！现在暂时不要选择文件菜单的保存选项，这将覆盖原来的范例文件！

图 1-46 图形另存为对话框中建立文件夹

设置定时存盘

AutoCAD 的存盘功能有非常人性化的设计，它提供了一个自动存盘的命令。默认情况下，AutoCAD 每 120min 自动存盘一次，文件名为 AUTO.SV$，这是一个临时文件，这就是自动存盘功能。使用选项对话框中的设置和系统变量，可以改变自动存盘的文件名，控制自动存盘的时间间隔。

选择工具菜单的最末选项，打开选项对话框。选择其中的打开和保存选项卡。设置自动保存的时间间隔为 20min。如图 1-47 所示。按下确定按钮，退出选项对话框。

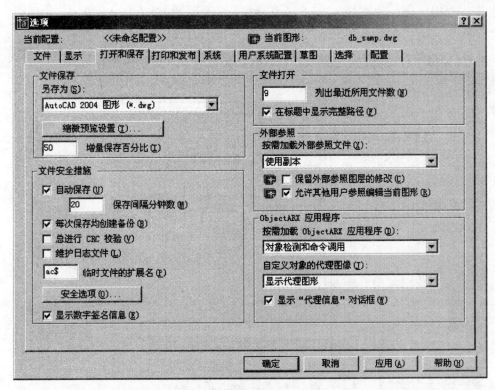

图 1-47 在选项对话框中设置自动保存时间

现在，回到了图形界面。可以对图做些适当的调整，比如：放大、缩小等等。然后读者再试试保存命令，它可以迅速的保存图纸当前的状态。可以选择文件菜单中的保存选项，保存文件，也可以按下 Ctrl 键不放同时按下 S 键，这是保存文件的快捷键。

简单的修改命令应用

对于建筑工程制图而言，图纸的修改是不可避免的。应用 AutoCAD 绘制工程图的好处之一便是对图纸灵活的修改功能。下面介绍一下修改图形的步骤，我们将要试着删除一些图形元素。这也是该图过程中很常用的命令。

1．首先放大图形的左上角，直至看清楚左上角的办公单元，房间的名称为"Laura Ginsburg"。

2．确认修改工具条已经打开。从中选择删除工具的按钮（如图 1-48 所示）。或者在修改下拉菜单中选择删除选项。再或者用键盘输入"E"然后回车。以上的几种方式都可以激活删除命令。

图 1-48 修改工具条中的删除选项

3．注意，这时候光标变成了一个小方框，这个小方框称之为选取框。注意命令行的提示:"选择对象:",这个提示告知读者应该怎么做。选择的对象当然是将要被删除的。

4.选择房间有上角的绿色沙发,沙发被高亮显示(如图1-49所示)。

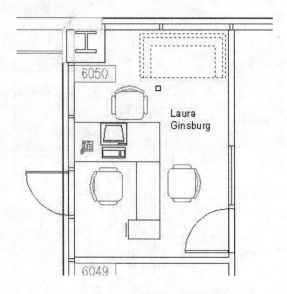

图1-49 选择要删除的对象

5.选好以后,按回车键。这个沙发已经消失了。

再试着删除一些图形,再次按回车键可以继续上一次命令。

> 提示:初学 AutoCAD 的读者要注意上面的删除步骤的过程,这是一个很典型的 AutoCAD 绘图的操作过程。执行命令→选择对象→按回车键确定→命令完成。

AutoCAD 自从 2000 版本开始支持同时打开多个文件。当用户打算引用图形之间的数据或者参考另外一个图形的时候,这个功能非常有用。同时,修改图形、绘制图形,都会遇到打开多个文件的需要。

打开另一个文件的步骤和打开第一个文件没什么区别。下面我们打开几个文件(可以选择刚才打开文件的目录,也可以选择本书配套光盘上的文件)。

已经打开的文件之间的切换

读者可以试试同时打开几个文件,例如:打开 AutoCAD 2004 目录下的 Sample 文件夹中的一些范例文件。读者可以单击文件框的最小化按钮,则图形对话框缩略成只显示图形名称。如果单击往下还原按钮。则打开的文件如图 1-50 所示。

这时,点击任何一个窗口,那么这个窗口都可以变成当前状态。在图形窗口同时为最大化状态下。可以在窗口菜单中来实现切换。如图 1-51 所示。

下面先关闭一个文件,然后选择窗口菜单,这里面布置窗口的方式分为层叠、水平平铺、垂直平铺。下面的图 1-52~图 1-54 分别为这几种布置方式的范例。

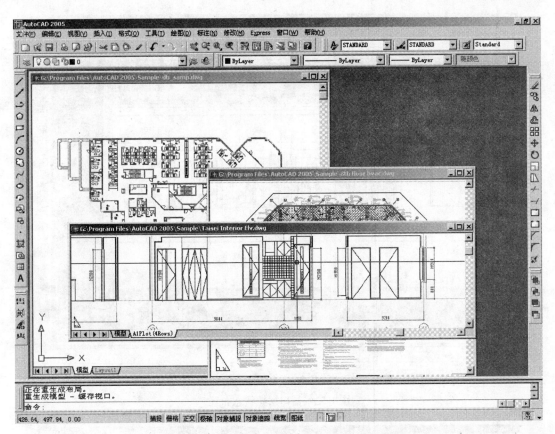

图 1-50 打开多个文件同时文件窗口为还原状态

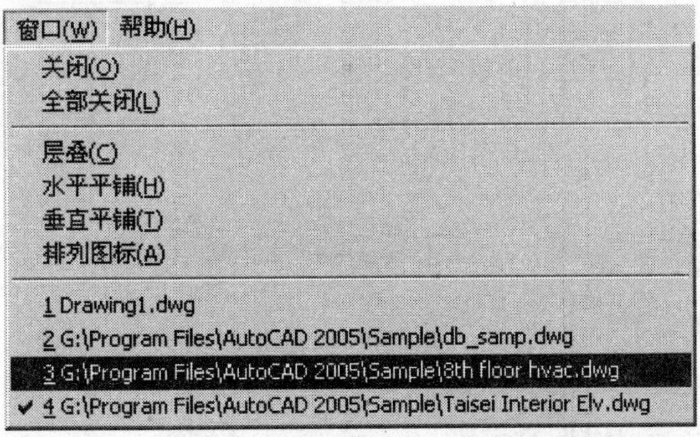

图 1-51 选择窗口下拉菜单切换已经打开的图形文件

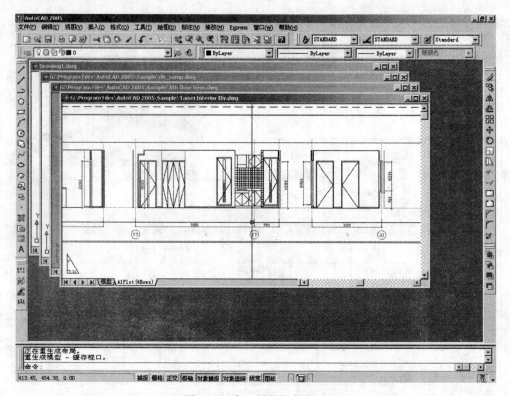

图1-52 窗口层叠状态布置

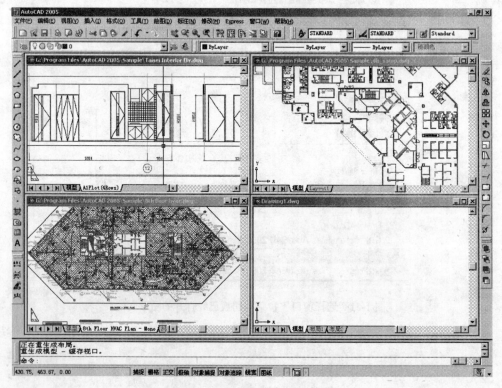

图1-53 窗口水平平铺状态布置

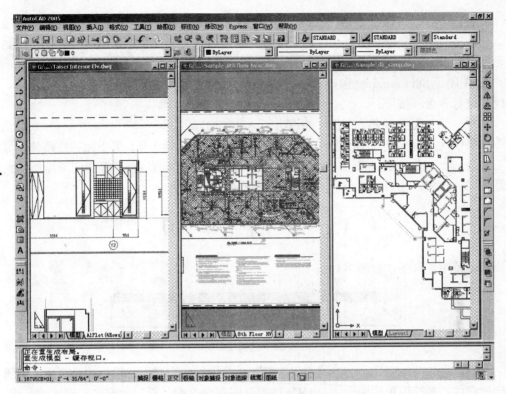

图 1-54 窗口垂直平铺状态布置

> 提示：另外的一个简单的切换功能键是按键盘上的 Ctrl+Tab（切换键）。这个功能和 Photoshop 软件的图片之间的切换是一致的，熟悉 Photoshop 的读者能很容易地熟悉这个功能。

关闭 AutoCAD 文件及退出 AutoCAD

完成了一张图的绘制，或者是修改了文件，需要临时离开 AutoCAD，或者要关闭整个程序，退出 AutoCAD。可以使用文件菜单中的退出选项，选择这个命令可以关闭所有正在使用的文件并退出 AutoCAD。

1. 选择文件→退出。退出选项位于文件菜单的最后一个选项。选择了这个选项之后，系统会出现一个提示。如图 1-55 所示。系统询问用户，是否保存对 8th floor.dwg 文件的修改？并且，给出了三个选项按钮：是、否、取消。

图 1-55 退出对话框

2. 选择"否"按钮。这样，我们对文件的修改不会被保存。如果选择"是"选项，那么文件将被保存到原有的目录。选择取消选项按钮，则放弃了这个退出命令。又回到了图形文件的窗口。

3. 关闭了 8th floor.dwg 窗口以后，又出现了询问是否保存 db-samp.dwg 的对话框。我们同样选择否选项按钮。

这样，就关闭了所有的文件，并退出了 AutoCAD。

如果仅仅是想临时的不使用 AutoCAD，那么可以将它最小化。最小化的按钮位于界面的右上角。▫ 这是最小化按钮。▫ 这个是往下还原按钮，单击后对话框会向下缩小。▫ 这个是关闭的按钮，在 AutoCAD 中，相当于退出命令的作用。

1.2 本章练习

找出绘图工具条（如图 1-56）。

图 1-56　绘图工具条

试着按这些图标按钮，在绘图窗口中绘制一些图形，暂时不要管尺寸、图层、建筑标准这些东西，画些简单的图形，AutoCAD 也是很有趣儿的，希望大家多些感性的认识。

第 2 章　设置 AutoCAD 2005 绘图环境

本章重点

本章主要将讲述运用 AutoCAD 2005 绘制图形前的准备工作及相关的绘图环境设置，例如 AutoCAD 2005 特有的坐标系统、图形单位与图形界限设置、图层设置、绘图辅助功能设置以及简单的绘图操作等内容；使 AutoCAD 2005 的用户熟知这些知识，然后更高效、便捷地使用 AutoCAD 2005 进行工程图的设计以及绘制。

2.1　AutoCAD 的坐标系统

为了能准确地绘制工程图，AutoCAD 具有精确坐标系统。从理论上讲 AutoCAD 2005 的绘图空间是无限大的，无论在其中绘制何种尺寸的图形，所有的图形、图元都需要使用坐标来定位。用户反复、经常使用的 AutoCAD 坐标系统是笛卡儿坐标系，在缺省状态时，屏幕的坐标原点就会显示出坐标系的图标（图 2-1）。此坐标系称为世界坐标系（WCS）。大多数情况下世界坐标系（WCS）能满足用户的一般作图需要，同时用户也可以建立自定义的坐标系统，这个坐标系统称作用户坐标系（UCS）。

2.1.1　笛卡儿坐标系(世界坐标系)

笛卡儿坐标系是著名数学家笛卡儿建立的三维直角坐标系统，此坐标系有 3 个坐标轴，x、y 和 z。当输入 AutoCAD 坐标值后，AutoCAD 可根据 x、y 和 z 各点相对于坐标原点（0，0，0）的距离（单位可根据用户设置）以及方向（+ -）定位一点（数值在屏幕底部命令行的"命令:"状态下输入），这就是笛卡儿坐标系的坐标值，它能准确无误地反映当前光标所处的位置。

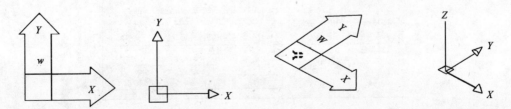

图 2-1 二维坐标显示（1）　图 2-2 二维坐标显示（2）　图 2-3 三维坐标显示（1）　图 2-4 三维坐标显示（2）

图 2-5　UCS坐标（1）　　　　　图 2-6　UCS坐标（2）

图 2-1～图 2-6 是 AutoCAD 支持的几种坐标显示方式。其中图 2-1 和图 2-2 为二维坐标而图 2-3 和图 2-4 则为三维坐标。图 2-5 和图 2-6 为渲染状态下的 UCS 坐标的形式，这时坐标也变成了立体的图形。

用户可以通过左键单击视图的下拉菜单选择显示→UCS 坐标→特性（如图 2-7 所示）。

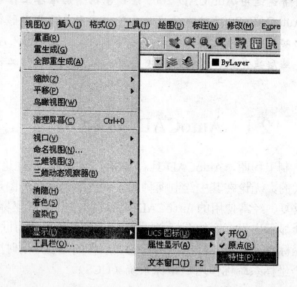

图 2-7　在视图下拉菜单选择显示→UCS坐标→特性

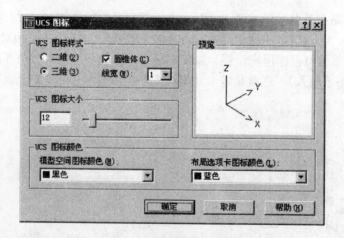

图 2-8　UCS坐标对话框

打开 UCS 图标对话框（如图 2-8 所示），这里用户可以根据自己的习惯定义 UCS 坐标的显示形式，或 2D 或者 3D。另外，还可以通过 UCS 图标大小选项来设置 UCS 坐标显示的大小；通过 UCS 图标颜色选项设置 UCS 坐标显示的颜色。

如果世界坐标系的图标没有位于坐标的原点上，可使用 UCSICON 命令的"原点"选项使坐标跟随原点移动。命令如下：

命令: ucsicon
输入选项 [开(ON)/关(OFF)/全部(A)/非原点(N)/原点(OR)/特性(P)] <开>: or
这个命令的选项还包括 UCS 是否显示等，如果键入"P"，则同样可以打开 UCS 图标的对话框。

> 注意：希望初学者对 UCS 坐标给于足够的重视，因为通过对本书后续章节的三维部分的学习，大家会知道 UCS 坐标对于三维模型的建立起到至关重要的作用！

2.1.2 数据输入的方法

在二维空间中，用户只需要输入点的 x、y 坐标值就可以了，其 z 坐标值将由 AutoCAD 默认为 0。除了可输入直角坐标值外，还可以输入极坐标值。每一种输入的方式都能使用坐标的绝对值或者相对值，绝对值是相对于坐标原点的数值，而相对值是指相对于最后输入点的坐标值。

AutoCAD 提供了多种坐标的输入方式，以下简要说明常用的几种。

绝对直角坐标和极坐标

1.绝对直角坐标的输入方式是：x, y

其中，x 和 y 分别是输入点相对于原点的 x 坐标和 y 坐标。

2.绝对极坐标的输入方式是：$\rho < \theta$

其中，距离 ρ 表示输入点与原点间的距离的绝对值，角度 θ 表示输入点和原点间的连线与 x 轴正方向的夹角，逆时针为正，顺时针为负。

下面举例说明一下运用两种坐标绘制图元的方法。
(1)直角坐标
请读者按以下的操作步骤输入:
在命令行输入"pl"，然后回车。
命令行提示：
命令: pl
PLINE
指定起点：
在命令行输入"0,0"，然后回车确定。
命令行接着提示：
当前线宽为 0.0000

指定下一个点或 [圆弧(A)/半宽(H)/长度(L)/放弃(U)/宽度(W)]:
输入"50,60",回车。

命令行接着提示：

指定下一点或 [圆弧(A)/闭合(C)/半宽(H)/长度(L)/放弃(U)/宽度(W)]:
输入"10,40",回车。

命令行还是提示："指定下一点或 [圆弧(A)/闭合(C)/半宽(H)/长度(L)/放弃(U)/宽度(W)]:",不管它,我们再按回车确定。得到的图形如图 2-9 所示。

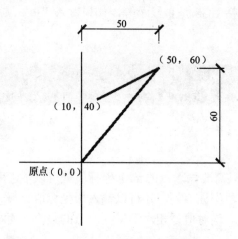

图 2-9　通过上面命令绘制出的图形

（2）极坐标

同样在命令行输入"Pl",然后回车。

命令行提示：

命令: pl

PLINE

指定起点：

输入"0,0",回车

命令行提示：

当前线宽为 0.0000　指定下一个点或 [圆弧(A)/半宽(H)/长度(L)/放弃(U)/宽度(W)]:
输入"40<-20",回车。

命令行还是继续提示："指定下一点或 [圆弧(A)/闭合(C)/半宽(H)/长度(L)/放弃(U)/宽度(W)]:",按回车确定。得到的图形如图 2-11 所示。

另外通过在绘图工具条中按"多段线"的图标按钮（图 2-10）和在命令行输入"Pl"是一样的。

图 2-10　绘图工具条中的"多段线"图标按钮

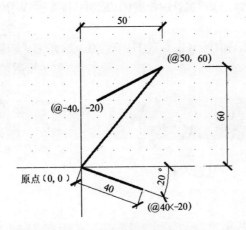

图 2-11 通过极坐标绘制的直线

AutoCAD 在窗口的左下角的状态条中可以显示当前光标的坐标（如图 2-12 所示），有三种坐标显示类型：
- 动态显示：在移动光标时坐标不断地变化。
- 静态显示：只在指定一个点时才更新坐标。
- 极坐标显示：当 AutoCAD 提示输入新的点时，这种显示方式才起作用。

可按 F6 键在这三种显示方式之间切换。

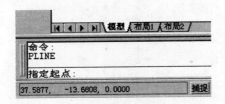

图 2-12 左下角的状态条显示当前光标的位置

相对直角坐标和极坐标

相对坐标系就是输入绘制出的点的坐标是前一个点的相对坐标值，当使用相对坐标输入时，需要在坐标值前面加上符号"@"。
- 输入相对直角坐标的数值形式为：@X, Y
- 输入相对极坐标的数值形式为：@$\rho < \theta$

下面同样据上面的例子绘制相同的图形，不同的是这次起始点是绘图界面中的任意一点。

1. 相对直角坐标

命令: pl↙
PLINE   (在命令行键入 PL,这是命令 PLINE（多段线）的快捷操作)
指定起点: (在屏幕上用鼠标左键单击任意一点作为 PLINE 的起始点)
当前线宽为 0.0000

指定下一个点或 [圆弧(A)/半宽(H)/长度(L)/放弃(U)/宽度(W)]: @50,60↙

（然后输入第二点@50,60）

指定下一点或 [圆弧(A)/闭合(C)/半宽(H)/长度(L)/放弃(U)/宽度(W)]: @-40,-20↙

（然后输入第三点@-40,-20）

> 注意！输入第三点（@-40,-20）是相对于第二点的坐标!

2. 相对极坐标

命令: pl ↙　　　　　　　（输入 PL）
PLINE
指定起点:↙

> 注意！我们正要画的 pline 线的起点需要和上一条线起点一致，这样我们就需要用到"对象捕捉"的功能。

按住键盘上的"Shift"键不放，同时按下鼠标右键，这是弹出了一个"对象捕捉的菜单"（如图 2-13 所示）。我们选择其中的"端点"选项。

图 2-13　对象捕捉的右键菜单

我们把鼠标移动到上一条 pline 线的端点时，会出现一个黄色的小方框,我们称之为"靶框"。按下左键（如图 2-14 所示），移动鼠标会发现，目前这条线的起点已经和上一条线重合了（如图 2-15 所示）。

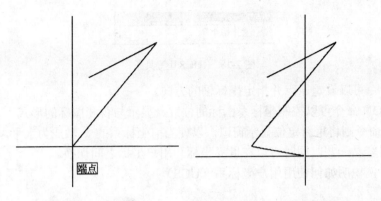

图 2-14 捕捉到这一点　　图 2-15 捕捉后的情况

当前线宽为 0.0000
指定下一个点或 [圆弧(A)/半宽(H)/长度(L)/放弃(U)/宽度(W)]: @40<-20↵

（然后输入第二点@40<-20）

得到图形如图 2-16 所示。

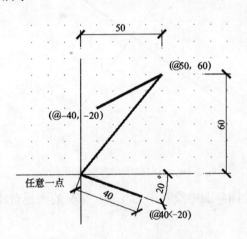

图 2-16　绘制出的图形

2.1.3 用户坐标系

AutoCAD 的另一种坐标系统就是用户坐标系，与固定的世界坐标系不同，用户坐标系可以移动和旋转。用户可以设定屏幕上的任意一点为坐标的原点，也可以指定任何方向为 x 轴或者是 y 轴及 z 轴的正方向。在用户坐标系中，坐标点数值的输入方式与世界坐标系相同（可使用绝对坐标或者使用相对坐标输入），但是所谓的绝对坐标点的数值，也是相对于新的坐标的原点，而不是原世界坐标系，这一点应该注意。

建立用户坐标系的命令有以下几种命令：UCS、UCSICON、PLAN，还有就是通过下拉菜单（如图 2-7 所示）以及点击工具条图标进行设置（如图 2-17、图 2-18 所示）。

图 2-17　USC 工具条

图 2-18 UCS II 工具条

●UCS 命令可以设定原点并指定坐标轴的方向。
●UCSICON 命令可以控制坐标系图标的位置、显示与否和图标的形式。
●PLAN 命令则将重新定位显示窗口，以使当前坐标系的 x 轴成为水平，这样就能使作图变得容易一些，同时可以在世界坐标和用户坐标之间切换。

下面将举例说明如何使用用户坐标系（UCS）。

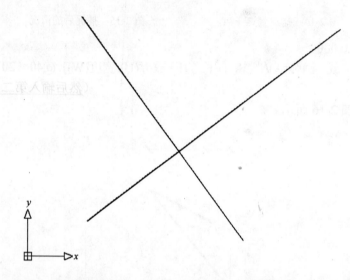

图 2-19 目前处于世界坐标系形式

如图 2-19 所示，在绘图界面中绘制出相互垂直交叉的两根直线。然后，在这个图形的基础上定义用户坐标系。

命令: ucs   在命令行键入 UCS↙
当前 UCS 名称: *世界*
输入选项
[新建(N)/移动(M)/正交(G)/上一个(P)/恢复(R)/保存(S)/删除(D)/应用(A)/?/世界(W)]
<世界>:3   在命令行键入 3↙
指定新原点 <0,0,0>:   （通过交叉点捕捉）选择两条线交叉点↙
在正 x 轴范围上指定点 <823.9103,281.9605,0.0000>::   选择第一点↙
在 UCS XY 平面的正 y 轴范围上指定
点 <822.9103,282.9605, 0.0000>:   选择第二点↙
这样就创建了如图 2-20 的用户坐标系，可以看出用户坐标系可以是任意方向的。
然后键入命令 UCSICON。
命令: UCSICON ↙
输入选项 [开(ON)/关(OFF)/全部(A)/非原点(N)/原点(OR)/特性(P)] <开>: or ↙

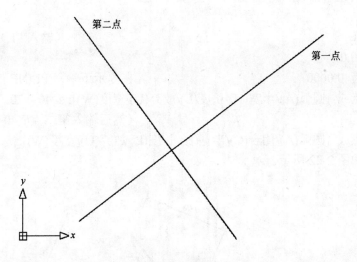

图 2-20 创建的用户坐标系

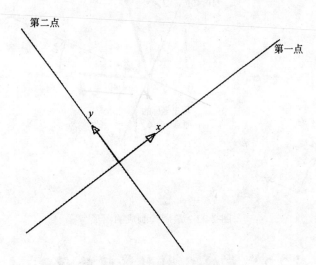

图 2-21 坐标系移到了原点的位置

得出如图 2-21 的图形,坐标系移到了原点的位置。

下面举前面相同的例子说明一下用户坐标系绘制出图形同世界坐标系是相同的。

1. 直角坐标

命令:PLINE✓　　　（在命令行键入 PL 这是命令 PLINE(多段线)的快捷操作 PLINE）

指定起点: 0,0✓　　　　（在提示下输入 PLINE 的起始点 0,0）

当前线宽为 0.0000

指定下一点或 [圆弧(A)/半宽(H)/长度(L)/放弃(U)/宽度(W)]: 50,60✓
　　　　　　　　　　　（然后输入第二点 50,60）

指定下一点或 [圆弧(A)/闭合(C)/半宽(H)/长度(L)/放弃(U)/宽度(W)]: 10,40✓
　　　　　　　　　　　（然后输入第三点 10,40）

2. 极坐标

命令:PLINE↙　　　　　　　　　　　　　　　　　　　（输入 PL）

指定起点: 0,0↙

当前线宽为 0.0000　　　　　　　　　　　（在提示下输入 PLINE 的起始点 0,0）

指定下一点或 [圆弧(A)/半宽(H)/长度(L)/放弃(U)/宽度(W)]: @40<-20↙

　　　　　　　　　　　　　　　　　　　　（然后输入第二点@40<-20）

指定下一点或 [圆弧(A)/闭合(C)/半宽(H)/长度(L)/放弃(U)/宽度(W)]: （回车确定）

得到图形如图 2-22 所示。

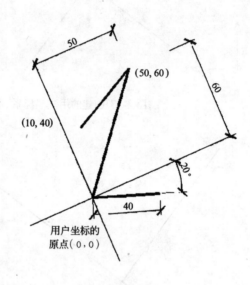

图 2-22　最后绘制成的图形

2.2　单位及图形界限的设置

AutoCAD 的模型空间绘图空间，在理论上是无限的。但在应用 AutoCAD 绘制工程图时需要界定一个绘图的界限以便更好地控制图形，这样当创建一个新的图形的时候，用户可用 1:1:1 绘制图形。用户可以通过快速或高级向导设定界限，也可以在命令行键入 LIMITS 命令设置绘图界限。

> 注意！用 LIMITS 命令设置绘图界限后，要用 ZOOM 命令的"全部(A)"子命令更新视图，这样才能显示设置的界限范围。

命令: limits ↙

重新设置模型空间界限:

指定左下角点或 [开(ON)/关(OFF)] <0.0000,0.0000>:↙

指定右上角点 <420.0000,297.0000>: 12000,9000 ↙

命令: z↙

ZOOM
指定窗口角点，输入比例因子 (nX 或 nXP)，或
[全部(A)/中心点(C)/动态(D)/范围(E)/上一个(P)/比例(S)/窗口(W)] <实时>: a ✓

正在重生成模型。
通过以上的命令设置，我们就得到了一个长 12000，宽 9000 的绘图空间，而单位则和原来的设置一致。
图形界限主要对用户提供了以下好处。
● 打开栅格时，栅格覆盖的区域标志了图限所设定的区域大小，在绘图界限里面能很方便的观测长度和宽度。
● 如果使用了 LIMITS 命令的子命令"开(ON)"功能打开绘图界限检查图元，可以防止在图形界限外作图。
● 可以选择将图形界限定义的区域打印输出。
完成图形界限的设置后，可以再重复图形界限设置命令设置图形界限的限制功能。具体操作为：在屏幕上方的下拉菜单执行"格式/绘图界限"命令或在命令行输入 LIMITS 后按回车键，AutoCAD 给出如下提示：
指定左下角点或 [开(ON)/关(OFF)] <0.0000,0.0000>:
在提示下输入"开(ON)"并按回车键，AutoCAD 将打开图形界限的限制功能，用户只在设置的绘图范围内绘图。当所绘图形超出已经设置的图形界限时，AutoCAD 将拒绝执行绘图命令。

2.3 AutoCAD 2005 图层设置

2.3.1 图层的概念

第 1 章在介绍工具条时读者已经有了简单的认识，图层是应用 AutoCAD 绘图至关重要的一环，一般的建筑工程图上面，都存在着轴线、墙体、家具、门窗、尺寸标注等等图形，按照建筑制图的规范要求，这些图形又要分成不同的线型和实体。AutoCAD 中任何的图形都是绘制在图层的，一般来讲，这个图层如果不是用户自己设定的话，系统会自动设置到 0 层上面。用户可以自己设置图层，理论上讲 AutoCAD 的图层可以设置无数多个，且每个图层都有与其相关的颜色、线型、线宽和打印样式。这些都为绘制和管理图形提供了方便，可以先设置图层再进行图形的绘制，也可以边画图边设置图层。但是笔者认为，最好还是养成设置图层的习惯，而且要有一个图层的规范，这样在绘图过程中往往事半功倍提高了制图的效率！

2.3.2 图层创建与命名

在屏幕上方的下拉菜单执行"格式/图层"命令，或者在命令行键入"LAYER"后按回车键，或在图层工具条中左键单击第一个图标（图 2-23 所示），都会显示"图层特性管理器"对话框（图 2-24 所示）。利用"图层特性管理器"对话框可以完成图层的用户设置。

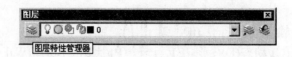

图 2-23　图层工具条

单击"图层特性管理器"对话框有上角的"新建"按钮可以建立新的图层，系统会自动为新的图层命名，每单击一次"新建"按钮都建立一个新的图层，并且依次命名为图层1、图层2、图层3……等。

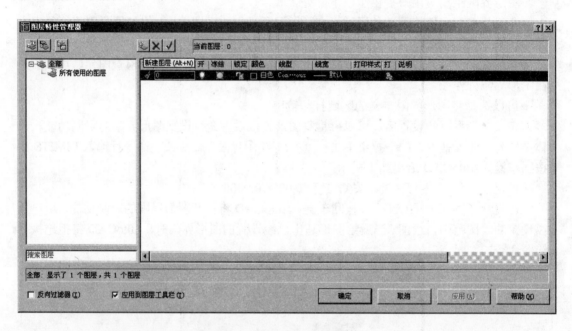

图 2-24　图层特性管理器对话框

用户也可以根据自己的喜好来命名图层，在单击一次"新建"按钮之后，通过键入英文或者中文名称来命名已经建立的图层。也可以对已经建立好的图层重新命名，单击"图层特性管理器"对话框列表中的某一图层的图层名（例如图层 1），该图层被选中变成深色，再次单击此层名，则此层名被套在一个矩形的编辑框，在此可以对图层重新命名，如图 2-25 所示。比如，建筑制图的门窗、墙体等等都可以设在不同的图层上面。

2.3.3　控制图层状态

AutoCAD 在图层方面给用户提供了多种的控制状态，用户利用这些功能可以对已经设置好的图层进行状态的控制。这些状态包括：打开\关闭；冻结\解冻；开启图层打印\关闭图层打印；锁定\解锁。

图 2-25　图层特性管理器对话框，这里已经设置了图层

再次打开"图层特性管理器"对话框，我们先选择"标注"层，它变成了蓝色（如图 2-26 所示）。这个对话框中有一些小图标，分别代表不同的图层控制状态（见图 2-27 所示）。灯泡的明暗，代表图层的打开和关闭；太阳和雪花之间的变化代表着图层冻结和解冻；锁头也形象地标示着图层的锁定和解锁。图层的关闭和冻结不同之处在于，关闭的图层也可以定义为当前层；或者说当前层也可以关闭。但是，我们不能够冻结当前层，或者把冻结的层定义为当前层。它们的共性在于，关闭或者冻结的图层，将不显示。而锁定的图层，虽然能显示，但却不能被编辑。关于这些方面，后续的章节将有实际的例子应用说明。

> 控制图层的状态，对于我们编辑图形、提高绘图的效率、减轻计算机显示运算的负担等等，都是至关重要的，尤其是在大场面图形的时候。对图层的有效控制，往往起到了事半功倍的效果。

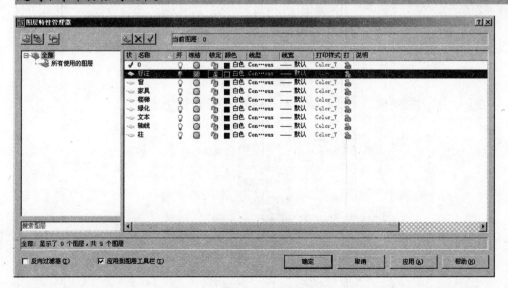

图 2-26　图层特性管理器对话框

图 2-27 图层特性管理器对话框

2.4 制作建筑图的模板

通过本节之前的介绍，读者已经了解了一些运用 AutoCAD 2005 绘图环境、视图控制等技巧。在本节里面，我们将说明一下绘图的正确过程，虽然 AutoCAD 提供了许多制图的模板文件，但是这些都是按照国外的制图标准做成的；而建筑工程图一般要按照国家的建筑制图标准绘制，所以在绘制图纸之前，我们要制作我们自己的模板。这个模板需要按照我国的有关工程制图的有关规范、标准制作。以后绘制图形首先我们就要再打开这个模板。

2.4.1 图形界限设置

上一章，我们已经提到了关于图形界限的问题，这里我们将实际运用一下。需要说明的是，目前图形界限只在 AutoCAD 的二维（X、Y）轴上起作用。用户无法在 Z 轴方向上定义界限。设置了绘图界限以后，当打开绘图界限时，AutoCAD 将把用户可输入的坐标限制在一个矩形（由 X、Y 数值围合而成的）的范围内；图形界限同时还限制显示网格点的显示范围、ZOOM 命令的比例选项"比例(S)"显示的区域和 ZOOM 命令的"全部(A)"选项显示的最小区域，还有就是用户还可以在出图时指定绘图界限为选定打印区域。

设置图形界限（LIMITS）

设置图形界限的具体步骤如下。

菜单：格式>图形界限(见图2-28)。

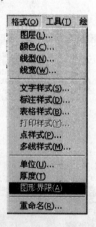

图 2-28 在格式下拉菜单中选择图形界限

或者在命令: 状态下输入: LIMITS然后回车, AutoCAD 2005将给出如下提示:

命令: LIMITS

重新设置模型空间界限:

指定左下角点或 [开(ON)/关(OFF)] <0.0000,0.0000>: (按回车键确认)

指定右上角点 <420.0000,297.0000>:

在上面的两个提示中要求输入纸张的右上角与左下角。<0.0000,0.0000>为系统默认的左下角点，通常选择（0,0）原点作为左下角，但也可以输入其他值。在输入左下角坐标值之后，按回车键。如采用其他坐标值方法相同。

输入图形界限的右上角坐标后按回车（Enter）键。通常在AutoCAD中绘制建筑工程图时，一般情况下用户是按照1:1比例绘制图形的，故此用户在设置图形界限的右下角坐标值时，图形界限的区域应满足所绘制的图形需要。下面的章节我们要做的实例讲解将是一个占地面积大约300m^2的小型别墅，划定的区域长是35m，宽是25m，那么用户至少应该将图形界限的右上角坐标值设置成"<35000.0000,25000.0000>:"。

在"命令:"状态下键入"Z"执行 ZOOM 命令，然后按回车键，再键入"E"执行ZOOM命令的子命令"范围(E)"，使图形界限全部显示在屏幕上。

限制图形界限的功能

完成了图形界限的设置后，可以再重复图形界限设置命令设置图形的限制功能。具体操作为:

在命令状态下输入: LIMITS 然后回车。

或者 菜单: 格式/绘图界限

命令: limits

重新设置模型空间界限:

指定左下角点或 [开(ON)/关(OFF)] <0.0000,0.0000>:

在提示上面最后一行的提示下键入"开(ON)"并按回车（Enter）键，AutoCAD 将打开图形界限的限制功能，用户只能在设置的图形界限的范围内绘图。当所绘图形超出已设置的图形界限时，AutoCAD 会拒绝执行用户的绘图命令。

在提示上面最后一行的提示下键入"关(OFF)"并按回车（Enter）键，AutoCAD 将关闭图形界限的限制功能，这样用户同样可以在超出已设置的图形界限的范围绘图。

下面我们要讲讲存盘，在我们设置的模板同时把它保存起来。

2.4.2 保存和关闭文件

> 注意! 在应用 AutoCAD 作图的工程中，用户应该养成随时保存文件的习惯，以免在各种意外情况下（例如: 断电、死机、程序出现致命错误等）造成数据丢失。

AutoCAD 2005 提供了多种方法和格式来保存图形文件，用户不但可以将图形保存为AutoCAD 默认的 dwg 格式文件，还可以将图形保存为其他程序所使用的文件格式，以满足不同的需要。

选取菜单: 文件>保存（见图 2-29）。

图 2-29 文件>保存

或者左键单击标准工具条中的"保存"图标，可以执行快速存盘命令（如图 2-30 所示）。

图 2-30 保存文件图标

这两个命令多不做任何提示直接保存文件。如果当前所绘图形没有命名，则 AutoCAD 会弹出如图 2-31 所示的图形另存为对话框，AutoCAD 要求用户对图形文件命名后再保存。同时如果用户没有为图形命名，AutoCAD 也会自动的为该文件添加一个文件名（Drawing1.dwg）。当然，利用该对话框可以换名存盘。

还可以以其他格式保存文件或者保存为模板文件（DWT）。在如图 2-32 所示的；图形另存为对话框下部的文件类型选择栏里 AutoCAD 2005 储存文件的格式包括了：AutoCAD 2004 图形（*.dwg）、AutoCAD 2000/LT2000 图形(*.dwg)、AutoCAD 图形标准(*.dws)、AutoCAD 图形样板(*.dwt)、AutoCAD 2004 DXF（*dxf）、AutoCAD 2000/LT2000 DXF（*.dxf）、AutoCAD R12/LT2 DXF（*.dxf）。选择其中 AutoCAD 图形样板（*.dwt）为 AutoCAD 2005 的模板文件。

图 2-31 图形另存为对话框

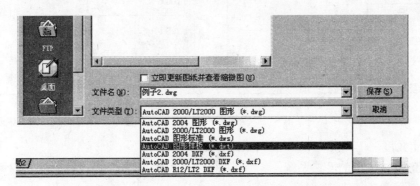

图 2-32 图形另存为对话框下部的文件类型选项

2.4.3 图形单位设置

在绘图中必须有一个图形的固定单位,所绘出的图形都是根据单位进行测量的。绘图前应该首先确定 AutoCAD 的度量单位。图形单位的设置用来控制 AutoCAD 2005 如何理解坐标和角度,以及控制坐标、单位在图形和对话框的显示方式。

在进入绘图工作界面以后,用户可以按照 AutoCAD 提供的相应命令来完成图形单位的设置。具体步骤如下:

选取菜单:格式>单位(见图2-33)。

或者在命令状态下输入:UNITS,然后回车。

命令:UNITS

UNITS命令用于距离与角度度量单位的格式。可用图形单位对话框设置单位。在图形单位对话框(如图2-34所示)中,可通过"类型"编辑框中的向下箭头,从显示的下拉列表中选择所需单位或角度的格

图 2-33 格式下拉菜单中选择单位

式。也可以在"精度"编辑框的下拉列表中确定单位与角度的精度（如图2-35所示）。

1. 确定单位

可以用图形单位对话框确定图形中所需单位。有5种单位格式可以选择："建筑制"、"十进制"、"工程制"、"分数制"、"科学制"。

如果选择"科学制"、"十进制"和"分数制"格式，则可以用三种形式中的任何一种格式输入距离或坐标，但不能是工程制或建筑制单位的。在以下的例子中，输入点的坐标时分别采用了十进制、分数制、科学制以及十进制与分数制混合使用。

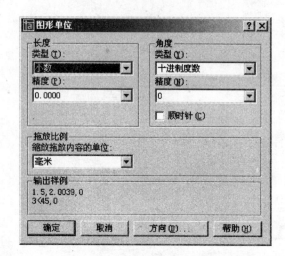
图 2-34 图形单位对话框

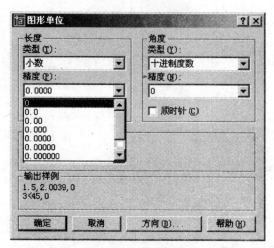
图 2-35 图形单位对话框对话框中确定精度

2. 确定角度

可以选择5种角度的度量系统："十进制"、"度/分/秒"、"百分度"、"弧度"、"勘测单位"。

如果选择前4种测量系统，角度可以以Decimal Degrees、Deg / min / sec、Grads或Radians形式输入，但不可以用勘测单位形式输入。可是如果选择勘测单位，就可以用 5 种系统中的任意一种格式输入角度。如果在输入角度时未指明度量系统，系统则选择当前度量系统。为了在其他度量系统中输入数值，需使用合适的后缀或符号，如 r（表示弧度）、d（表示度）、g（表示百分度）或者在下面例子中所示的其他符号。在下面的例子中，角度度量系统为勘测单位，则直线的角度可以使用不同的角度度量系统。

在图形单位对话框中点击"方向"按钮，出现"方向控制"对话框（如图2-36所示），该对话框提供角度基准方向的设置功能。如果选中"其他"选项，可以通过在"角度"编辑框中输入一定的角度基准方向，或者点击"拾取角度"按钮从屏幕上定义角度。

在图形中插入图形块时，也可以选择"其他"选项，这样可以在插入图形的同时，在屏幕上制定基准角度。

图 2-36　从方向控制对话框上选择方向

了解了以上的单位设置过程以后，由于我们要绘制建筑工程图，所以同时要满足我们国家的行业标准，以及法定的度量衡。

完成以上过程后，存盘。

2.4.4　设置图层

在一张建筑工程图纸上，一般都存在着各种建筑的元素，例如：墙体、家具、轴线、尺寸标注等等。这些图元还要有不同的线宽和线型。在 AutoCAD 2005 中任何图形都是绘制在图层上的，该图层可能是 AutoCAD 2005 默认的图层"0"层，或者是用户自己建立和命名的图层。每个图层都有其各自的仅仅与其自身相关联的颜色、线型、线宽和打印样式。为了绘制图形和管理方便，用户必须首先建立和各种建筑元素相应的图层并赋予该层所需的颜色、线型、线宽和打印样式以及图层的设置状态。上一节我们讲过通过"图层特性对话框"可以对图层进行控制。

打开"图层特性对话框"，前面已经提到过打开"图层特性对话框"的方法，下面具体讲讲图层的设置。

建立新图层

打开"图层特性对话框"以后，左键单击"图层特性管理器"中间偏左上角的"新建"按钮，可以建立新的图层并自动赋予图层的命名，每单击一次就会建立一个新的图层，图层依次命名为：Layer1、Layer2、Layer3……等等。我们依次建立 9 个图层。

为新图层改名

左键单击"图层特性管理器"中图层列表中的某一层的层名（例如：Layer1），则该层被选中，再次左键单击此层名，则层名被套入一矩形框中（此框成为编辑框），此时即可在这个编辑框里改图层的层名。将这 9 个层名分别命名为：墙、窗、门、轴线、文本、柱、标注、楼梯、家具。

设定图层线型

在"图层特性对话框"中，选取层名为"轴线"的图层（如图 2-37）。

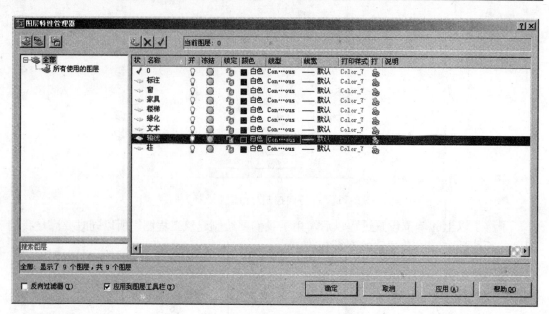

图 2-37 图层特性对话框，这里已经设置了图层

在选取其状态栏的"Continuous"项，弹出"选择线型对话框"（如图 2-38）。在此对话框中我们只看到了一种默认线型名称 Continuous，对应的线型是 Solidline。

然后，左键单击"选择线型对话框"的按钮"加载"加入新的线型，这里弹出了一个新的"加载或重载对话框"，在此对话框的线型列表中选取 CENTER 线型，之后左键单击按钮"确定"，这样"轴线"这个图层的线型就被设置为 CENTER。

在此对话框有很多线型，我们可以根据自己的需要为不同的图层设置不同的线型。需要说明的是同一图层上的图元也可以有不同的线型，这个以后实例讲解时再说明。

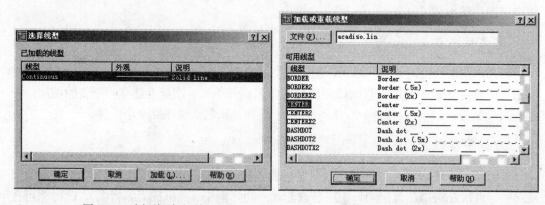

图 2-38 选择线型对话框　　　　图 2-39 加载或重载对话框

设定层线宽

在"图层特性对话框"中，选取层名为"轴线"的图层（如图 2-37）。在用左键点选其状态行的"——默认"项，弹出"线宽对话框"（如图2-40）。在此对话框中可为图层设定线宽，我们可以按照建筑制图标准为各个图层设定线宽。

第 2 章　设置 AutoCAD 2005 绘图环境

在这里可以设置线宽，线宽的数值应该和实际出图的线宽相同，比如说我们手绘图习惯把墙线用 0.7mm 的针管笔来绘制，那么墙这层的线宽就需要设成 0.7mm。同时也可以在这里不设线宽，那就需要用颜色来区别图元，在打印的时候才能得到打印出图时我们满意的图纸。另外，颜色的设置，也能使我们在绘图的过程中，对图形的情况一目了然。

图 2-40　线宽对话框

设定颜色

在"图层特性对话框"中，选取层名为"轴线"的图层（如图 2-37）。在左键单击其状态行的颜色选项，弹出"选择颜色对话框"（如图 2-41），在此对话框中选取"红色"，然后按"确定"钮，则"轴线"层的颜色改变为红色。以此方法，分别设置"标注"层为"绿色"，"窗"层为"黄色"，"墙"层为"蓝色"，"家具"层为"青色"，"楼梯"层为"绿色"，"门"层为"黄色"，"文本"层为"青色"，"柱"层为"紫色"。

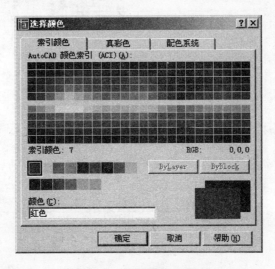

图 2-41　选择颜色对话框

当然读者也可以指定为其他颜色，但是这几种颜色在打印时，在颜色列表中的位置靠前，设置和编辑比较容易，所以我们尽量选择这几种颜色。设置好颜色的各个图层（如图2-42）。

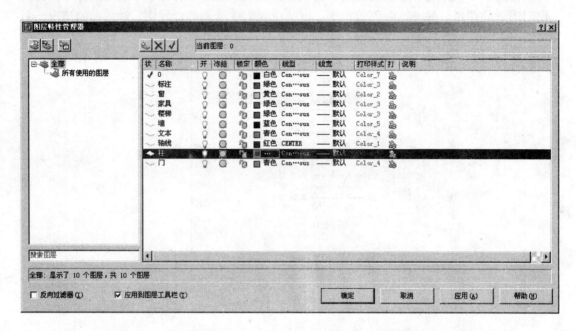

图 2-42　图层特性管理器对话框，这里图层已经设置好了颜色。

然后，存盘到一个自己的目录中，以便以后调用方便（如图 2-43 所示）。保存名称为"模板 1"，按下"保存"按钮确定。

图 2-43　图形另存为对话框

2.4.5 设置尺寸标注以及文本标注样式

在建筑工程制图过程中，一般的图纸上面要有尺寸的标注和文本标注（文字说明）。这是对图纸一个注释的过程，在注释过程当中，用户要根据建筑设计的情况来添加数字和文字以及其他的符号，或者是施工和制造的工艺说明，以传达这些设计元素的信息给以后看图的人（施工、监理等）。下面将详细说明如何设置符合国家建筑制图标准的尺寸及文本标注样式。

设置尺寸标注的样式

在样式工具条中单击"标注样式管理器"图标（如图2-44）。

图 2-44 标注工具条的"标注样式"图标

菜单：可以有两种方式，达到的目的是一样的。①标注>样式（如图2-45所示），②格式> 标注样式（如图2-46所示）。

图 2-45 标注菜单中选择"样式"选项　　图 2-46 格式菜单中选择"标注样式"选项

命令：DIMSTYLE（快捷键为"D"）

通过以上三种的任何一种方式，都可以打开"标注样式管理器对话框"（如图2-47）。具体的设置步骤如下：单击"标注样式管理器对话框"中右边的"新建"按钮，AutoCAD会弹出"创建标注样式管理器对话框"（如图2-48），在该对话框的"新样式的命名"后面输入"建筑样式1:100"　（如图2-48）。

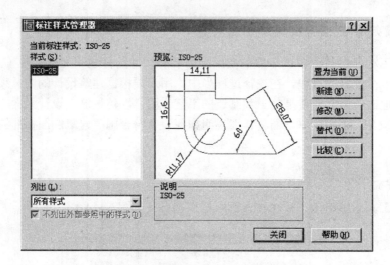

图 2-47 标注样式管理器对话框

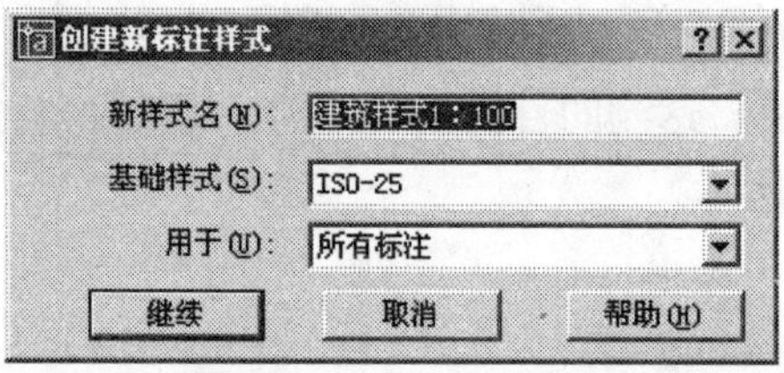

图 2-48 创建标注样式管理器对话框

左键单击"标注样式管理器对话框"中的"继续"按钮,弹出"新建标注样式对话框"(如图2-49)。

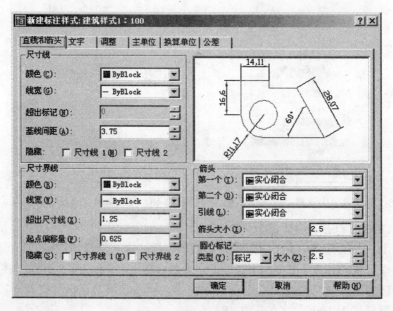

图 2-49 新建标注样式对话框

选择"新建标注样式对话框"中的"直线和箭头"选项卡，设置参数（如图2-50所示）。

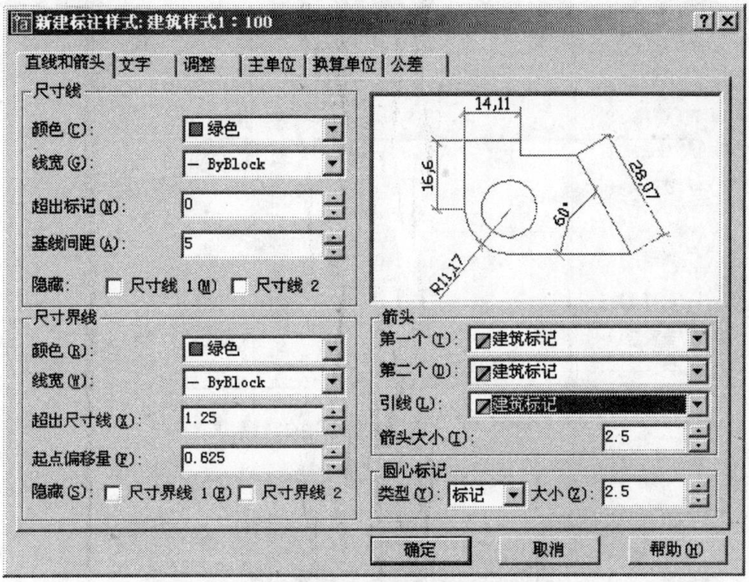

图 2-50 新建标注样式对话框中的"直线和箭头"选项卡的设置

选择"新建标注样式对话框"中的"文字"选项卡，设置参数（如图2-51所示）。

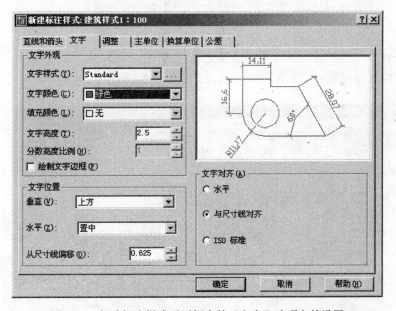

图 2-51 新建标注样式对话框中的"文字"选项卡的设置

按下"文字样式"的选择框右面的按钮。用左键单击选择，弹出"文字样式"对话框（如图2-52所示）。

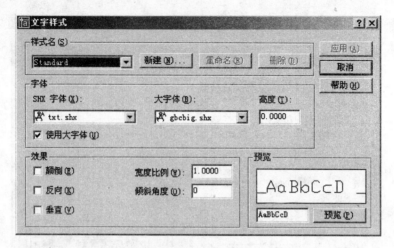

图 2-52 "文字样式"的对话框

在"文字样式"对话框单击"新建"按钮弹出"新建文字样式"对话框,在"样式名"一栏内输入名称"建筑字体"。

图 2-53 "新建文字样式"的对话框

在"字体名"后面的选择框里面选择字体为"仿宋 GB2312",这是建筑制图的规范所要求的。设置好以后。"文字样式"对话框如图 2-54 所示。

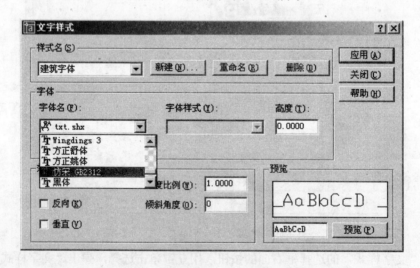

图 2-54 "文字样式"的对话框中选择字体

然后,在"文字样式"对话框中左键单击"应用"按钮。在按"关闭"钮关闭"文字样式"对话框。"新建标注样式"对话框中的"文字"选项卡已经设置好(如图 2-55)。

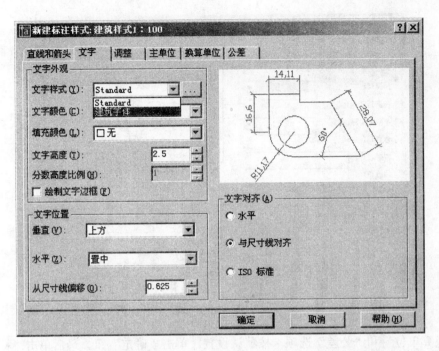

图 2-55 "新建标注样式"对话框中的"文字"选项卡已经设置好

接着设置"新建标注样式"对话框中的"调整"选项卡(如图 2-56)。在"标注特征比例"选项组中"使用全局比例"选项的数值根据出图的比例设置。若出图比例为 1:100,则该框内应该设置为 100。用户可以根据自己的需要,设置各种比例。这里我们要按 1:100 出图,所以选择了 100(如图 2-56 所示)。

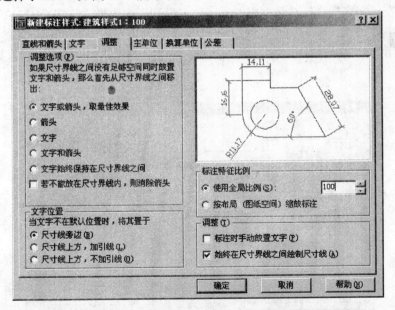

图 2-56 设置后的"新建标注样式"对话框中的"调整"选项卡

在"新建标注样式"对话框中选择"主单位"选项卡,设置参数(如图 2-57 所示)。

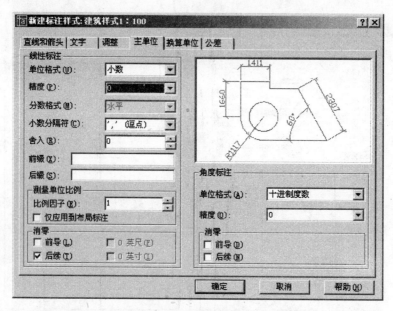

图 2-57 设置后的"新建标注样式"对话框中的"主单位"选项卡

"换算单位"和"公差"选项卡按默认设置。单击"确定"钮。最后单击"标注样式管理器"对话框中的"关闭"按钮,完成尺寸标注样式。

设置文本标注样式

菜单:格式>文字样式,弹出"文字样式"对话框,利用该对话框设置文字样式。

单击"文字样式"对话框中的"样式名"一栏右侧的箭头按钮,选择刚才设置的"建筑字体",在"文字样式"对话框中的"字体名"列表中选择"仿宋_GB2312"。

在"文字样式"对话框中的"宽度比例"后面的文本框内输入"0.7",然后单击对话框中的"应用"按钮,然后再按"关闭"按钮。设置后的"文字样式"对话框如图 2-58 所示。

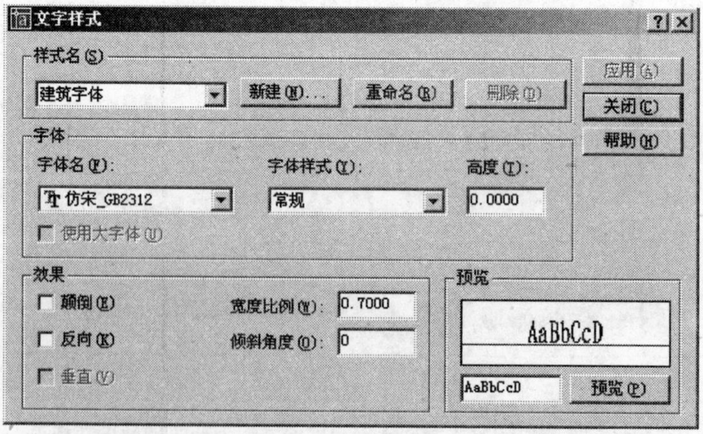

图 2-58 设置后的"文字样式"对话框

2.4.6 保存为模板文件

通过以上的设置，模板已经基本完成。为了今后绘制建筑工程图方便的使用该文件，用户可以把这个文件从 AutoCAD 默认的（格式为*.dwg）文件转换成模板文件(格式为*.dwt)。

转换的具体步骤如下：

菜单：文件>另存为，弹出"图形另存为"对话框（如图 2-59 所示）。选择保存为 AutoCAD 图形样板（*.dwt）。

图 2-59 "图形另存为"对话框

然后在"文件名"后面的命题框中起文件名"建筑工程图模板"，单击"保存"按钮，弹出"样板说明"对话框（图 2-60）。

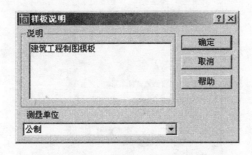

图 2-60 样板说明对话框

在该对话框的"说明"文本框中输入"建筑工程制图模板"模板文件的注释（此项也可以不填），然后选取"测量单位"列表框中的"公制"选项，左键单击"确定"按钮，一个新的模板文件就加入到了 AutoCAD 2005 里面的了。

2.4.7 调用模板文件

模板文件制作以后，是为了以后我们在制图过程中更方便,更快捷,更有效率，所以我们制作了这个模板以后，在以后的制图时候可以随时调用。需要的时候，我们直接打开这个名为"建筑工程图模板"的文件就可以了。

下面我们要制作成一个带有图纸框的模板。只做一个 A3 图纸框的模板，其他的尺寸图纸可以根据自己的需要设定，这里不作赘述。

打开刚才的那个模板文件。然后单击左下角的"布局 1"选项卡（如图 2-61 所示）。

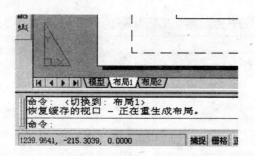

图 2-61 单击"布局 1"选项卡按钮

在"文件"下拉菜单中选择"绘图仪管理器"选项，如图 2-62 所示。

图 2-62 绘图仪管理器选项

这时 AutoCAD 弹出了 plotters 窗口，双击"添加绘图仪向导"图标，如图 2-63 所示。

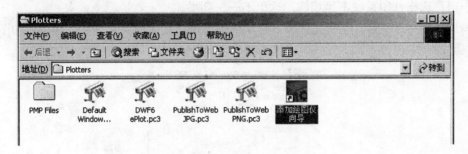

图 2-63 plotters 窗口

弹出了"添加绘图仪-简介"的对话框（如图 2-64 所示），单击"下一步"按钮。

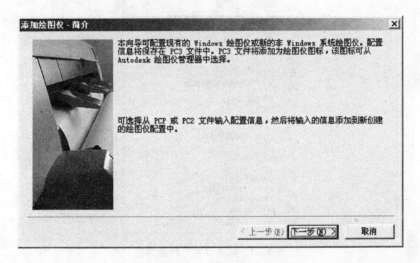

图 2-64 添加绘图仪-简介对话框

弹出了"添加绘图仪-开始"的对话框（如图 2-65 所示），单击"下一步"按钮。

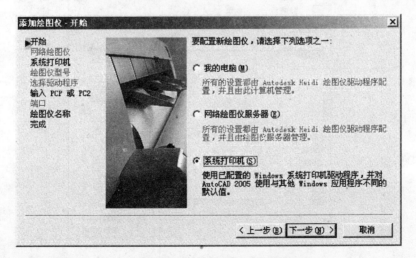

图 2-65 添加绘图仪-开始对话框

然后，在下面的对话框中，选择已经安装好的 windows 系统打印机或者是绘图仪，由于各个用户选择打印系统不尽相同，这里不一一列举。

添加好绘图设备后，在"文件"下拉菜单中选择"页面设置管理器"选项，如图 2-66 所示。

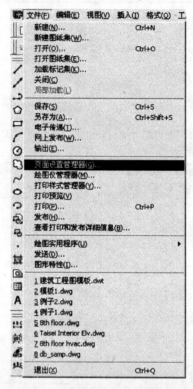

图 2-66　页面设置管理器选项

在"页面设置"对话框中，按"修改"按钮，如图 2-67 所示。

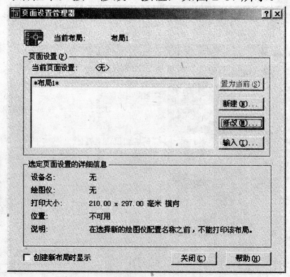

图 2-67　页面设置管理器对话框

在"页面设置-布局 1"的对话框中的"打印机/绘图仪"栏内选择此布局将使用的打印机,例如"Postscript Level 1.pc3"打印机。

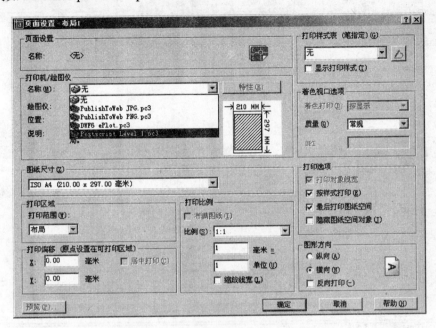

图 2-68　"页面设置-布局 1"的对话框

在"图纸尺寸"一栏内选择"ISO A3 (420.00mm×297.00mm)的图纸尺寸(如图 2-69 所示)。

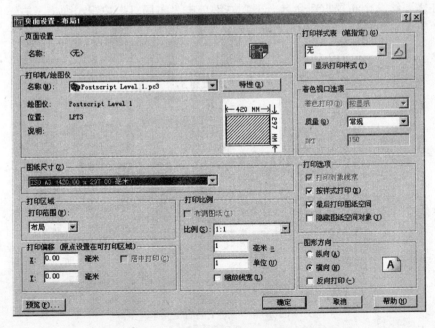

图 2-69　"页面设置-布局 1"的对话框

然后单击"确定"按钮,关闭"页面设置管理器",得到的布局如图 2-70 所示。

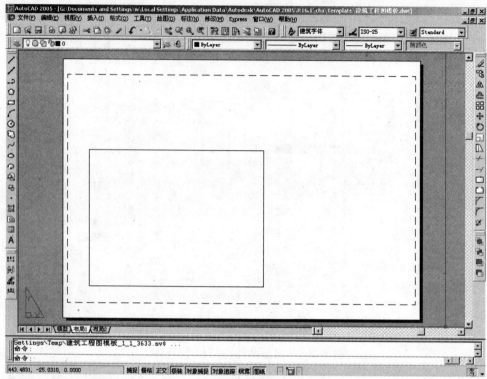

图 2-70　布局 1

现在需要给这个布局重新命名一下,右键单击"布局 1"按钮。弹出了右键菜单选择其中的"重命名"选项(如图 2-71 所示)。

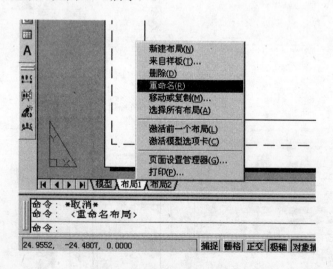

图 2-71　布局 1 的右键菜单

又弹出了"重命名布局"对话框(如图 2-72 所示)。在"名称"一栏内输入"A3-01",表明这是一张 A3 的图纸,图号为 01。

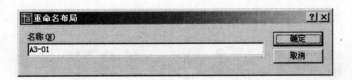

图 2-72 "重命名布局"对话框

在"布局 2"按钮上右键单击,在菜单中选择"删除",然后存盘。这样,这个文件就只剩下了一个布局,即"A3-01"。接下来,可以先把中间的矩形框删除。根据需要,我们也可以把布局复制,同一个文件可以有多个不同的布局。每一个布局可以作为一张图纸来使用。至此,这个模板制作完毕。下面的章节将会用到这个模版,读者熟悉了 AutoCAD 以后,可以完整地制作一套从 A0~A4 一系列的图纸模板,也可以在一个模板里面设多个标注的样式,比如说 1:50、1:30 等等,方便以后的使用。

2.5 本 章 练 习

制作一个 A2 幅面的建筑图制模版,包含有 1:200、1:100、1:50 三种标注样式。

第3章 单体小型住宅设计

本章重点

本章引入了一个小型住宅的建筑设计,这个单体的小住宅面积虽然不大,但是建筑应该有的部分也非常的齐备。我们引入这个实例,用来说明绘制一张建筑工程图的步骤,这里我们会由浅入深地详细讲解,重点讲解一些使用的绘图技巧。从建筑的轴线开始,再到建筑的外立面、剖面以及结构图。最后还将运用 AutoCAD 2005 新的填充功能,完成一张布置好家具的彩色平面布置图。前面几章的一些东西都是为了这章打下的基础,在这一章有一个完整的二维绘图的过程。

3.1 分析建筑平面

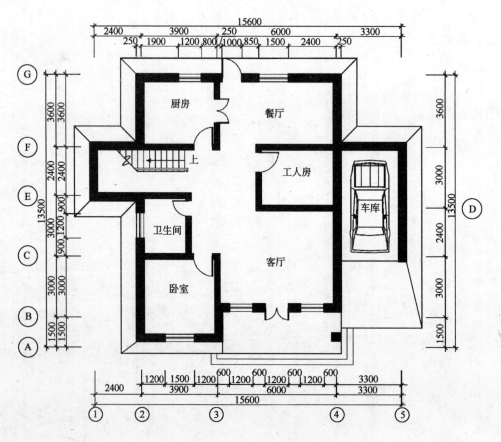

图 3-1 一层平面图

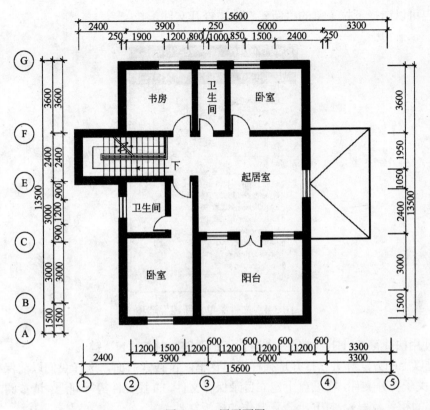

图 3-2 二层平面图

这是一栋单体的小住宅,包括两层楼。如图 3-1,图 3-2 所示的一、二层平面图,面积虽然不大,但是包括了一座建筑物应该有的全部。读者若是能熟练地掌握小住宅的绘制,那么大一些的就能容易解决了,所不同的仅仅是在于面积的大小,对于计算机制图而言,不过是一些绘图命令的重复。

3.2 绘制住宅的平面图

首先,我们把上一张已经保存的"建筑工程图模板"的 dwt 文件调出,这个文件已经设置好了图层、线型、图形界限、单位等等。我们将直接运用它来绘制我们的第一个 CAD 平面图。

打开一个图形可以有几种办法。

1. 可以用左键单击"新建文件"图标打开文件(如图 3-3)。

图 3-3 新建一个文件图标

2. 也可以选择下拉菜单的"新建"选项打开文件。

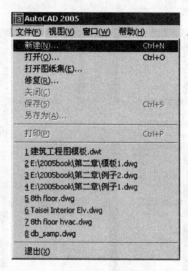

图 3-4　文件菜单"新建"选项

3. 使用快捷键 Ctrl+N（按住键盘的"Ctrl"键同时按"N"键）。

通过以上的方法都可以打开选择样板对话框，再搜索后面，选择我们以前保存过文件的目录（关于打开文件，在硬盘上建立目录保存文件，查找文件等等问题，请参阅 Windows 操作系统的相关教程），打开上一章制作的模板文件。

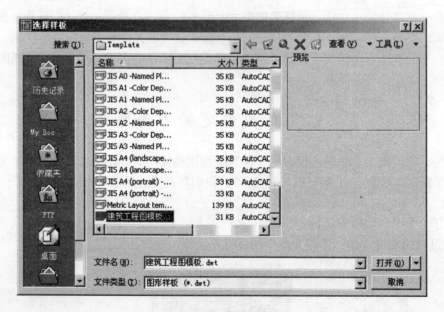

图 3-5　选择样板对话框

把这个文件另存为一个文件名为"住宅平面"的 dwg 文件，因为我们将要绘制一个小住宅的平面图，并且单击左下角的"模型"布局，进入模型空间以便绘制图纸。

3.2.1 绘制小住宅的轴线

我们将从建筑的轴线开始,在用到绘图的命令之前,先把已经定义的"轴线"层,定为当前层(如图3-6所示),这样做的目的在于,把我们将要绘制的图形直接赋予了"轴线"层的这一属性,方便了绘图工作,省掉了以后的编辑任务。当然,先画好图形再把它移动至其他的图层属性也是可以的,在以后的实例绘图中,我们将提到。

在图层工具条的长条框内左键单击,之后出现了已经定义好了的图层,选择"轴线"层,用左键单击。这样"轴线"层就被设置成了当前层。

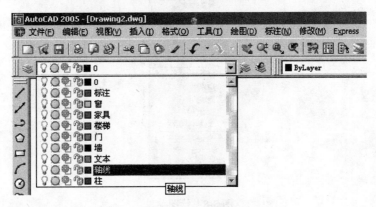

图3-6 图层工具条中选择"轴线"层

根据以前提到的关于线型设置的方法,把"轴线"层的线型设置为"CENTER"(如图3-7所示)。

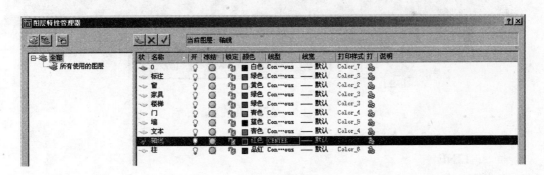

图3-7 图层特性管理器对话框

下面可以开始绘图了!
首先要画线:

1. 要画直线,用户必须先执行直线命令。可通过菜单栏、工具栏按钮或命令窗口启动直线命令。菜单栏选择绘图,然后在绘图菜单选中直线(在绘图工具栏中,选择直线按钮)(图3-8所示)。

2. 或者在绘图工具条中左键单击"直线"按钮(如图3-9所示)。

3. 或者在命令行"命令:"后输入直线"line"命令,然后按右键或者回车键确定。

图3-8 绘图菜单

> 注意：这里我们并不一定要完整地输入"直线（line）"这一命令，我们可以应用更为便捷的方式，只要输入"L"即可(这是英文 line 的第一个字母)。这就是所谓的快捷命令或者称之为"快捷键"，在以后的绘图过程中，制图者应该尽量多地学会使用"快捷键"输入命令来绘制图形，这样能较快地绘制图形！

图3-9 绘图工具条

执行了"直线"命令后，会出现以下的提示：

命令：LINE

指定第一点：

指定下一点或 [放弃(U)]：

命令行提示"指定第一点："。开始画图前，先讨论一下"第一点"和"下一点"。用户必须首先告诉CAD绘图的起始位置，这如同纸上绘图的落笔点，称为"第一点"。然后必须确定直线的终止点，这称为"下一点"。很多图包括若干条相互连接的直线(如矩形是由四条连续并首尾相连的直线组成的)，因此"指定下一点："的提示重复出现，直至用户按下Esc键或Enter键终止该命令。这样，用户不必输入每条直线时都要启动直线命令。

在坐标的（0，0）点开始绘制直线。

命令：l （输入l），然后回车。

命令：LINE

指定第一点：0,0　回车

指定下一点或 [放弃(U)]：<正交开> 24000

说明：在键入0,0回车以后，然后按键盘的F8键，打开正交<正交 开>模式，可以看到打开正交与未打开的区别（如图3-10、图3-11所示），用鼠标指向向上的方向，再在键盘上直接输入24000，然后按回车键（或者鼠标的右键确定），得到如图3-12所示的图形，绘制出了第一条直线。

打开正交<正交 开>模式，配合快速输入法，会极大地提高我们的作图效率，其关键在于用鼠标指定了一个方向以后，通过键盘直接输入距离，这种方法叫做"直接距离"的方法。由于我们绘制建筑工程图多是固定距离的直线，所以采用这种方法往往事半功倍。

经过了上述过程，我们得到如图3-12所示的图形，绘制出了第一条直线。

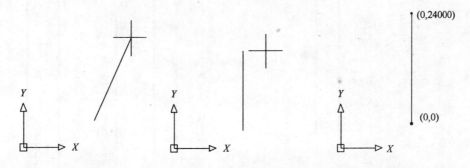

图3-10　打开正交模式之前　　图3-11　打开正交模式之后　　图3-12　绘制好的直线，它的长度是24000

图3-13　在修改菜单中的"偏移"命令

这是是轴线的一根，我们通过复制的命令再增加其他的轴线。我们可以采用偏移修改功能，即修改\偏移命令来复制其他的几根轴线，方法如下：

- 选择修改菜单下的偏移命令（如图3-13所示）。
- 在命令行命令：后面键入"O"然后回车（"O"为"偏移Offset"的快捷命令）。
- 或者在修改工具条中左键按偏移按钮（如图3-14所示）。

图3-14　在"修改"工具条中的"偏移"Offset命令按钮

选择以上的三种方法的一种（笔者推荐采用键盘的快捷命令，以后的绘图命令也是如此），然后发现命令行出现以下的提示。

命令：o

OFFSET

指定偏移距离或 [通过(T)] <通过>：（在这里是让你输入偏移的距离）。

我们在这里输入开间的轴线距离。这个小户型的开间分别为 2400、3900、6000、3300，我们依次输入。

指定偏移距离或 [通过(T)] <通过>：2400

选择要偏移的对象或 <退出>：（根据提示选择刚才绘制好的那根直线）

指定点以确定偏移所在一侧：（选择一个点给出偏移的方向，这里我们点直线右面的一点）。

好了，我们偏移出了第二根轴线（如图 3-15 所示）。

再通过这个办法，绘制出如图 3-16 的图形。

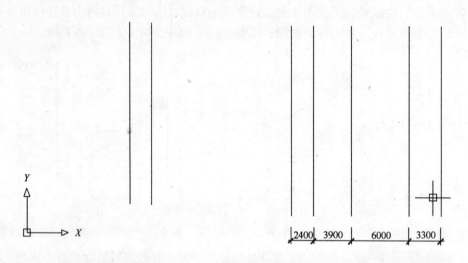

图 3-15　绘制出的第二根轴线图　　　　图 3-16　绘制出开间的五根轴线

按照图 3-17 所示绘制出一条垂直于这些轴线的直线。

然后偏移这根轴线，进深分别为 1500、3000、2400、3600，如图 3-18 所示。

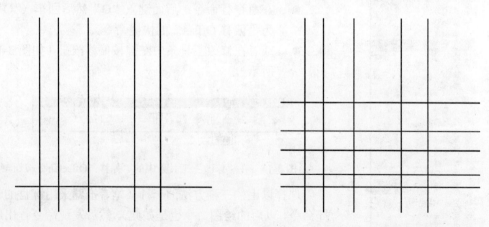

图 3-17　绘制出一根平行轴线　　　　图 3-18　绘制出进深轴线

这样，就建立好了这个轴网。

提示：建筑轴网的创建顺序一般先横向后纵向，从左到右、从下到上。另外轴线的长度一般取建筑物纵向和横向的最大长度,目前我们绘制的轴网,各个方向都比建筑的最大尺寸稍长,这样是为了绘制墙体等等图形后方便修改。

注意!怎样走出困境:

初学者或者专家都不免出现一些错误,所以在深入学习之前,先介绍一些功能强大且容易使用的工具,以帮助读者迅速从意外事故中恢复。

Backspace【←】 如果输入中出错,可以使用退格键取消错误的输入,然后重新输入读者需要的命令。退格键位于主键盘的右上角。

Escape【Esc】 这是一个非常重要的按键。当需要快速退出一个命令或者对话框而不进行修改时,只需要按键盘左上角的 Esc 键即可。

放弃(U) 在绘图过程中,如果因错误操作改变了图形,想恢复原来的图形时,可以单击标准工具条的 Undo 工具(指向左下的弯曲箭头如图 3-19 所示),也可以在命令行输入 U (即输入"U"之后按回车键),或者在编辑菜单下面选择放弃选项(如图 3-20 所示)。每次这样做的时候,AutoCAD 都会取消上一次操作,即取消上一次的命令操作,再按一次放弃命令又会取消倒数第二次操作,以此类推。提示会显示取消的命令名,如果需要可以一直取消到最初的状态。

重做(Redo) 如果意外取消了太多的命令,可以通过单击标准工具条上的重做工具(指向右下的弯曲箭头图 3-21)恢复上一次的命令,或者在命令行输入 Redo,或者在编辑菜单下面选择重做选项(如图 3-22 所示)。所幸的是 AutoCAD 2005 的重做命令可以使用无数次,直到恢复到放弃前的图形。这在 AutoCAD 的早期版本是不可能的。

所以这个命令对我们以后的绘图会带来极大的方便。

图 3-19 标准工具条中按放弃钮

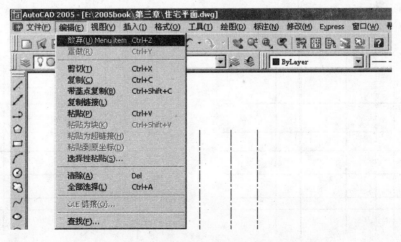

图 3-20 编辑菜单下面选择放弃选项

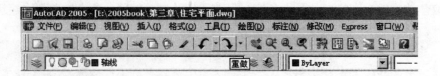

图 3-21　标准工具条按重做钮

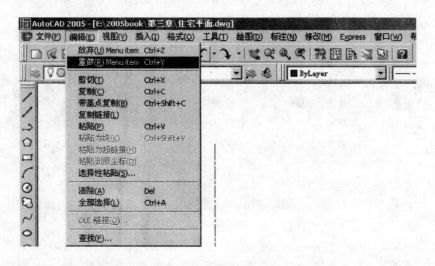

图 3-22　编辑菜单下面选择重做命令选项

3.2.2　绘制小住宅的墙体

修改属性

用偏移命令绘制墙体：在命令行输入"O"，在偏移距离输入 250。然后选择最左边的一条轴线（如图 3-23 所示），可以看到这条线高亮显示；然后在这条线的左侧单击，得到如图 3-24 所示的图形。

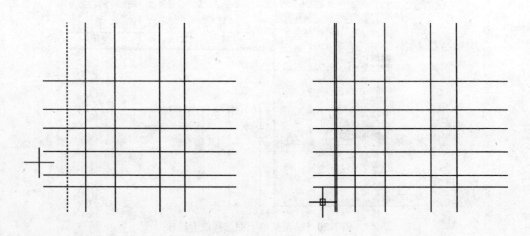

图 3-23　绘制出一根平行轴线　　　　　图 3-24　偏移出的线

命令：o
OFFSET
指定偏移距离或 [通过(T)] <通过>：250
选择要偏移的对象或 <退出>：
指定点以确定偏移所在一侧：

现在偏移出的线和轴显示一样，我们要把它改变一下属性，就是说要把它放到"墙"这一图层上，可以通过以下的方法来实现。

在命令行输入"pr"，"pr"为命令"PROPERTIES"的快捷命令。

命令行显示如下：

命令：pr
PROPERTIES

同时会弹出一个特性的面板（如图 3-25 所示），这个面板可以浮动显示，也就是说如果不单击左上角的"☒"，这个面板不会关闭。它会始终保持在我们的绘图界面上，我们可以把鼠标放在面板上，鼠标变成了一个箭头，这时候按住鼠标的左键不放，可以把这个面板移动到绘图界面的右侧（如图 3-26 所示）。

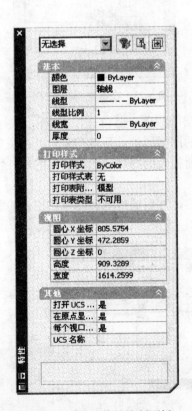 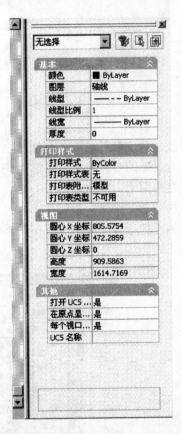

图 3-25　浮动的特性控制面板　　　　图 3-26　移动到一侧的特性控制面板

这个面板上面有很多功能选项，基本为普通属性、打印的样式、视图为显示的位置，还有其他，例如关于坐标的设置。在以后的学习过程中，我们会多次用到这个属性的面板。这个特性控制面板还可以设置为自动隐藏。在特性控制面板的左下角用右键单击黑框内的小图标，弹出一个小菜单，选择里面的自动隐藏选项，特性控制面板会被自动隐藏，在绘图状态下仅仅显示表明特性控制面板的竖条。当鼠标移动到上面的时候，特性控制面板重新弹出（如图 3-27 所示）。

另外在一个图元上面用左键双击也可以调出特性控制面板，同时特性控制面板上显示的是该图元相对应的属性。

双击刚刚偏移的那条直线，弹出特性控制面板，然后在图层后面双击，把这条直线的图层修改，修改后它所在图层是"墙"层（如图 3-28 所示）。

图 3-27

图 3-28 在特性面板上改变图层

修改后我们发现，这条直线已经变成了"墙"层的颜色—蓝色。

还有另外的一种方法，可以更快速地改变图元的图层属性，那就是首先单击需要改变图层属性的图元，然后在图层的工具条选项上选择所需要的图层，这样图层的属性快速地改变，如图 3-29 所示。

我们再把最下面的轴线同样向下偏移 250 个单位，然后通过上面的方法把它的图层也设置为"墙"层。

图 3-29 在图层工具条上改变图层

运用特性匹配

继续偏移轴线，向内偏移数值为 120，然后改变它们的图层到墙层。绘制出如图 3-30 所示的图形。

我们发现如果反复地选择图元，然后再挨个地改变图层很不方便，AutoCAD 2005 让我们可以用"属性刷"这个工具把一个图元的属性赋予其他的图元。方法同样不惟一，笔者仍然推荐使用快捷命令。

1. 在命令行里键入快捷命令"ma"(特性匹配命令 MATCHPROP 的开头两个字母)，然后回车。

命令行提示如下：

命令：ma

MATCHPROP

选择源对象：

"选择源对象："意为选择参照的图元，我们选择上一次已经修改过图层属性的最边一根墙线。然后我们发现这根直线被高亮显示。同时我们发现鼠标已经成了选择状态的小方框和一个小刷子（如图 3-31 所示），这时再被选择的图元将变成和左边直线相同的属性，同时就在个"墙"层上面了。

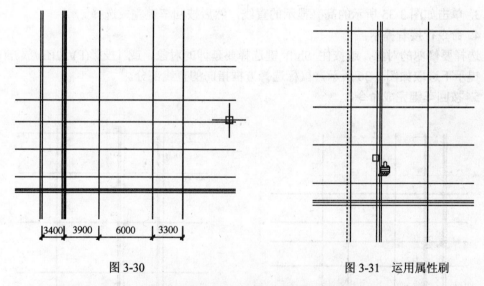

图 3-30　　　　　　　　　　　图 3-31　运用属性刷

2. 在标准工具条中单击特性匹配按钮。同样可以应用属性刷功能（如图 3-32 所示）。

图 3-32　标准工具条的特性匹配按钮

修正对象—修剪

现在，必须删除两条墙线相交的不需要的部分，因此我们将用修剪命令修剪掉线的一部分。

1. 首先，注意 AutoCAD 底部的状态栏，确定捕捉功能没有处于打开状态（如图 3-33 所示），捕捉按钮没有按下去。
2. 单击修改工具条上的修剪按钮（如图 3-34 所示）。

图 3-33　AutoCAD底部的状态栏　　　　图 3-34　修改工具条上的修剪按钮

或者在命令行键入"TR"（修剪 Trim 的快捷命令）然后回车。
我们看到命令行下列提示：
命令：_trim
当前设置：投影=UCS，边=无
选择剪切边...
选择对象：
3. 单击如图 3-35 所示的高亮显示的直线，然后按回车键完成选择。
4. 命令行接着提示：
选择要修剪的对象，或按住 Shift 键选择要延伸的对象，或 [投影(P)/边(E)/放弃(U)]:
提示下选取如图 3-36 所示，鼠标选择方框指向的直线部分。
5. 按回车键完成命令。

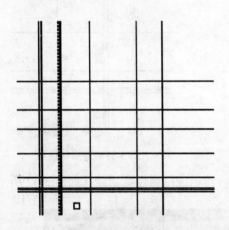

图 3-35　选择第一条直线

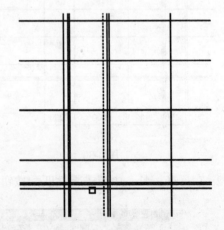

图 3-36　选择第二条直线

得到图形如图 3-37 所示，选择的第二条直线的左侧一部分已经被剪掉。

因为我们最终想要得到的图形是两条直线成直角相交（如图 3-40 所示），可以重复上面的步骤来完成，所不同的是，执行命令的时候，先选择的第一条直线这次换成了第二条。

但显然这样很麻烦,我们用 Undo 命令返回到图 3-31 图形的样子。然后重新执行"Trim"命令。

命令:_trim
当前设置:投影=UCS,边=无
选择剪切边...
选择对象:
然后依次选择两条直线(如图 3-38 所示),两条线同时高亮显示,然后按回车键。
命令提示:
选择要修剪的对象,或按住 Shift 键选择要延伸的对象,或 [投影(P)/边(E)/放弃(U)]:
然后选择需要剪切的部分,得到的图形如图 3-39 所示。

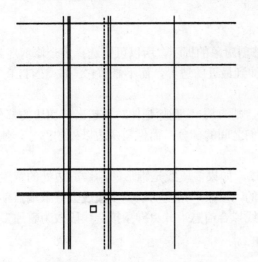
图 3-37 剪切完的第二条直线

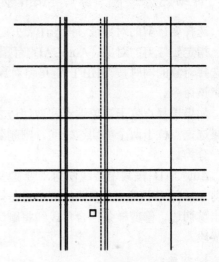
图 3-38 选择两条直线

再用同样的方法剪切另外的两条直线,得到的图形如图 3-40 所示。

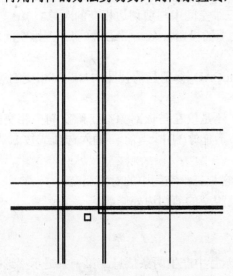
图 3-39 剪切开两条直线

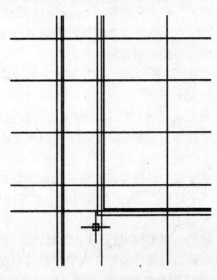
图 3-40 剪切完的墙线

> **注意！选择靠近的或者重叠的对象！**
>
> 　　有时，想要选择的对象靠得很近或者一个对象重叠在另一个对象上，这时 AutoCAD 就不听鼠标的指挥。有时候，当单击想要选择对象的时候，AutoCAD 却选择了另一个与它靠近的对象，这很让人恼火。AutoCAD 提供了 Object Selection Cycling（对象循环选择）功能，帮助在这种情况下选择对象。要使用这个功能，可以在单击想要选择对象的同时按住 Ctrl 键。如果错误的对象被高亮显示，再按鼠标左键（不需要第二次按住 Ctrl 键），然后离它最近的下一个对象就会高亮显示。如果若干对象离的很近或者重叠在一起，就继续按鼠标左键直到正确的对象被高亮显示为止。当想要的对象最后被高亮显示时按回车键。然后继续进行下一步选择。

详细说明一下 "剪切" trim 命令

选择要修剪的对象或 [投影(P)/边(E)/放弃(U)]:
　　指定要修剪的对象。AutoCAD 有重复修剪对象的提示，所以可以选择多个修剪对象。在选择对象的同时按 SHIFT 键可将对象延伸到最近的边界，而不修剪它。按 ENTER 键结束该命令。
　　如果选择点位于对象端点和剪切边之间，则 TRIM 删除延伸对象超出剪切边的部分。如果选定点位于两个剪切边之间，则删除它们之间的部分，而保留两边以外的部分，使对象一分为二。
　　AutoCAD 按其中心线修剪二维宽多段线。如果多段线是锥形的，修剪边处的宽度在修剪之后保持不变。宽多段线端点总是矩形的，以某一角度剪切宽多段线会导致端点部分超出剪切边。修剪样条拟合多段线将删除曲线拟合信息，并将样条拟合线段改为普通多段线线段。

1. 投影：
　　指定修剪对象时 AutoCAD 使用的投影模式。输入投影选项 [无(N)/UCS(U)/视图(V)] <当前>：输入选项或按 Enter 键。
　　"无" 指定无投影。AutoCAD 只修剪在三维空间中与剪切边相交的对象。
　　"UCS" 指定在当前用户坐标系 XY 平面上的投影。AutoCAD 修剪在三维空间中不与剪切边相交的对象。
　　"视图" 指定沿当前视图方向的投影。AutoCAD 修剪当前视图中与边界相交的对象。

2. 边：
　　确定是在另一对象的隐含边处修剪对象，还是仅在与该对象在三维空间中相交的对象处进行修剪。输入隐含边延伸模式 [延伸(E)/不延伸(N)] <当前>：输入选项或按 ENTER 键。
　　"延伸" 沿自身自然路径延伸剪切边，使它与三维空间中的对象相交。
　　"不延伸" 指定对象只在三维空间中与其相交的剪切边处修剪。

3. 放弃
　　撤消由 TRIM 最近所作的修改。
　　在前面的练习的第 2 步中，修剪命令在提示行中产生两条信息。第一条提示 "选择对象："告诉用户必须首先选择一个对象来定义想要修整对象的边线。在第 4 步中，再一次被提示选择对象，这次是选择要修剪的对象。修剪命令是 AutoCAD 中需要选取两组对象的命令中的一个，要求选择两组对象：第一组定义边界，第二组定义要编辑的对象。这两组对象不是互相排斥的。例如，定义边界线也可以被剪切（如图 3-38 所示）。

下面我们把"墙"这一层关掉，在图层工具条中单击长方形白框，选择"墙"层，并且单击前面的灯泡图标，发现灯泡由黄色变成蓝色，说明图层"墙"被关闭（如图 3-41 所示）。只剩下"轴线"层，并且确定"轴线"层为当前层。

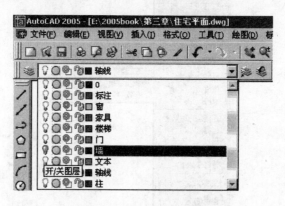

图 3-41 关闭"墙"图层

用这个办法绘制墙体，好像有点儿麻烦了，因为墙体都是双线的，这样剪来剪去的很麻烦。以后会介绍一个绘制双线的方法，但是根据笔者实际绘图的经验还是觉得现在介绍的这个方法更加容易控制，实际应用时候的速度相对更快。

绘制圆形—圆

为了方便以后的学习，我们先把图轴线名称标记出来。
首先我们要绘制一个圆圈。

1. 可以选择下面的任何一种方式来执行画圆命令，这里仍然推荐采用快捷键方式执行命令，同时建议读者应该记住这些快捷键命令。

- 可以选择单击绘图工具条上的圆的按钮（如图 3-42 所示）。
- 单击绘图菜单，然后选择圆选项（如图 3-43 所示），再选择其中的圆心，半径选项。
- 在命令行输入"C"（圆 Circle 的快捷命令）。

图 3-42 绘图工具条上的圆命令按钮

2. 在"CIRCLE 指定圆的圆心或 [三点(3P)/两点(2P)/相切、相切、半径(T)]:"提示下，在如图 3-44 所示圆心的位置用左键单击。

3. 在"指定圆的半径或 [直径(D)]:"提示下，输入 500 回车，出现了一个圆（如图 3-45 所示）。

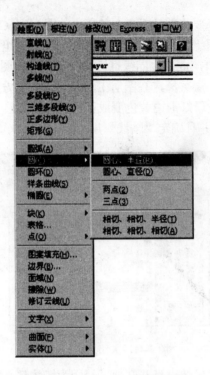

图 3-43 在绘图菜单选择圆选项

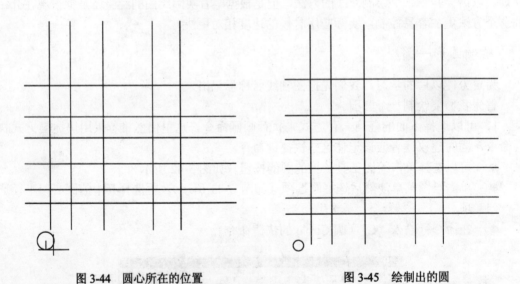

图 3-44 圆心所在的位置　　　　图 3-45 绘制出的圆

圆命令

"CIRCLE 指定圆的圆心或 [三点(3P)/两点(2P)/相切、相切、半径(T)]:"中需要点或选项关键字的解释如下。

"三点（3P）" 基于圆周上的三点绘制圆。

"两点（2P）" 基于圆周上的两点绘制圆。

"相切、相切、半径(T)" 根据与两个对象相切的指定半径绘制圆。有时会有多个圆符合指定的条件。AutoCAD 以指定的半径绘制圆，其切点与选定点的距离最近。

在 AutoCAD 中输入文字

现在圆已经画好了，我们再在圆中间填上数字。

1. 首先，选择"文本"层为当前层。在图层工具条中单击长方形白框，选择"文本"层，然后单击该层（如图 3-46 所示）。完成后显示"文本"层已变成当前层（如图 3-47 所示）。

图 3-46 选择"文本"层

图 3-47 图层工具条中显示的图层即为当前层

2. 从绘图工具条中选择多行文字选项按钮（如图 3-48 所示），或者输入"MT"（多行文字 Multiline Text 命令的快捷键）回车。

图 3-48 绘图工具条中选择多行文字工具

3. 命令行提示如下：
命令：mt
MTEXT 当前文字样式："建筑制图" 当前文字高度：2.5
指定第一角点：

"MTEXT 当前文字样式："，由于我们是使用已经定义好的模板，字体样式已经命名为"建筑制图"，"当前文字高度："为文字高度，默认值为 2.5 个单位。

"指定第一角点："选择一个点（如图 3-49 所示矩形框的左上角点），拽出一个矩形框。这个矩形框不用太精确，差不多就可以了，因为以后还可以调整它的位置和尺寸。

命令行提示：

"指定对角点或 [高度(H)/对正(J)/行距(L)/旋转(R)/样式(S)/宽度(W)]："然后用左键确定矩形框右下角的一点。弹出一个文本格式工具条和输入文本的对话框。此对话框称为多行文本编辑器（如图 3-50 所示）。

把文字格式中的文字尺寸一栏里面的"2.5"该为"300"，然后在下面的文本栏中输入"1"，然后按"确定"钮（按 Ctrl+回车为"确定"的快捷键）。

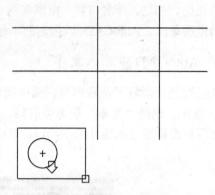

图 3-49　拽出一个矩形框

图 3-50　多行文本编辑器

得到的图形如图 3-51 所示。

但是我们发现这个数字文本相对于先前画的圆小了一点，我们需要把它的大小修改一下。

用鼠标左键双击这个数字文本，文字格式工具条和多行文本编辑器又弹出来。这时候我们发现多行文本编辑器的文本输入栏变成了透明的，我们可以很直观地看到这个数字"1"和圆圈大小的比例，这样我们调整文字的尺寸为"600"（如图 3-52 所示）。按"确定"钮确定。

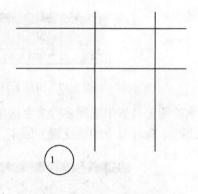

图 3-51　文本"1"添加到图形中

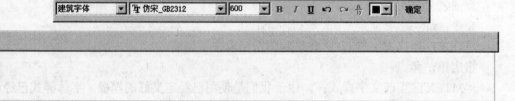

图 3-52　修改文本的尺寸

这个数字文本"1"还是没有放在合适的位置（如图 3-53 所示），它有一些偏左下角。

我们要把它的属性作一下修改，使文字正好能对齐圆形的中心。

用鼠标的左键单击文字，文字被蓝色的小方框套住。然后我们观察特性面板，需要在这个面板上面调整文本的属性。

用鼠标左键单击"对正"后面的白色框，弹出一个小菜单，在上面选择"正中"，这是文字对齐的方式，其他的选项分别为"左上"、"中上"、"右上"、"左中"、"右中"、"左下"、"中下"、"右下"。用户可根据不同的需要来选择文本对齐的方式。这里我们需要让文本中心和圆形的中心对齐，那么我们选择了居中对齐的方式。

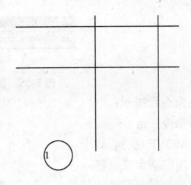

图 3-53　偏离了圆形中心的文字

移动和捕捉

然后，我们把文本移动到圆形的中心，需要用到移动命令，而且要准确地把文字定位于圆心，这需要运用 AutoCAD 的捕捉功能。

执行移动命令
- 在修改下拉菜单中选择移动选项（如图 3-55 所示）。

图 3-54　特性面板上面调整文本对齐点

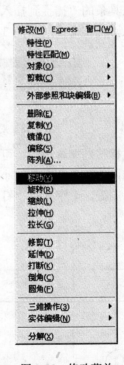

图 3-55　修改菜单

- 左键单击修改工具条中的移动按钮（如图 3-56 所示）。
- 在命令行中键入"M"（移动 Move 的快捷键）回车。

图 3-56 修改工具条中的移动按钮命令行提示

命令行提示：

命令：m

MOVE 找到 1 个

指定基点或位移：

选择需要移动的物体，鼠标变成了选择状态（一个小方框）。

选择文本用小方框单击文本，文本被高亮显示，同时鼠标变成了一个十字形（如图 3-57 所示）。

命令行提示："指定基点或位移："选择一个基准点。

这时我们要应用捕捉的功能，再上一个命令执行的同时（确定一个命令的执行要按回车键，不按回车键则命令仍在应用中）用左键单击对象捕捉工具条的"捕捉到插入点"选项按钮，执行插入点捕捉命令（如图 3-58 所示）。

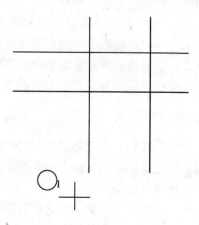

图 3-57 已经选择了文本

图 3-58 对象捕捉工具条的捕捉到插入点按钮

再次把鼠标移到文本上面，可以看到鼠标好像粘到了文本的正中一样，并且显示为十字形的光标和两个黄色相叠加的小方框。黄色的就是捕捉点（如图 3-59 所示）。

单击鼠标左键，十字光标"钉"住了文本的正中，同时文本跟随十字光标移动（如图 3-60 所示）。

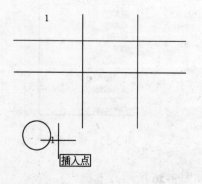

图 3-59 捕捉到了文本的正中

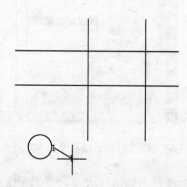

图 3-60 文本随着十字光标移动

还是不按回车键，不结束命令。同时再次单击对象捕捉工具条的"圆心"选项按钮（如图 3-61 所示）。

图 3-61　对象捕捉工具条的捕捉到圆心按钮

十字光标移到圆形附近，又捕捉到了圆形的圆心（如图 3-62 所示）。按左键，完成了命令。文本被放置在了圆形的圆心（如图 3-63 所示）。

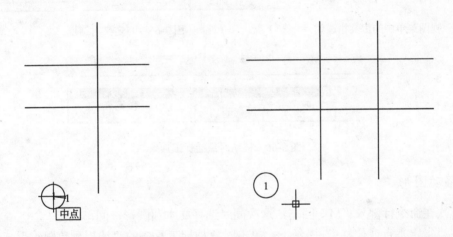

图 3-62　捕捉到了圆形的圆心图　　　　图 3-63　文本被放置在了圆形的圆心

> 注意！
>
> 　　有的时候，用户在 AutoCAD 的绘图界面上可能找不到对象捕捉工具条，这是因为对象工具条没有被打开。如果在 AutoCAD 的绘图界面上没有找到对象捕捉工具条，那么可以选择视图下拉菜单中工具栏选项（如图 4-64 所示），弹出了自定义对话框，在对话框的左侧工具栏里面，单击选择对象捕捉，确定对象捕捉前面的方框打了"√"，然后按"关闭"钮（如图 4-65 所示）。这时候，你会看到对象捕捉工具条已经出现在绘图界面之中了。用鼠标左键按在对象捕捉工具条上不放，可以把对象捕捉工具条拖到绘图的界面的任何一个位置然后释放，对象捕捉工具条就被移到了相应的位置（如图 4-66 所示）。
>
> 　　其他的工具条也可以用这个方法找到，并且可以任意指定工具条在屏幕上的位置，这里不再赘述。

图 3-64 视图菜单中的工具栏选项

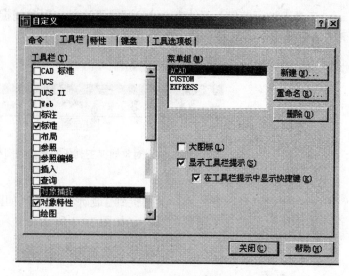

图 3-65 自定义对话框

图 3-66 移动对象捕捉工具条

移动图形

再次在命令行键入"M"回车,这次同时选择文本和圆形,回车确定。

在"指定基点或位移:"提示下,单击对象捕捉工具条的"捕捉到象限点"按钮(如图 3-67 所示),然后捕捉到圆形上方的象限点(如图 3-68 所示)。

图 3-67 对象捕捉工具条的捕捉到象限点按钮

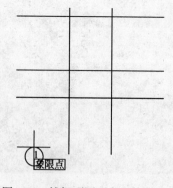

图 3-68 捕捉到圆形上方的象限点

按鼠标左键,捕捉到这个圆形上方的象限点,移动十字光标到对象捕捉工具条上,单击对象捕捉工具条的捕捉到端点按钮(如图 3-69 所示)。

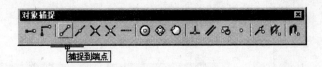

图 3-69 对象捕捉工具条的捕捉到端点按钮

移动十字光标到左边的第一根轴线上,按左键捕捉到轴线的端点(如图 3-70 所示),这样得到的图形就是圆形和文本都放在了轴线的一端(如图 3-71 所示)。

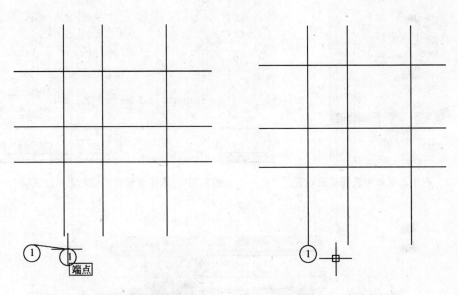

图 3-70 左键捕捉到轴线的端点　　　　图 3-71 完成的图形

自动捕捉

总是反复按对象捕捉工具条上的捕捉按钮很麻烦,所幸的是 AutoCAD 考虑到了这一点,AutoCAD 为用户设置了自动对象捕捉功能,也就是十字光标自动就可以找到图形的端点、中点、圆心、插入点等等。

下面我们来设置一下自动对象捕捉功能。

1. 选择工具菜单下的草图设置选项(如图 3-72 所示),弹出草图设置对话框,然后选择对象捕捉选项卡(如图 3-73 所示)。

也可以输入"OS",或者右键单击状态条上的对象捕捉按钮,然后从快捷方式菜单中选择设置(如图 3-74 所示)。

图 3-72　在工具菜单中选择草图设置　　图 3-73　草图设置对话框对象捕捉选项卡

图 3-74　状态条上的对象捕捉按钮

2. 左键单击对话框右面的全部清除按钮。这将关闭所有可能在对话框被选择的选项。

3. 单击端点（E）、中点（M）、象限点（Q）、交点（I）、插入点（S）、近距离点（R）。复选以上的几项，在它们前面的小方框内出现了"√"，并且已经确认选择了启动对象捕捉选项，然后单击"确定"钮（如图 3-75 所示）。

> 提示：注意对象捕捉选项卡中的每一个捕捉选项旁边都有一个图形的符号，这些是捕捉标记，当选择捕捉点时，捕捉标记出现在图形中（如上面捕捉的插入点和象限点等）。每个捕捉选项都有它自己的标记号。当读者以后熟悉使用捕捉功能的时候，会对他们更加熟悉。

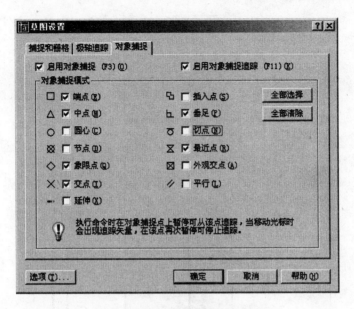

图 3-75 对象捕捉选项卡的设置

我们刚才设置了默认时打开端点（E）、中点（M）、象限点（Q）、交点（I）、插入点（S）、近距离点（R）的对象捕捉。这在 AutoCAD 中被称为"运行中的对象捕捉功能"，在不干预的情况下，AutoCAD 自动地选择最接近的对象捕捉点。

复制一个图形

现在，我们要了解一个重要的编辑命令——复制对象（COPY）。

由于轴线名称有很多个，而且它们除了数字其他都是一样的，我们不必一一画出来。可以把上一次的图形进行复制，我们的目的是把圆形以及数字在每根轴线的端点都配上一个。

1. 单击修改工具条上的复制对象按钮（如图 3-76 所示）。
- 也可以从下拉菜单中选择修改的复制选项（如图 3-77 所示）。
- 或者在命令行输入"CO"（复制对象命令的快捷键），然后按回车键。

图 3-76 修改工具条上的复制对象按钮

2. 在"选择对象："提示下，选取圆形和数字"1"。这两个图元被高亮显示。按回车键选择生效。

3. "指定基点或位移，或者 [重复(M)]："提示下，选择圆形上面的象限点（如图 3-78 所示），按左键。然后移动光标，直到光标捕捉到了另一根轴线的端点（如图 3-79 所示），按左键确定。

图 3-77　修改菜单中的复制选项

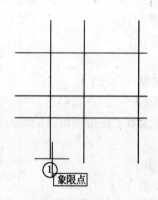

图 3-78　左键捕捉到圆形上方的象限点

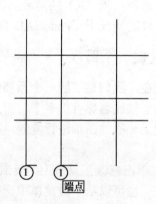

图 3-79　左键捕捉到轴线的端点

注意！复制命令和移动命令很相似，只不过复制命令不改变原来选择对象的位置而已。

多重复制

复制命令里面还有多重复制的功能，非常方便我们的使用。

1. 命令行输入"U"，然后回车，放弃上一个命令，退回到复制以前的图形。
2. 命令行键入"CO"，回车。
3. 命令行提示：

命令：co

COPY

选择对象：

选择圆形和数字"1",左键确定。

4. 命令行提示:"指定基点或位移,或者 [重复(M)]:"在后面键入"M"然后回车确定,命令行提示:"指定基点:"(选择基准点)。左键选择圆形的象限点。

5. 命令行提示:"指定位移的第二点或 <用第一点作位移>:"选择第二个点,这时捕捉下一根轴线的端点,按左键确定。

6. 我们发现命令并没有结束(如图 3-80 所示),命令行依然提示:"指定位移的第二点或 <用第一点作位移>:",继续捕捉下一根轴线的端点,直到得到如图 3-81 所示的图形。

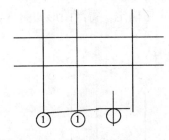

图 3-80　命令仍在继续　　　　　　图 3-81　复制好的图形

用同样的办法把圆圈和数字复制到轴线的左边。注意在选择基准点的时候,要捕捉的是圆形的右侧象限点。得到的图形如图 3-82 所示。

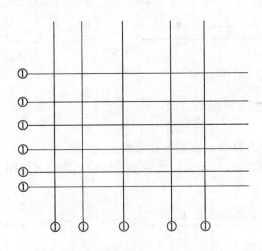

图 3-82　复制好的图形

修改文本

建筑制图当中不可能出现一样名称的轴线,所以上面的图 3-82 与实际是不相符的,所以我们要修改一下这些数字。下面我们把这个轴网修改一下。

1. 简单的方法是用光标直接双击需要修改的文字,我们双击横向第二个数字"1",然后会弹出文字格式文本编辑的对话框(如图 3-83 所示)。

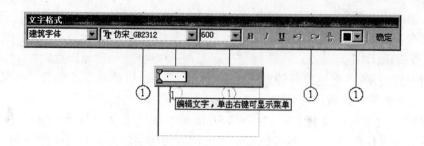

图 3-83 文字格式文本编辑的对话框

2. 在下面的修改栏里面退掉"1"输入"2"。然后按确定钮确定。得到图形如图 3-84 所示。

3. 依次修改一些文本，直到得到如图 3-85 所示的图形。

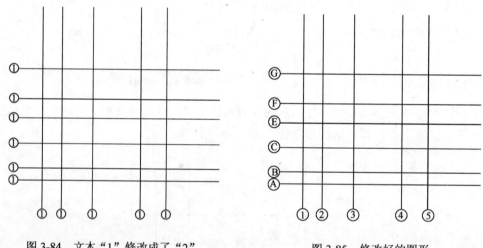

图 3-84 文本"1"修改成了"2"　　　　图 3-85 修改好的图形

左侧的轴线缺少了 D 轴，我们现在来添上。

把 C 轴向上复制 2400 个单位，然后添加轴线名称 D（如图 3-86 所示）。

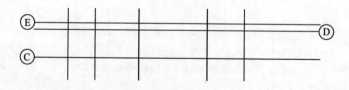

图 3-86 添加了D轴的图形

深入绘制

至此，小住宅的轴网已经建立起来了。我们接着往下绘制墙体。

打开"墙"图层，然后修剪墙体，得到图形如图 3-87 所示。

偏移（Offset）E 轴，向下单位为 250，向上单位为 120。然后修剪墙体，得到如图 3-88 所示的图形。

注意！不要忘了修改线的图层属性，所有的墙体都要保持在一个图层上！

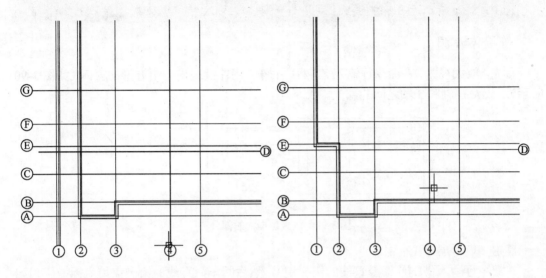

图 3-87　剪切 3 轴交 A 轴和 3 轴交 B 轴处的墙线　　　　图 3-88　偏移 E 轴得到墙体现，并修剪

绘制图形如图 3-89 所示的样子，注意最右侧的墙体下方用一根直线封上，这条短直线距离 C 轴向下 250 个单位。因为这里面将会是一个车库，和室内并不贯通。

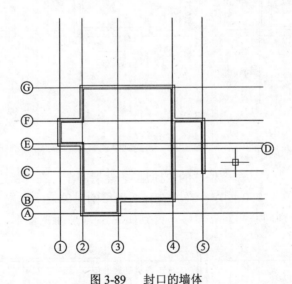

图 3-89　封口的墙体

提示！输入距离的快速方法

输入距离的第三种方法是简单地用橡皮筋线指定一个方向，然后通过键盘直接输入距离。例如，要画一条 3 个单位的从左向右的线，单击绘图工具条的直线工具，单击选择一个开始点，向右移动光标任意距离，使橡皮筋线指向右。让光标处于想要的

> 方向上，输入 3 然后回车。橡皮筋线变成了一个 3 个单位长的固定的直线。
> 采用这种方法叫做直接距离的方法，并用正交模式或者极点捕捉，可以快速地绘制特定距离的对象。当需要输入一定角度方向上（水平和垂直方向除外）的精确距离时，可以使用标准直角坐标或者极坐标方式。

给墙体开洞

首先，放大视图。在命令行输入 Z，然后回车，用左键拽出一个方形的窗口（如图 3-90 所示）。放大 B 轴和 3 轴之间的部分。

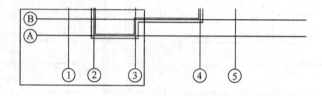

图 3-90　放大黑框内的部分

确定"墙"层为当前层。

在命令行输入"L"（命令直线的快捷键），然后回车，直线的第一点用光标捕捉到如图 3-91 所示的 2 轴和 3 轴间墙体的中点，按鼠标的左键确定。再捕捉到下面直线的中点，如图 3-92 所示，按左键确定。按回车键结束命令，得到如图 3-93 所示图形。

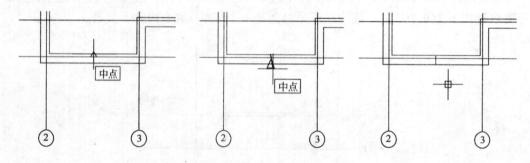

图 3-91　捕捉到上面直线的中点　　图 3-92　捕捉到下面直线的中点　　图 3-93　画好的直线

在命令行输入"O"（命令偏移的快捷键），然后回车，在"指定偏移距离或 [通过(T)] <通过>:"提示下输入 750 回车。在"选择要偏移的对象或 <退出>:"提示下，选择中间的小段直线，并分别向左和向右偏移。得到如图 3-94 所示的图形。

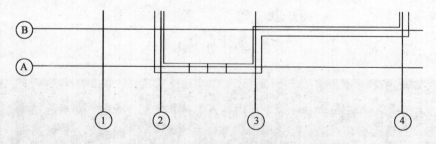

图 3-94　左右偏移了 750 个单位的直线

删除图形

我们需要的是两边已经偏移出的直线，而中间的一小段直线，是作为辅助线使用的，在它完成了使命以后，需要把它删除。命令如下：

1. 在修改菜单中选择删除选项（如图 3-95 所示），或者在修改工具条中单击删除按钮（如图 3-96 所示）。快捷键为"E"。
2. 命令行提示如下：

命令：e
ERASE
选择对象：

图 3-95　在修改菜单中的删除选项

图 3-96　修改工具条中"删除"按钮

3. 选择中间的小段直线，直线被高亮显示（如图 3-97 所示）。
4. 按右键确定，并结束命令。中间的直线被删除。
5. 用剪切命令剪切掉两段直线中间的部分，注意不要把轴线也修剪掉。剪切好的图形如图 3-98 所示。

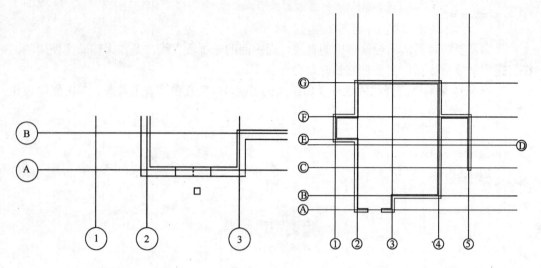

图 3-97　中间的直线被高亮显示　　　　图 3-98　墙体被开出了一个洞口

接着在墙体上开出洞口，尺寸如图 3-99 所示。

提示：可以利用 3 轴偏移 600 距离。

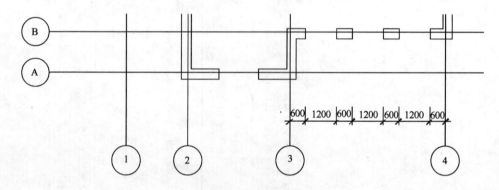

图 3-99　3 轴和 4 轴之间开了三个洞口

3.2.3　绘制窗

在左边的第一个洞口处绘制一条直线（如图 3-100 所示），并把它的图层属性改变为"窗"层。

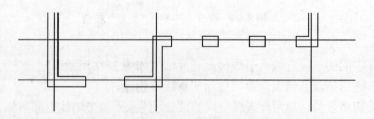

图 3-100　在左边的第一个洞口处绘制一条直线

把这条直线向下偏移 370，得到两条直线，再把两条直线分别向墙内的方向偏移 155，图形如图 3-101 所示。第一个窗就绘制好了。

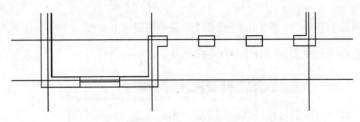

图 3-101　绘制好的窗

用相同的方法，绘制出第二个窗（如图 3-102 所示）。

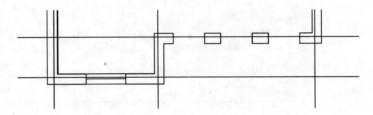

图 3-102　绘制好第二个的窗

3.2.4　图块应用

在运用 AutoCAD 绘制建筑工程图的过程中，有大量图形和符号是重复使用的。所以这些图形我们不需要重复地绘制，这些图形可以作为符号来保存，像图章一样使用，在需要的地方及时地复制图形。这将节省很多合成图的时间。

要想更有效的使用 AutoCAD，就必须首先建立一个经常使用的图形符号库。这很像我们用手画图使用的模板。这个符号库里面应该包含大量的建筑元素。例如：门、窗、家具、电器、卫生洁具等等。

AutoCAD 2005 在这些图块符号的应用上，较之先前的版本有了革命性的改变。它可以把以前图形中的图块符号直接调用，这在以后的章节里面将有详细的介绍。这里我们先要定义自己的图块符号。

创建符号

用"块"工具可以将图形保存为符号。块包涵一些不同的图形信息，可以把它们一起移动、保存或者删除。可以在一个文件内部把一个文件块从一个地方拷贝到另一个地方，也可以拷贝到另一个文件中，或者拷贝到磁盘上的一个独立的文件中以备将来使用。AutoCAD 同时还可以把整个文件当成块来使用。

下面创建我们的第一个块，一个长 1200mm 的窗。

1. 在绘图工具条中单击 Make Block 按钮（如图 3-103 所示），或者键入"B"（Make Block 工具的键盘快捷键）回车。

图 3-103　绘图工具条中的创建块按钮

出现"块定义"对话框（如图 3-104 所示）。

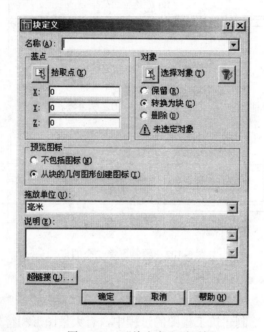

图 3-104　"块定义"对话框

2. 在名称文本框中输入"C-1"（如图 3-106 所示）。

3. 单击对话框左侧的基点按钮组中的拾取点按钮。选择了这个选项后，"块定义"对话框暂时消失，用光标选择块的一个基点（我们定义的是 1200 的窗，选择它左上角的一点作为基点），光标移到窗的左上角时，对象捕捉功能自动捕捉到了它的端点（如图 3-105 所示）。这时，"块定义"对话框又重新出现。

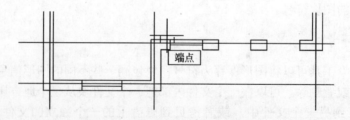

图 3-105　选择左上角的一点作为基点

提示：注意到"块定义"对话框提供的选项卡是为基点指定 x, y, z 坐标，而不是选择一个点。

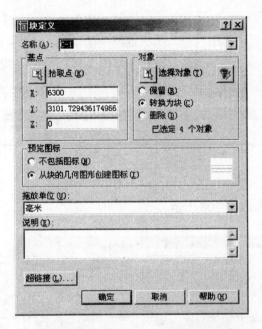

图 3-106　选择了对象的"块定义"对话框

4. 选择需要定义成块的部分。单击"块定义"对话框对象按钮组中的选择对象按钮。"块定义"对话框又一次暂时消失。选择表示窗的 4 条平行的直线，显示 4 条直线高亮显示，然后按右键确定。"块定义"对话框又弹出，并且对象按钮组的下面显示"已选定 4 个对象"，同时"预览图像"图标组的右侧白色方框内出现了 4 条黄色的直线。

5. 确认"预览图像"图标组下面点选"从块的几何图形创建图标"选项，"拖放单位"下面选择的是"毫米"，然后按确定钮确定。现在 4 条直线变成了名为"C-1"的块。

6. 现在回到绘图界面，试试选择这 4 条直线，它们已经变成一体了。把它改变到"窗"图层上面。

当把一个对象变成块时，它存储在图形文件中，随时可以被调用。即使结束当前编辑时块也仍然是图形文件的一部分。再次打开图形文件时仍然可以使用这些块。另外，利用一个叫做 AutoCAD 设计中心的功能可以访问其他图形文件的块。在以后的章节里面将介绍更多关于 AutoCAD 设计中心的知识。

尽管块是由多个对象组成的，但块的行为就像一个单独的对象，块的一个独特的特征是当修改块时，该块的所有实体同时被更新以反映修改。例如，用户可以把 C-1 的若干拷贝插入到一副图形中，如果以后决定 C-1 的形状要改变，可以编辑 C-1 块，所有的拷贝将会自动更新。

AutoCAD 2005 提供了一种很容易的方法来修改块，这个方法叫做"外部参照管理"和"块编辑"。在后面将介绍更多关于修改块的知识。

插入符号

C-1 块可以在任何时候被任意多次调用。下面插入 C-1 这个块。
1. 首先，删除前面定义的这个块（用修改工具条中的删除工具）。

2. 确定"窗"为当前层。因为插入的块会受到图层的影响，尽管它原来是"窗"层上的图形，但是假设插入到了"墙"层，那么墙层关闭以后，C-1 也将不再显示。

3. 在绘图工具条中单击"插入块"按钮（如图 3-107 所示），或者输入"I"（插入块的快捷键）。

图 3-107　工具条中的按钮

插入对话框出现（如图 3-108 所示）。

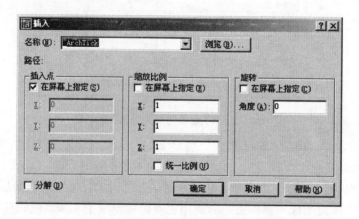

图 3-108　插入对话框

4. 单击对话框顶部的"名称"下拉列表。出现当前图形中的可用块列表（我们目前仅仅定义了一个块）。如图 3-109 所示。

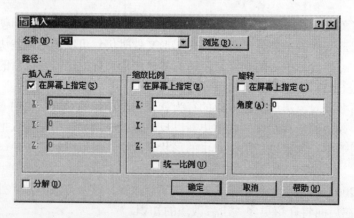

图 3-109　"插入"对话框顶部的"名称"下拉列表

5. 单击名为 C-1 的这个块。

6. 在对话框右边的"旋转"按钮组中，确认"在屏幕上指定"选项没有被选择。这个选项允许以图形方式指定块的旋转角度，目前这个 C-1 块不需要旋转角度，我们直接插入即可，在本章以后介绍的知识里面将提到 "在屏幕上指定"选项的运用。

7. 单击确定钮，可以看到光标旁边的 C-1 的预览图。作为 C-1 块的基点的左上角落在光标上面（如图 3-110 所示）。

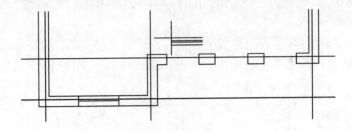

图 3-110　C-1 块的基点的左上角落在光标上面

8. 选取如图 3-111 所示的点，光标已经自动捕捉到了墙线的端点。

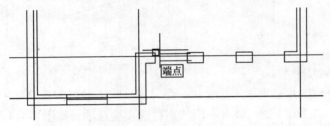

图 3-111　光标已经自动捕捉到了墙线的端点

9. 左键确定，C-1 块被插入（如图 3-112 所示）。

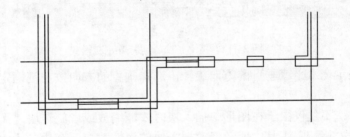

图 3-112　完成了 C-1 的插入

旋转和缩放块

在第 6 步中，选择在对话框右边的"旋转"按钮组中，按"在屏幕上指定"复选框。在第 7 步的时候，可以缩放或者旋转块。

输入"I"按右键确定，选择图块 C-1，选择在对话框右边的"旋转"按钮组中，按"在屏幕上指定"复选框。命令行提示如下：

命令：i
INSERT
指定插入点或 [比例(S)/X/Y/Z/旋转(R)/预览比例(PS)/PX/PY/PZ/预览旋转(PR)]:

方括号内的选项，可以任意设定 C-1 块的 x, y, z 大小比例，注意这里是相对于图块原始尺寸的比例值，而不是输入新的尺寸。

在"输入 X 比例因子，指定对角点，或 [角点(C)/XYZ] <1>:"提示下输入"X"，命令行提示："指定 X 比例因子或 [角点(C)] <1>:"，在键盘上输入"2"（在 X 轴方向上放大了 2 倍）。

在提示下，选择屏幕上任意位置一个插入点，按左键确定。发现图块 C-1 已经变长，同时移动光标发现图块 C-1 可以围绕着插入点旋转（如图 3-113 所示）。

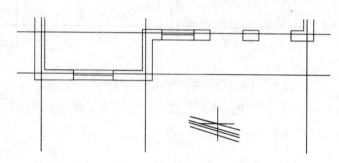

图 3-113　图块 C-1 可以围绕着插入点旋转

可以输入任意的角度来插入这个块，但是我们大多数时间都是使用水平或者是垂直的形式，按键盘上的"F8"键，或者单击状态行的正交选项（如图 3-114 所示），打开正交模式。

图 3-114　按"正交"钮打开正交模式

图块被限定在水平或垂直的方向旋转，选择垂直的方向按左键确定，同时退出了命令。

需要说明：不仅仅限于在图形中插入块时才能缩放或者旋转块，而且可以随时使用"比例"或者"旋转"工具，或者修改插入块的属性改变一个块。后面将学到这些方面的知识。

在"插入"对话框中的其他选项是"比例"按钮组选项。这些选项允许用户在将块缩放成不同的尺寸。块既可以均匀地缩放，也可以分别改变 x, y, z 的比例因子来扭曲块（图 3-113 中的块即是）。在选择"在屏幕上指定"选项的选择时，可以实时地可视化地调整 x, y, z 的比例因子。这些选项虽然不常用，但是当需要改变某一个插入的块的时候，会起到很大帮助。

用"删除"命令删掉这个变形的块。

> 技巧：用光标在无命令状态下，选择某个图形，在屏幕上显示该图形被若干小方块（这些小方块称为"夹点"）包围，然后按键盘右侧功能键上的 Delete 键，可以快速地删除图形。

3.2.5 门的绘制

绘制矩形

首先要绘制一个矩形。因为门的表示方法为矩形和一段弧,弧形表示门开启的方向。

1. 在绘图工具条中单击"矩形"按钮(如图 3-115 所示),或者输入"REC"按回车键。

图 3-115 绘图工具条中的矩形按钮

2. 命令行提示:

命令:rec

RECTANG

指定第一个角点或 [倒角(C)/标高(E)/圆角(F)/厚度(T)/宽度(W)]:

输入一个起始点,可以任意选择一点,如图 3-116 所示光标所处的位置。

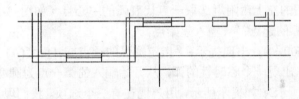

图 3-116 选择一个起始点

3. 命令行继续提示:

指定另一个角点或 [尺寸(D)]:

输入一个矩形对角点。我们用键盘输入"@600,40"然后回车。用"缩放"命令放大这个矩形所在的区域,这时出现一个长 600、宽 40 的矩形,用它来表示门。图形如图 3-117 所示。

图 3-117 一个长 600、宽 40 的矩形

绘制弧形

下面我们继续为上一个"门"添加一条弧形。

1. 单击绘图工具条上的"圆弧"按钮(如图 3-118 所示)。或者在命令行上输入"A"回车。

图 3-118 绘图工具条中的圆弧按钮

2. 出现命令提示："ARC 指定圆弧的起点或 [圆心(C)]："（指定弧形的开始点[中点]），光标变成了十字形。

> 提示：分析一下"ARC 指定圆弧的起点或 [圆心(C)]："这个提示。开始点包括两个选项，默认选项是提示中的主要部分。在这个例子中，默认选项是指定弧的开始点。在"圆弧"命令中，读者看到的方括号中的词是"圆心"，这告诉用户，如果愿意，也可以通过选择弧的中点而不是起点来开始绘制这个弧形。如果有多个可用的选项，它们会出现在括号中，相互间用斜线"/"分开。如果不特别指定使用哪一个选项，AutoCAD 就认为用户想用默认的选项。

3. 输入 C 回车，选择"圆心"选项。出现提示："指定圆弧的圆心："。注意只要输入 C 即可，而不需要输入"圆心"（Center）的整个单词。

> 提示：当在"命令"窗口出现一组选项时，应注意它们后面括号内的英文大写字母。如果想通过键盘来做相应提示，只需要键入这些大写字母就可以选择相应的选项。有的时候，开头的两个字母都大写了，这是为了区别那些首字母相同的选项。

4. 现在，在门的左上角附近选取一点代表弧的中心点（如图 3-119 所示）。命令行出现提示："指定圆弧的起点："（输入起始点）。

5. 输入：@600，0。出现提示："指定圆弧的端点或 [角度(A)/弦长(L)]："

6. 移动鼠标，出现一个临时性的弧，从开始输入的第一点为圆心，临时的弧围绕圆心旋转（如图 3-120 所示）。如提示所示，用户现在有三个选项。我们现在可以输入一个角度、一段弦长或者弧的终点。这时光标处于选择模式，等待输入一个点，以便确定这段弧。默认的选项是弧形的第二点。

图 3-119　绘图工具条中的画弧按钮　　图 3-120　　临时性的弧围绕圆心旋转

7. 移动光标，并且确认正交模式处于打开的状态，移动到垂直的方向，形成一个 90°的临时弧形，按左键确定图形如 3-121 所示。现在弧形固定了。

8. 选择这段弧形，移动到如图 3-122 所示实线的位置。注意要捕捉到矩形右下角的点。

9. 最后，把矩形连同弧形的图层属性修改为"门"层，然后定义它们为块"M-4"。注意：定义插入点为矩形的左下角。删除这个图形，下面把它重新插入。

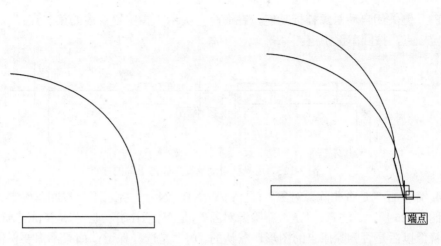

图 3-121　这是一段半径 600 的弧　　　　图 3-122　移动弧形

镜像图形

插入图块"M-4"并旋转,位置如图 3-123 所示。

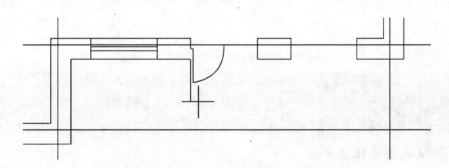

图 3-123　把图块 M-4 插入到 3 轴和 4 轴之间的位置

镜像窗和门

1. 在修改工具条中选择"镜像"按钮(如图 3-124 所示)。或者在命令行输入"MI"(镜像命令的快捷键)回车。

图 3-124　修改工具条中的镜像按钮

2. 命令行提示:"选择对象:"选择物体,选择刚刚插入的门和前面插入的窗。这两个图形被高亮显示,按回车键通知 AutoCAD 完成了选择。

3. 在"指定镜像线的第一点:"提示下,用光标自动捕捉到弧形上部的端点(如图 3-125 所示),"指定镜像线的第一点:"是让我们给出一个镜像轴。确定打开了正交的模式,并且按"F3"键关闭自动对象捕捉功能,在命令行提示"指定镜像线的第二点:"后用左键向下确定一点,按回车键确定。

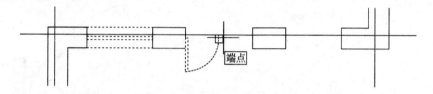

图 3-125 用光标自动捕捉到弧形上部的端点

4. 命令行"是否删除源对象?[是(Y)/否(N)] <N>:"提示下,按回车确定。得到的图形如图 3-126 所示。注意:"是否删除源对象?[是(Y)/否(N)] <N>:"是 AutoCAD 在向用户询问镜像以后是否删除原来的图形,默认的"N"是选择保留,如果不需要保留的话,可输入"Y",然后回车确定,则原来的图形将被自动删除。

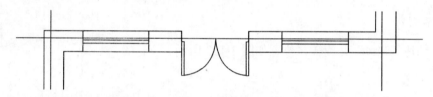

图 3-126 用镜像命令快速的复制了门和窗

> 小结:前面简单介绍了一些绘图和修改的命令。这些命令单一看起来很简单,配合使用则功能会非常的强大。在运用命令的时候,尽量是用键盘快捷键的输入方式,这对以后大量的实际建筑绘图工作将会起到决定的影响。

3.2.6 渐渐成型的住宅平面

有了前面介绍的一些知识,读者积累一定绘图的基础,下面把图形继续深入绘制。

接下来绘制的一些墙体都是 240 宽的墙体,画好的图形如图 3-127 所示。

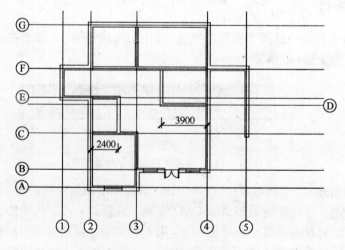

图 3-127 添加的墙体

陆续添加门窗

整个建筑还有很多的门窗，把它们绘制到图上，首先用"缩放"命令把平面图的左上角部分放大，如图 3-128 所示，便于我们进一步的绘制。

参照图 3-129 所示的距离绘制出门和窗，注意要把 1000 宽的门定义为"M-1"的图块，并且要把它放在"门"层上面。而窗则在墙面上开一个宽 1200 的洞口，然后把图块"C-1"插入即可，同时窗要保持在"窗"图层上。

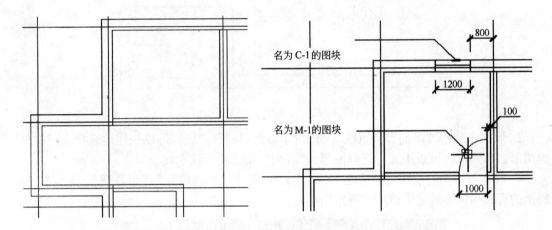

图 3-128　放大平面图的左上角部分　　　图 3-129　绘制 1000 宽的门以及 1200 宽的窗

运用"阵列"命令绘制楼梯

把图层"轴线"和"文本"暂时关闭，把"楼梯"层定为当前层。然后在如图 3-130 所示的位置，绘制一条垂直的直线，长度略长于 E 轴和 F 轴之间距离的一半。

我们知道一个楼梯有很多级台阶，这要用很多条直线来表示，一条一条的画显然非常的麻烦，即使用"复制"命令来复

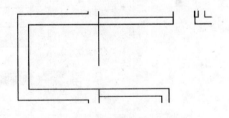

图 3-130　绘制一条直线

制也不省事。AutoCAD 提供了一个阵列的命令，让我们可以同时复制多个图形。

1. 在修改工具条上单击"阵列"按钮（如图 3-131 所示），或者在命令行输入"AR"然后回车。

图 3-131　修改工具条上的"阵列"按钮

2. 出现了"阵列"对话框（如图 3-132 所示），在"阵列"对话框的右上角单击"选择对象"按钮。对话框暂时消失。

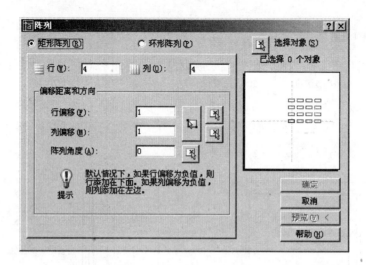

图 3-132 "阵列"对话框

3. 现在选择刚才画的那条直线。输入"L"然后回车,这样可以快速地选择上一次画的图形。当然,也可以用光标选择图形。"阵列"对话框再次出现。

4. 确认对话框的顶部选择的是"矩形阵列",另外一个选项为"环形阵列"。如图3-133所示的行和列偏移设置。然后按确定钮确定。

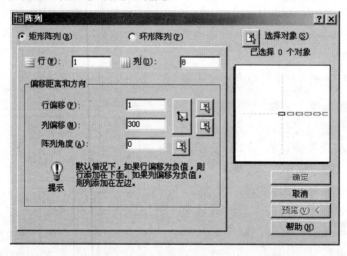

图 3-133 "行"为纵向而"列"为横向

5. 阵列复制后的图形如图 3-134 所示。

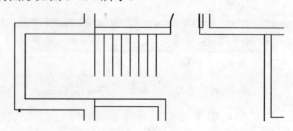

图 3-134 用阵列命令绘制出的楼梯踏步

这仅仅是楼梯的雏形,还需要进一步添加上一些图元,才能正确表达出楼梯。

输入"L"回车,捕捉到楼梯左边墙的中点,长度超过刚刚画的楼梯台阶即可(如图3-135所示)。

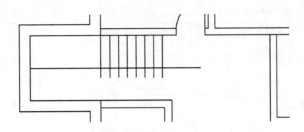

图 3-135　绘制出一条直线

接着再画一条呈45°的斜线,输入"L",然后如图3-136所示位置按左键选择第一点。可以按F8键关闭正交模式。

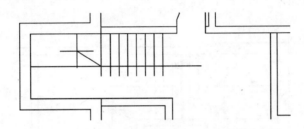

图 3-136　斜线的起点

在"指定下一点或 [放弃(U)]:"提示下,在键盘上输入 @–500,500,然后回车。得到的图形如图3-137所示。

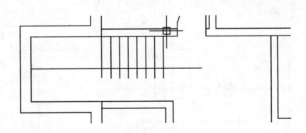

图 3-137　绘制好的斜线

延伸命令

1. 在修改工具条中按"延伸"按钮(如图3-138所示)。或者在命令行输入"EX",然后回车。

图 3-138　修改工具条中的"延伸"按钮

2. 命令行提示:"选择对象:",选择楼梯上面的那段墙线。这段线被高亮显示（如图 3-139 所示），按回车键确定。

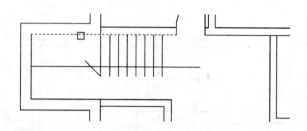

图 3-139　这段直线被高亮显示

3. 命令行提示:"选择要延伸的对象，或按住 Shift 键选择要修剪的对象，或 [投影(P)/边(E)/放弃(U)]:",然后用光标选择斜线。然后按回车键确定。这条斜线上方延伸到了墙线上（如图 3-140 所示）。

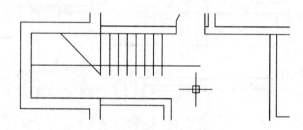

图 3-140　被延伸以后的线

现在再把楼梯的台阶复制过来几级，如图 3-141 所示。

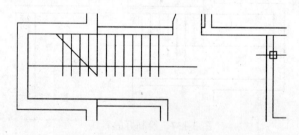

图 3-141　楼梯的台阶复制了几级

剪切楼梯段线段

用剪切命令剪掉多余的部分。

1. 在命令行输入剪切命令，然后回车。首先选择剪切的基线，如图 3-142 所示，选择图形中高亮显示的两条线，然后回车。

2. 在命令行"选择要修剪的对象，或按住 Shift 键选择要延伸的对象，或 [投影(P)/边(E)/放弃(U)]:"的提示下，输入"F"，然后回车。按 F3 键关闭对象捕捉功能。

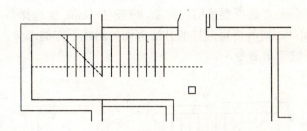

图 3-142　选择直线和斜线

> 提示：在此处输入"F"的时候，实际上是调用了 AutoCAD 的透明命令"Select"。关于"Select"命令 AutoCAD 帮助命令已经给出详细说明，此处不再赘述，请读者自行参阅 AutoCAD 帮助文件，学好"Select"命令能使读者大受裨益。

3. 在命令行"第一栏选点："的提示下，在如图 3-143 的位置选择一点，随着光标的移动可以看到一根橡皮筋线。

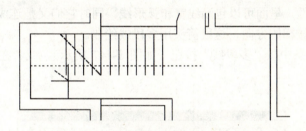

图 3-143　选择第一点

4. 然后，向右抻出一条线，穿过需要剪切掉的部分（如图 3-144 所示）。在："指定直线的端点或 [放弃(U)]："提示下，然后按回车键确定。

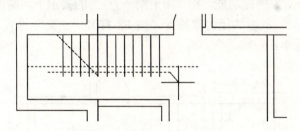

图 3-144　选择第二点

5. 剪切后的图形如图 3-145 所示。

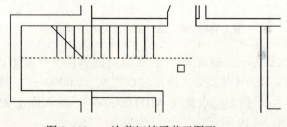

图 3-145　一次剪切掉了若干图形

6. 命令行继续提示："选择要修剪的对象，或按住 Shift 键选择要延伸的对象，或 [投影(P)/边(E)/放弃(U)]:"，接着再用同样的方法剪切掉斜线下方的部分。剪切好的图形如图 3-146 所示。按回车键退出命令。

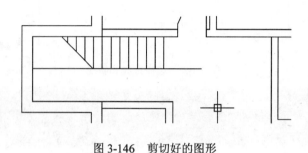

图 3-146 剪切好的图形

多段线

多段线有连续性，里面可以包涵线宽和弧形线。同时它们又是连成一体的，需要绘制一个箭头来指明上楼梯的方向，这段箭头用多段线绘制。

1. 在绘图工具条中按"多段线"按钮（如图 3-147 所示）。或者在命令行输入"PL"然后回车。

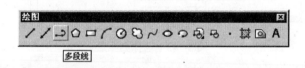

图 3-147 绘图工具条中的"多段线"按钮

2. 按 F3 键打开对象捕捉功能，在"指定第一点："的提示下，捕捉到第一级台阶的中点（如图 3-148 所示）。同时关闭对象捕捉，按 F8 打开"正交"模式。然后在如图 3-148 所示十字光标的位置单击左键。

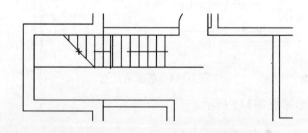

图 3-148 捕捉第一点，然后向左确定第二点

3. 命令行再次提示："指定下一个点或 [圆弧(A)/半宽(H)/长度(L)/放弃(U)/宽度(W)]:"，输入"W"。命令行提示："指定起点宽度 <0.0000>:"，输入起始宽度 100，然后回车。命令行又提示："指定端点宽度 <100.0000>:"，输入终止宽度为 0，然后回车。把光标向左移动。如图 3-149 所示。

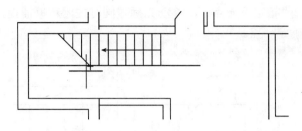

图 3-149　出现了一个箭头

4. 命令行继续提示:"指定下一点或 [圆弧(A)/闭合(C)/半宽(H)/长度(L)/放弃(U)/宽度(W)]:",把十字光标向左移动,同时输入 300,回车确定。再次回车退出命令。绘制出的图形如图 3-150 所示。

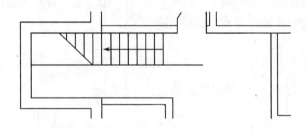

图 3-150　绘制完成的箭头

绘制样条曲线

给楼梯加入折断线的符号,表明上面还有台阶。这个符号,我们用"样条曲线"来绘制。
1. 用缩放命令放大楼梯的左半部分。
2. 在绘图工具条中按"样条曲线"按钮(如图 3-151 所示)。或者在命令行输入"SPL"然后按回车键。

图 3-151　在绘图工具条中按"样条曲线"按钮

3. 打开对象捕捉,关闭"正交"模式,在"指定第一个点或 [对象(O)]:"提示下,在斜线大约靠近中心的位置捕捉一点。光标所处的位置如图 3-152 所示。

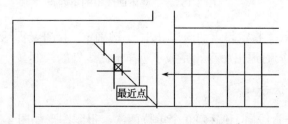

图 3-152　"样条曲线"的第一点

4. 命令行提示："指定下一点："，移动光标，同时关闭对象捕捉，在如图 3-153 所示的位置单击左键，确定一点。

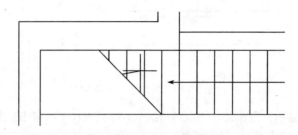

图 3-153 "样条曲线"的第二点

5. 命令行继续提示："指定下一点或 [闭合(C)/拟合公差(F)] <起点切向>："，在如图 3-154 所示的十字光标位置，单击左键确定第三点。

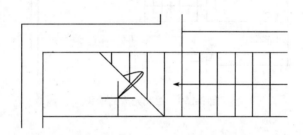

图 3-154 "样条曲线"的第三点

6. 然后在："指定下一点或 [闭合(C)/拟合公差(F)] <起点切向>："提示下，如图 3-155 所示的十字光标位置，按 F3 打开对象捕捉，单击鼠标左键确定第 4 点。

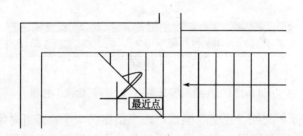

图 3-155 "样条曲线"的第四点

7. 命令行提示："指定起点切向"，按回车键确定，接着又提示："指定端点切向："再次按回车键确定，同时退出命令。完成了"样条曲线"的绘制。

绘制楼梯的扶手

1. 把下面的长直线向上偏移 80 个单位两次，得到图形如图 3-156 所示。

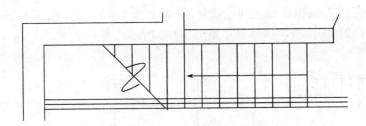

图 3-156 偏移两次得到的图形

2. 再把最下面的一级台阶也向右偏移 80 个单位两次，得到图形如图 3-157 所示。

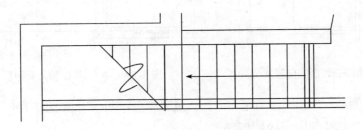

图 3-157 偏移两次台阶得到的图形

3. 用剪切命令剪掉多余的部分。完成楼梯的绘制。同时添加文本，字体大小为 300 个单位（如图 3-158 所示）。

注意！文字要添加到"文本"图层，楼梯部分也要添加到"楼梯"图层，同时，打开"文本"图层。

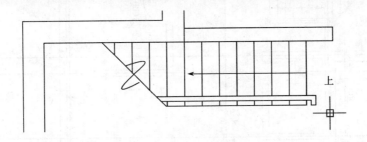

图 3-158 楼梯的绘制基本完成

提醒！请读者朋友注意要及时保存绘制好的图形！

陆续添加其他房间的门窗

打开"轴线"图层，方便我们编辑图形。同时放大平面左侧 C 轴和 E 轴之间的部分，添加一个 800 宽的门，并把这个门定义成名为"M-2"的图块。添加窗，具体尺寸如图 3-159 所示。

放大平面左侧 A 轴和 C 轴之间的部分，添加一个 1000 宽的门，并且下面 1500 宽的窗定义成名为 "C-2" 的图块。具体尺寸如图 3-160 所示。

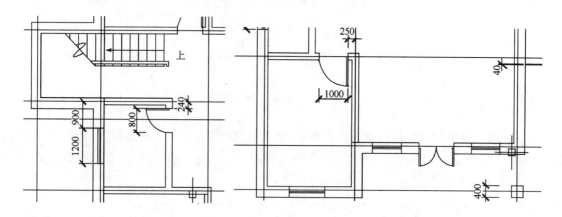

图 3-159　C 轴和 E 轴之间门窗的位置　　　　图 3-160　A 轴和 C 轴之间门窗的位置

平面图右侧是一个车库，为车库添加一道车库门，40 宽。如图 3-161 所示。F 轴和 G 轴之间的门窗，尺寸如图 3-161 所示。

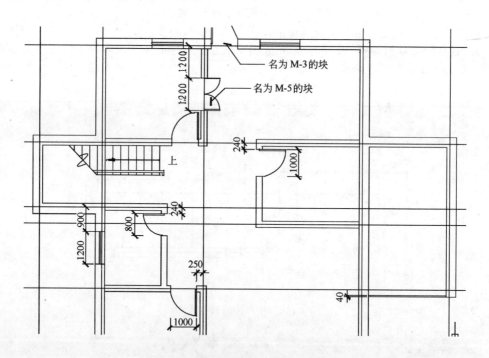

图 3-161　各房间门窗的尺寸以及位置

> 注意：定义为块的门，应和它们的名称一致。有些门虽然平面尺寸宽度相同，但是高度不同，用处也不一样，一般我们命名的门窗图块应该和它们在门窗列表中的名称相同，这样便于日后的图纸管理。

为这个住宅墙的周围添加散水和入口处的台阶。尺寸如图 3-162 所示。

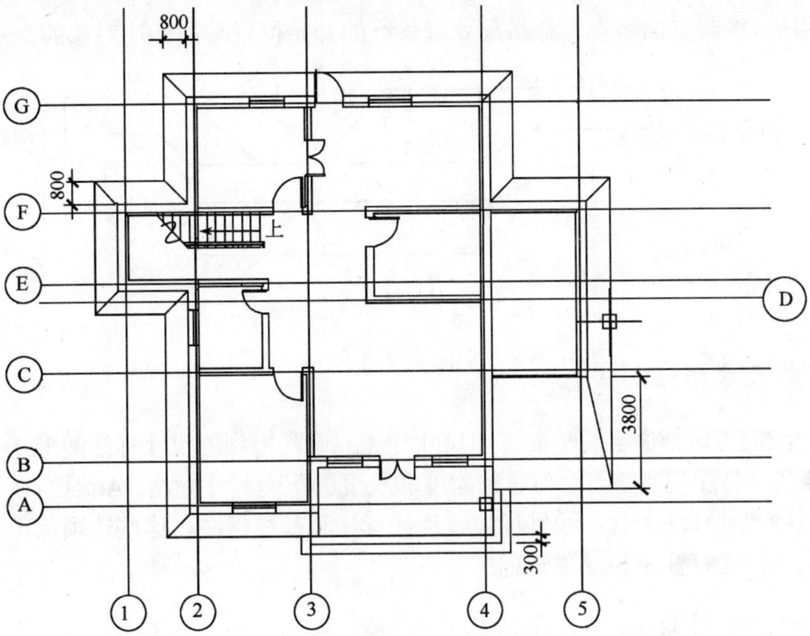

图 3-162　为这个住宅墙的周围添加散水和入口处的台阶

3.3　为图形添加尺寸标注

3.3.1　AutoCAD 中的尺寸标注

在制作建筑制图的模板一章里我们仅仅粗略讲解了尺寸标注一点儿设置的知识，这里将进一步说明尺寸标注的相关应用知识。

尺寸的标注对一张建筑工程图来讲，可以说是至关重要的。对一个从事建筑设计的人而言，尺寸标注是最直接的图纸说明性文字，为建筑的施工提供了最基本的依据。同时在建筑设计的过程中，尺寸是不断地调整的，它同时能帮助建筑师进一步拓展自己的设计思路。

AutoCAD 为用户提供了强大的尺寸标注工具。不需要测量，AutoCAD 就能提供精确的尺寸。只要简单地选取两个点以及尺寸线的位置后，AutoCAD 就自动完成了剩余的工作。无论何时，当测量的对象尺寸或者形状改变的时候，AutoCAD 的关联尺寸功能可以自动地更新尺寸标注。这些尺寸标注功能节约了用户宝贵的时间，并减少了图形中尺寸标注的错误。

理解尺寸标注的组成

在开始讲解标注的命令之前，有必要了解一下尺寸标注的不同组成部分的名称。在AutoCAD 中的尺寸标注名词和建筑制图有相似的也有不同的。如图 3-163 所示的是一个建筑尺寸标注的范例。

"尺寸线"是代表被标注距离的线，它的两头都有一个箭头，这个箭头在建筑制图规范中需要定义为圆点或者短划。超出尺寸的"延伸线"是标注对象起点的线。尺寸线还包括"尺寸延长线",这是尺寸线在尺寸延长线义外延长的部分,尺寸延长线在建筑尺寸标注中非常有用处。"起点偏移量"是指尺寸延长线的开始位置与被标注对象的距离。

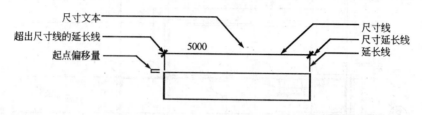

图 3-163 尺寸标注的组成

3.3.2 绘制尺寸标注

下面,我们为这个住宅的平面添加尺寸标注。通常用到的尺寸标注的形式是线性尺寸标注。线性尺寸标注是测量一个对象的宽度和长度的正交尺寸标注。AutoCAD 为达到这个目的提供三种尺寸标注工具:线性标注、连续标注和基线标注。这些选项都可以很容易地从标注工具条或者标注下拉菜单访问。

显示标注工具条

在使用标注之前,用户要打开标注工具条。在任意的工具条上单击鼠标右键。打开快捷菜单,从中选择标注, 标注工具条出现了(如图 3-164 所示)。

图 3-164 标注工具条

标注命令也可以从标注下拉菜单得到。现在可以标注尺寸了。

> 提示:可以把新调出的标注工具条放置在绘图界面的一侧。

放置水平和垂直尺寸标注

线性标注是最基本的尺寸标注工具,我们首先要用这个工具来标注门、窗等的距离。

1. 放大住宅平面最上部的墙体,然后把"标注"层定义为当前层。同时在标注工具条选择标注样式为"建筑样式1:100"(如图 3-165 所示)。

图 3-165 在标注工具条上确定标注的样式

2. 在标注工具条上单击线性标注按钮（如图3-166所示）。或者在命令行键入"Dli"然后回车。还可以在标注菜单中选择线性选项。

图3-166　标注工具条中的线性标注按钮

3. 在"**指定第一条尺寸界线原点或<选择对象>:**"提示下，要求用户选择要测量距离的第一点。尺寸标注界线是一根连接被测量对象到尺寸线之间的线。使用捕捉功能捕捉到如图3-167所示的一点。

4. 在"**指定第二条尺寸界线原点:**"提示下，选取下一点，如图3-168所示。

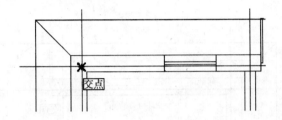

图3-167　线性标注的第一点

5. 命令行提示："指定尺寸线位置或[多行文字(M)/文字(T)/角度(A)/水平(H)/垂直(V)/旋转(R)]:"，此时，移动光标可以发现一个临时的标注已经出现，它随着光标可以上下的移动。按左键确定。

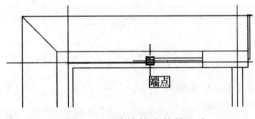

图3-168　线性标注的第二点

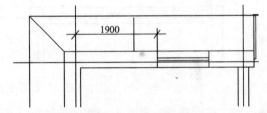

图3-169　线性标注完成

连续尺寸标注

我们可以从这个标注开始连续的标注，直到我们需要结束为止。连续的标注不但和原来标注的样式一致，同时也和先前的标注对齐。

1. 在标注工具条上按连续标注钮（如图3-170所示）。

图3-170　标注工具条上的连续标注按钮

或者在命令行输入"Dco"回车。还可以选择标注下拉菜单中的连续选项。

2. 现在发现，新的标注跟在先前的标注后面出现了，在："指定第二条尺寸界线原点或 [放弃(U)/选择(S)]<选择>:"提示下，如图3-171所示捕捉到第一点。命令行显示："标注文字 = 1200"。

3. 在"指定第二条尺寸界线原点或 [放弃(U)/选择(S)] <选择>:"的提示下,继续捕捉下一个点。如图 3-172 所示。

4. 继续往下捕捉点,然后标注,直到出现如图 3-173 所示的图形,再按回车键确定,同时退出了该命令。

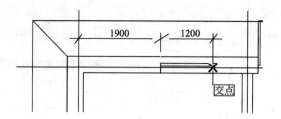

图 3-171　用连续标注标出窗的位置

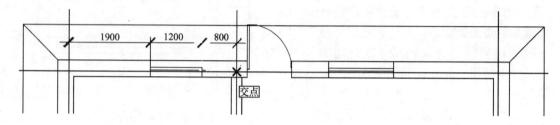

图 3-172　可以这样连续的标注

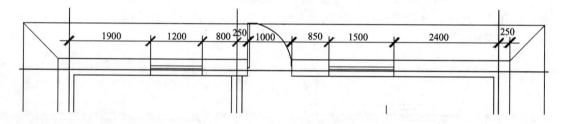

图 3-173　一直标注到后边的最后一条轴线

5. 按回车键,重复上一次的连续标注命令。再按回车键,光标变成了选择的状态。现在允许我们任意选择一个标注,再连续标注下去。选择左边 1900 标注的左边一根尺寸界线。然后向左捕捉出一点。按回车键两次确定(如图 3-174 所示),同时退出了命令。

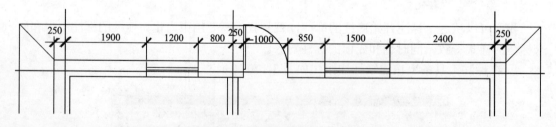

图 3-174　标注左边的一小段距离

使用控制柄对尺寸标注

我们发现中间门左侧的位置标注不是很清楚,出现了重叠的现象。需要对标注作一下调整。下面我们把它调整一下。

1. 在无命令状态下,选择这个标注(如图 3-175 所示)。标注被控制柄(那些小方块)包围。

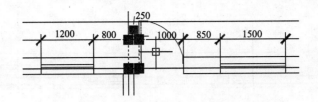

图 3-175 选择了这段标注同时出现控制柄

2. 单击文本的控制柄，即最上边的那个小方块。并移动光标向上，如图 3-176 所示。

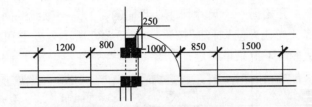

图 3-176 用控制柄调整文本位置

3. 还可以用同样的方法试试其他位置的标注，比如好像图 3-177 所示的那样。选择好标注以后，单击尺寸线的控制柄，标注可以在垂直方向上移动。

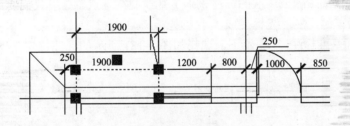

图 3-177 用控制柄调整尺寸线

4. 也可以选择两段标注用控制柄同时移动，如图 3-178 所示。

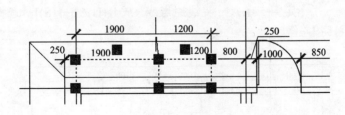

图 3-178 用控制柄调整两段尺寸线

5. 按 Esc 键退出命令。

从上面的知识我们可以看出，运用控制柄可以精确地调整尺寸标注。

从公共基准延长线绘制尺寸标注

首先，把目前已经绘制好的标注向上移动 1000 个单位，得到图形如图 3-179 所示。

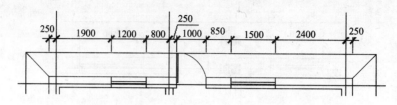

图 3-179　把绘制好的尺寸标注向上移动

AutoCAD 提供给用户的给对象标注尺寸的另一种方法是从同一条的尺寸界线进行若干个尺寸标注。这种方法称为基准延长线尺寸标注，简称"基线标注"。现在从刚刚绘制好的尺寸标注选择一个，开始另一个尺寸标注。我们的目的是把轴线的间距标注出来。

1. 在标注工具条上单击"基线标注"按钮（如图 3-180 所示）。或者在命令行输入"Dba"，然后回车。也可以从标注下拉菜单中选择。

图 3-180　标注工具条上的"基线标注"按钮

在默认的情况下，命令行会提示："指定第二条尺寸界线原点或 [放弃(U)/选择(S)] <选择>:"，然后直接跟随上一次的标注来确定基线的第一点。这里我们要另外的起一个点作为开始。按回车键，然后光标变成了小方框形式。

2. 在"选择基准标注："提示下，选择如图 3-181 所示的标注位置，单击左键。

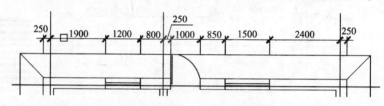

图 3-181　选择 1900 距离的标注

3. 出现了提示："指定第二条尺寸界线原点或 [放弃(U)/选择(S)] <选择>:"捕捉如图 3-182 所示的一点，按左键。

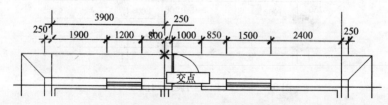

图 3-182　选择了基线标注的第二点

4. 按两次回车，退出命令。

5. 再次按两次回车键，重复这个命令。在"选择基准标注："提示下，选择门左侧 800 距离的那段标注，按左键确定。在捕捉到右边 4 轴上的点，按两次回车退出命令。

6. 标注好的图形如图 3-183 所示。

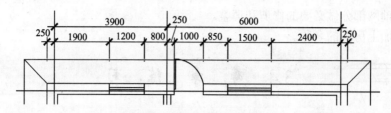

图 3-183 使用基线快速标注

使用连续的标注继续绘制,结果如图 3-184 所示。

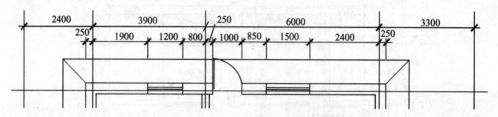

图 3-184 住宅上方的标注完成了

标注其他的部分

读者自己按照图 3-185 所示的样式,把其他的标注完成。

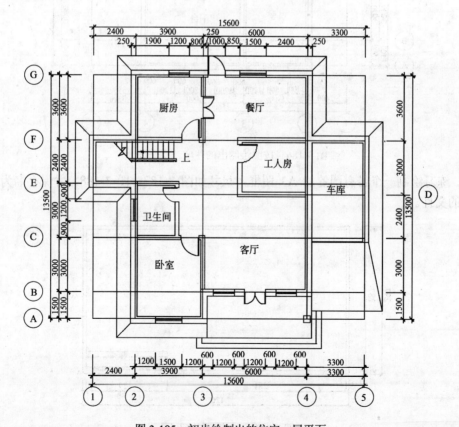

图 3-185 初步绘制出的住宅一层平面

同时把轴网部分做必要的修剪和调整。
并且添加上房间的名称。

3.4 本章练习

1. 绘制二层的平面图

提示：先复制一层的平面图，然后修改，如图 3-186 所示，绘制出二层的平面图。

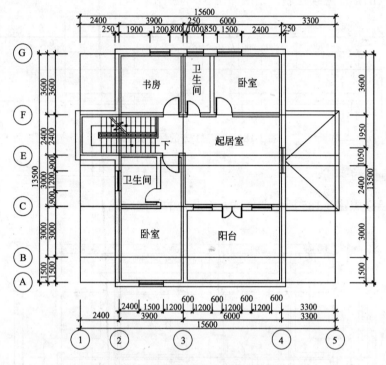

图 3-186　按图绘制出的住宅二层平面

2. 练习绘制一个带有图签的 A3 图框，尺寸如图 3-187、图 3-188，并保存名为"A3 图签"的文件。

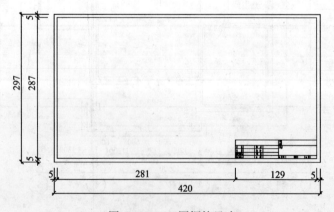

图 3-187　A3 图框的尺寸

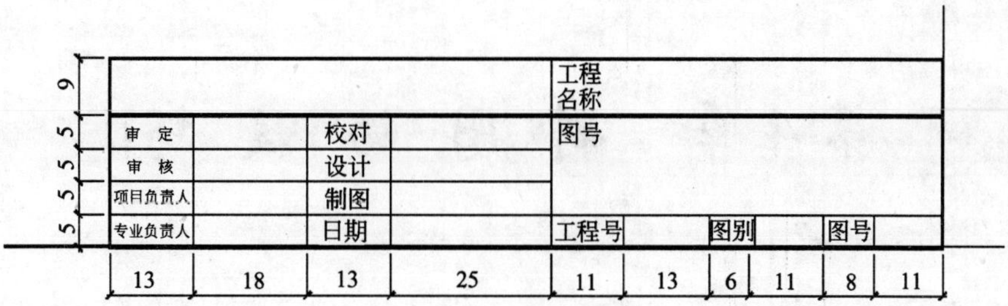

图 3-188　图签的尺寸

第4章 制图的技巧

本章重点

本章继续利用这个小型住宅的建筑设计，进一步丰富里面的设计内容。上一章绘制出的图形里显然缺少了很多建筑的元素。比如里面缺少家具、卫浴设备、厨房设施等等内容。对一张图来讲，它还需要配上图纸框以及图签，直到最后打印出图。这才是一张标准的图纸。本章将完成这一过程。在这个过程之中，我们将用到很多 AutoCAD 的高级命令，这里面包涵了笔者多年的绘图工作总结出的经验。

另外 AutoCAD2005 新的一些实用功能，将在本章得以启用，这里面包括：定义和修改图块、外部参照的管理、修正用云线、AutoCAD2005 支持的真色彩、工具选项板的使用、AutoCAD 设计中心等等。

通过本章的学习，读者应该可以熟练地应付建筑工程的二维制图了。

4.1 绘制家具图块

4.1.1 绘制一个沙发

首先，选择图层工具条的"图层特性管理器"按钮（如图 4-1 所示）。或者在命令行输入"La"然后回车。

图 4-1 "图层特性管理器"按钮

打开"图层特性管理器"对话框，选择"家具"层，把它解冻（如图 4-2 所示）。并且，按左上方的绿色"√"按钮。这样"家具"层就被定义为当前层了。

然后，在"图层特性管理器"对话框中单击右键，弹出了一个右键快捷菜单（如图 4-3 所示）。在这个菜单中，选择"全部选择"选项。所有的图层都被选择。

再把所有层都冻结，这时候会弹出一个警告的对话框。提示我们，当前层是不能够冻结的。我们不用管它，因为我们本来也不打算冻结"家具"层（如图 4-4 所示）。按"确定"钮。

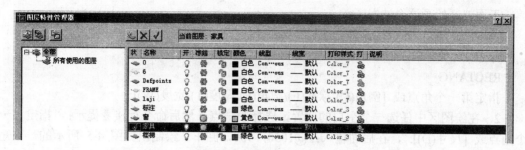

图 4-2 "图层特性管理器"对话框

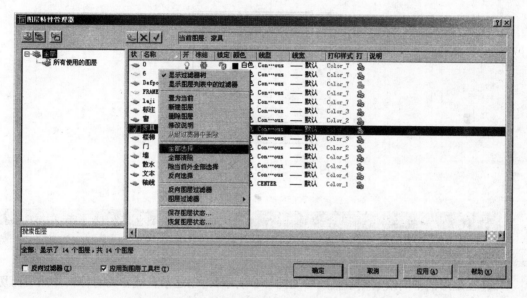

图 4-3 在"图层特性管理器"对话框选择全部图层

图 4-4 在"图层特性管理器"对话框中一次冻结多个图层

选择"墙"图层,把它解冻,并且要单击锁定钮(显示为一个锁头的图标)。

然后再按"图层特性管理器"对话框的"确定"钮。这时候我们发现,原来的图层都被冻结了。只显示"墙"层,而现在我们重新开始在"家具"层上绘制图形。

下面就开始画这个沙发了。

1. 在命令行输入:"Rec",然后回车。命令行提示如下:

命令: rec

RECTANG

指定第一个角点或 [倒角(C)/标高(E)/圆角(F)/厚度(T)/宽度(W)]:

2. 在绘图区中任选一个空白的位置,选择第一点。然后命令行接着提示:"指定另一个角点或 [尺寸(D)]:",在后面输入:@1050,950,回车。绘制出如图 4-5 所示的一个矩形。

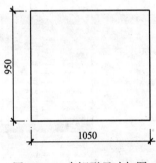

图 4-5　一个矩形尺寸如图

> 提示：一般的沙发都是左右对称的，我们将要画的这个也不例外。所以接下来我们只画沙发的左半部分，然后镜像即可。

3. 在矩形的中间绘制一条直线（如图 4-6 所示）。以这条直线作为对称轴，然后剪切掉右半部分。从左边画起。

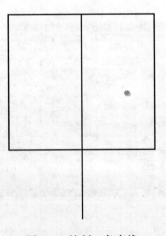

图 4-6　绘制一条直线

4. 在修改工具条中选择"圆角"按钮（如图 4-7 所示）。或者在命令行输入"F",然后回车。

图 4-7　修改工具条中的"圆角"按钮

命令行提示：

命令: f

FILLET

当前设置: 模式 = 修剪，半径 = 0.0000

选择第一个对象或 [多段线(P)/半径(R)/修剪(T)/多个(U)]:

5．在"选择第一个对象或 [多段线(P)/半径(R)/修剪(T)/多个(U)]:"输入"R"然后回车。命令行接着提示："指定圆角半径 <0.0000>:"输入"100"。

命令行提示："选择第一个对象或 [多段线(P)/半径(R)/修剪(T)/多个(U)]:"。

6．如图 4-8 所示，用小方块光标的位置选择第一点。

图 4-8　选择"圆角"的第一点

命令行提示："选择第二个对象:"。

7．如图 4-9 所示，用小方块光标的位置选择第二点。

图 4-9　选择"圆角"的第二点

8. 倒圆角之后的图形如图 4-10 所示。

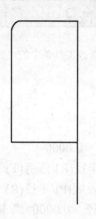

图 4-10　圆角倒好了

9. 接着倒左下角，提示如下：

命令: f

FILLET

当前设置: 模式 = 修剪，半径 = 100.0000

选择第一个对象或 [多段线(P)/半径(R)/修剪(T)/多个(U)]:

在这后面输如"R"，回车。

命令行提示："指定圆角半径 <100.0000>:"，在后面输入"50"，回车。

和第 6、7 步的方法一样。先后选择左下角的两边，图形如图 4-11 所示。

图 4-11　左下角圆角倒好了

> 提示：这两个点可选择任意的顺序，也就是第 6、7 步是可以颠倒的。这不影响最后的倒角效果。

10. 用偏移命令，把这条已经倒角的线，向内偏移 50 个单位。如图 4-12 所示。

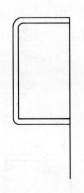

图 4-12　向内偏移 50 个单位

11. 绘制两条直线，尺寸如图 4-13 所示。绘制这样的线方法不惟一，没有最好的方法，只有相对于 AutoCAD 的使用者他们自己觉得最方便的。可以先画直线，然后偏移。也可以复制直线，用直接输入距离的方法绘制出来。当然也可以用键盘输入坐标的方式来确定直线。这些都根据使用者的习惯了。

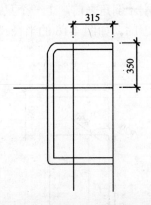

图 4-13　绘制两条相对距离的直线

12. 在绘制一条直线，距离如图 4-14，并且如图所示剪切一下。

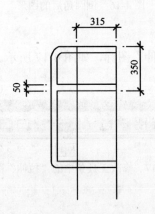

图 4-14　绘制直线并如图所示剪切

13. 用圆角命令，在提示输入半径（R）的时候，输入"0"。然后选择如图 2-15 虚线的线段。第一点和第二点的位置如图 4-15 方块图标所示。这两条线，将成直角的倒在一起了。这个命令的选项非常有用。显然，它较之我们选直线，再剪切要快速多了。

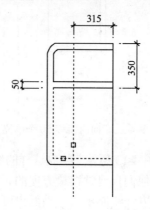

图 4-15　半径为"0"时的倒圆角

14. 选择放弃命令，退回到刚才倒角之前，上一个只是为了介绍一下这个功能。我们还是需要对图形进行倒圆角的处理的。如图 4-16 的半径尺寸进行倒圆角。

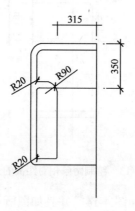

图 4-16　倒圆角后的图形

15. 在修改工具条中按"拉伸"图标，如图 4-17 所示。或者在命令行输入"S"，然后回车。

图 4-17　修改工具条中的"拉伸"图标

命令行如下提示：
命令: s

STRETCH
以交叉窗口或交叉多边形选择要拉伸的对象...
如图4-18所示，由右上向左下拽出一个选择框。

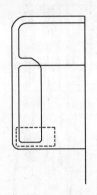

图4-18　由右上向左下拽出一个选择框

命令行提示："选择对象: 指定对角点: 找到 1 个"。确定"正交"模式处于打开状态，在："指定基点或位移:"提示下，在屏幕上选择一点。然后命令行继续提示："指定位移的第二个点或 <用第一个点作位移>:"，用光标给出一个向下的方向（如图4-19所示）。同时，在命令行输入"20"，回车。

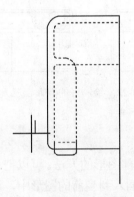

图4-19　对图形进行拉伸修改

> 注意：在使用拉伸修改图形的时候，必须要从右往左的选择图形，否则是无效的，读者朋友可以自己试试看。而且，这个选择只一次有效，AutoCAD只能识别最后一次选择的点，并把这些点拉伸！

16. 绘制一条弧线和一条直线，（装饰线不做详述）位置大致如图4-20所示。然后镜像我们绘制的这个沙发图形的左半边，改变一下颜色，把沙发的外框改成绿色，里面的部分改为红色。注意，图层不要改，仍然是家具这个层上面。这个单人的沙发就基本上完成了，如图4-21所示。

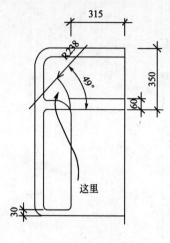
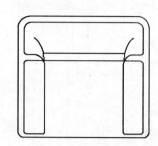

图 4-20　沙发线示意　　　　图 4-21　绘制好的单人沙发

17．复制这个沙发，最后把其中的一个定义为名为"sf-1"的块，定义点可选择沙发的正下方。

18．可以继续修改原来的图形，使它变成双人的沙发、三人的沙发，如图 4-22 所示，并且分别定义为块。

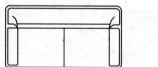
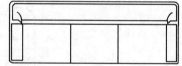

图 4-22　绘制好的双人、三人沙发

4.1.2　调用外部文件到图形

AutoCAD 提供了几种调用外部图形的方法。可以把另外的一个文件作为块插入到当前的图形中，也可以作为外部参照插入到当前的图形中，还有就是使用设计中心和工具选项板。这些都能够更快捷地绘制图形，充分地利用现有的资源。

写块 wblcok

写块的功能在老版本里面就有，是一个比较常用的工具。可以把当前的图形、当前图形中的一部分或者是当前图形中的任意几个块保存为另外的一个文件。

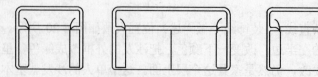

图 4-23　已经画好了三个沙发，下面要把它们定义为块

绘制好了这组沙发，如图 4-23 所示。我们把它保存为另外的一个文件，以便我们下次

绘图的时候，随时可以调用。先把双人沙发、三人沙发命名为：sf-1-2、sf-1-3 的块。
1．在命令行输入"w"，这是写块（wblcok）命令的快捷键。按回车键确定。
2．弹出了一个"写块"的对话框（如图 4-24 所示）。

图 4-24　写块对话框

观察一下这个对话框，发现有很多和块定义对话框的相似地方，在第一个选择栏里面提供了可以写块的源文件，分为三种。
3．我们选择这个选项，并且在右边的列表中选择块 sf-1（如图 4-25 所示）。

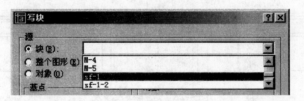

图 4-25　选择块sf-1

4．注意对话框下面的目标文件名和路径，读者可以放在自己方便查找的盘符下面。这里，我们保存在"E:\2005book\第四章\sf-1.dwg"（如图 4-26 所示）。单位选择毫米。

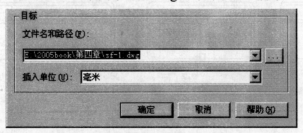

图 4-26　保存的路径和单位

5. 按确定钮，已经被保存好了。可以打开这个 sf-1 试试，这已经是一个新的文件了，下次绘图的时候，就可以这个文件直接插入了。保存文件。

写块 wblcok 的其他方式

注意写块的对话框，在"源"这个复选项里面，还有另外的两种方式。一个是"整个图像"，这也就是把整个图形，都保存了下来。另外一个就是把现有的图形的一部分写块保存，也就是"对象"这个选项。

1. 再次执行写块（wblcok）命令，也就是在命令行键入"W"，然后回车。再一次弹出了写块的对话框。
2. 在对话框中，选择"对象"作为"源"，然后按选择对象钮（如图 4-27 所示）。

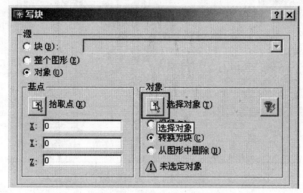

图 4-27　选择对象按钮

3. 按选择对象钮之后，写块的对话框暂时消失。我们选择中间的双人沙发（如图 4-28 所示）。

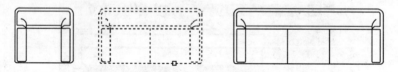

图 4-28　选择双人沙发

4. 按回车键确定后，写块对话框又出现，选择基点复选项的"拾取点"按钮。如图 4-29 所示，选择一点按回车确定。

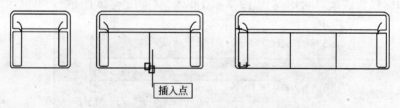

图 4-29　拾取双人沙发上的一点

5. 回车确定，然后保存的路径和名称以及单位，如图 4-30 所示。

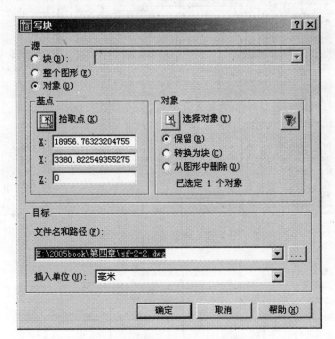

图 4-30　保存的路径、名称和单位

6. 左上角出现了一个写块预览的对话框，说明写入块成功了（如图 4-31 所示）。

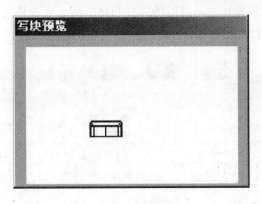

图 4-31　写块预览

把另一个文件作为块插入

我们可以把上面保存好的文件再插入到文件当中。执行插入块的命令，在插入对话框中，按"浏览"钮。找到这个 sf-2-2 文件（如图 4-32 所示），这和打开文件的对话框很像，然后确定。剩下的和其他的插入块的方式是一样的。

把它插入到当前的文件中，现在当前图形中就多了一个名为 "sf-2-2" 的块，虽然它是和 sf-1-2 没有什么不同的（如图 4-33 所示），上面的的块名称是 "sf-2-2"。

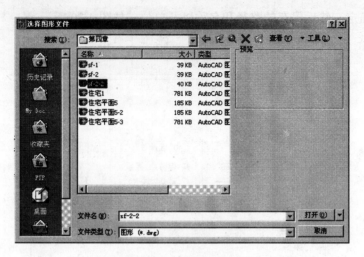

图 4-32 选择要插入的文件

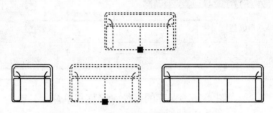

图 4-33 上面是插入的块"sf-2-2"

通过以上的介绍，我们知道：可以把现有的块、图形或者是图形的一部分保存成另外的一个 CAD 文件，这个过程称为"写块"。

4.2 家具、插入图块

4.2.1 设计中心

首先，删除这个 SF-2-2，然后打开文本、门、窗和楼梯这几个图层，并且把它们锁定。选择 SF-1-2（双人沙发），把它移动到二层的起居室如图 4-34 所示的位置，并且旋转一下。

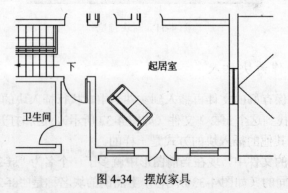

图 4-34 摆放家具

通过 AutoCAD 的设计中心，可以很方便的调用图形。这些图形可以是我们现有的，也可以是在 Wed 上的文件，一个设计组中的用户，可以很方便的共享资源。首先，打开 AutoCAD 设计中心。

在标准工具条中按"设计中心"按钮（如图 4-35 所示）。

图 4-35　在标准工具条中的"设计中心"按钮

也可以在工具菜单中选择设计中心选项。如图 4-36 所示。

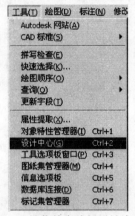

图 4-36　工具菜单中选择设计中心选项

按 Ctrl+2 是弹出设计中心面板的快捷键。通过以上的任何一种方式都可以打开设计中心（如图 4-37 所示）。

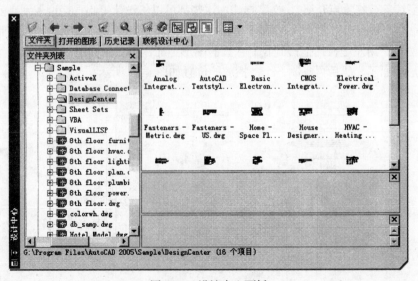

图 4-37　设计中心面板

这个设计中心面板是浮动的,也就是说用户可以根据需要把它移动到界面的任何地方。这个面板和特性面板是相似的。标准的设计中心面板包括这样几个选项卡。"文件夹"选项卡可以打开现有的文件、局域网上的文件,"打开的图形"选项卡就不用多说了,"历史记录"选项卡是关于已经利用过的图形的纪录,"联机设计中心"选项卡是关于 Wed 上的共享资源利用,这个选项现在已经有利用起来的必要了,因为很多的项目分散各地,通过这一选项,设计师之间的空间距离已经不能构成协作设计的障碍了。

选择文件夹选项板,点击在本书的光盘上的:住宅 1.dwg 文件,然后再点击"块"。如图 4-38 所示。

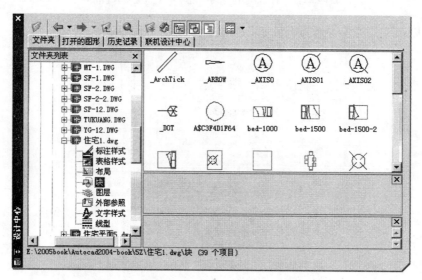

图 4-38　设计中心面板中点击住宅 1.dwg 文件

不仅仅是块,这里面显示的标注样式、布局(本章后续部分将重点介绍)、图层、外部参照(本章后续部分将重点介绍)、文字样式,这些都可以从设计中心直接调入到当前的图形来使用。这是非常快捷和方便的。这里,我们首先使用这个图形里面的块。在里面找到一个名为"sf-10"的块。用左键按住拖拽到我们在画的图形上面,释放鼠标左键。这个块"sf-10"就被放在图形里面了。然后再复制一个,摆放的位置如图 4-39 所示。

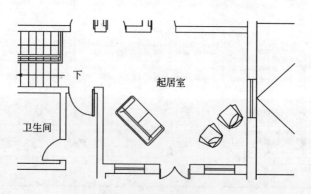

图 4-39　在图形中放置了"sf-10"

继续调入块"dsg-5",这是一个电视柜,还有调入放置位置,如图4-40所示。

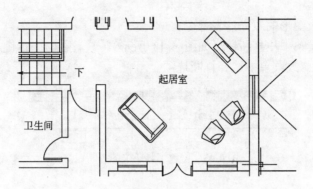

图 4-40 在图形中放置了"dsg-5"

目前起居室内还需要布置落地灯、茶几,我们再一次调入块"cj-4"、"dd-12"。"dd-12"需要复制一个,而"cj-4"同样需要旋转一下角度,然后放进这个起居室。如图4-41所示。

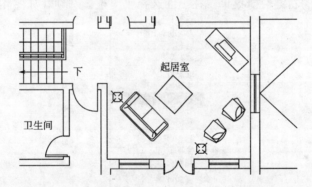

图 4-41 在图形中放置了"cj-4"、"dd-12"

接下来需要给起居室加上一块地毯,我们这里要用到"打断"命令。先画出一个矩形,大小差不多就可以了,颜色为绿色。然后旋转到如图4-42所示的位置,同时往里偏移一下。

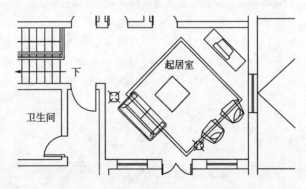

图 4-42 在图形中加上了一块地毯

打断命令

1. 首先，放大图形的双人沙发部分。
2. 在修改工具条中按打断钮（如图 4-43 所示）。或者在命令行键入"Br",然后回车确定。或者就是在修改菜单中选择打断选项。

图 4-43　修改工具条中的打断钮

3. 命令行提示：

命令: br

BREAK　选择对象:

这时候，光标变成了小方框的状态。按住键盘上的 Shift 键不放，同时按下右键。这时候弹出了对象捕捉的右键快捷菜单，在上面选择"交点"选项。如图 4-44 所示。

图 4-44　右键的对象捕捉菜单，须同时按住Shift键不放

4. 如图 4-45 所示选择这点，位于双人沙发的右下方。然后按左键确定。

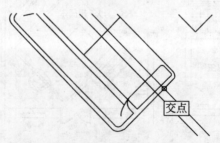

图 4-45　选择图示这点

5. 接下来命令行提示：
指定第二个打断点或 [第一点(F)]:
选择如图 4-46 所示的第二点。按左键确定。

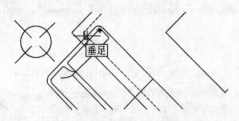

图 4-46　选择这点为第二点

6. 这个矩形被打断了一段，出现了一个缺口。图形如图 4-47 所示。

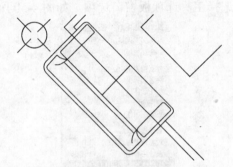

图 4-47　完成打断命令以后的图形

> 注意：用打断命令可以在任意的位置打断图形的一部分，但是这里我们必须要准确的把沙发位置的线打掉，这是为了后续的命令能找到封闭的图形（填充时候）。另外，当然也可以用剪切命令来剪掉这条线段，这里面我还是要说明绘图的命令不惟一，所谓殊途同归。现在是向大家介绍打断这个命令。在命令熟练了以后，读者可以随意的使用任何一个自己习惯用的。

起居室修好的图形如 4-48 所示。

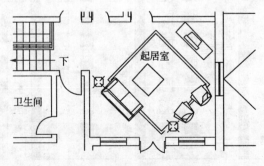

图 4-48　起居室修好的图形

4.2.2 工具选项板

工具选项板是 AutoCAD2005 新增的一个非常强大有效的功能。它和设计中心密切联系，调入块的方式也基本相同，但是相比较而言工具选项板更加快速、直接。

打开工具选项板

在标准工具条中按"工具选项板"按钮（如图 4-49 所示）。

图 4-49 在标准工具条中的"工具选项板"按钮

也可以在工具菜单中选择工具选项板窗口选项。如图 4-50 所示。

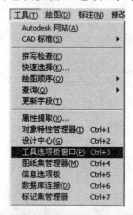

图 4-50 工具菜单中选择工具选项板窗口选项

按 Ctrl+3 是弹出工具选项板窗口面板的快捷键。通过以上的任何一种方式都可以打开工具选项板。初始的工具选项板有 4 个选项卡（如图 4-51 所示），其实这个仅仅是一个式样，更多的选项卡需要用户自己来添加丰富。随着制图项目的增加，工具选项板将更加强大。

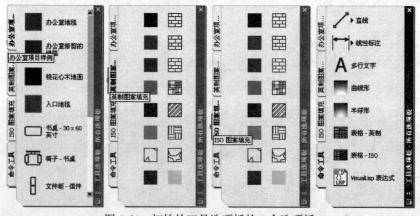

图 4-51 初始的工具选项板的 4 个选项板

初始的工具选项板中的"办公室项目样例"选项卡提供了一些常用的图块和填充的颜色式样。但是基于 AutoCAD 为美国开发，这里的图块都是英制单位。好在 AutoCAD2005 提供了尺寸自动的适应功能，如果觉得这些图块不错，读者是可以直接调用的。但是，笔者还是建议大家尽量绘制和收集自己的图块库。而且 AutoCAD2005 的工具选项板能很好的支持用户自己的图形库。所以，我们需要——

创建工具选项板

打开 AutoCAD 设计中心，选择"住宅1.dwg"这个文件。图中已显示在设计中心面板的文件夹选项卡中，"住宅1.dwg"这个文件前面为"-"号。下面列出了标注样式、布局、块等选项。选择"块"，按右键弹出了一个菜单，选择其中的"创建工具选项板"。如图 4-52 所示。

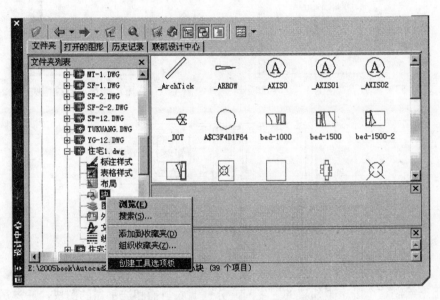

图 4-52　设计中心面板中创建工具选项板

然后，暂时关闭设计中心面板，或者把设计中心面板设为自动隐藏。

这时候，AtuoCAD 会运算一下数据，需要的时间和用户机器配置有关系，当然越是好的配置运算会越快些，但是也不会很长的时间。再次观察工具选项板，我们会发现工具选项板上面已经多出了一个"住宅1"的选项卡（如图 4-53 所示）。

这个选项卡里面包涵了"住宅1"这个文件中的所有块，我们可以直接调用它们。向下滚动滚动条找到块"bed-1500"（如图 4-54 所示），并且单击这个块。然后鼠标移动到图形上，这个块是随着光标移动的，可以很容易的定位到图形上的任意一点。这就是工具选项卡要比设计中心方便的地方之一。在图中按下左键，块"bed-1500"插入图中（如图 4-55 所示）。

需要把这个床旋转一下，然后在工具选项板中再选择块"cj-7"，这是一个床头柜的块。然后在门的一侧需要绘制一个衣柜，这个衣柜尺寸为 1800×600。位置如图 4-56 所示。为这个衣柜配上衣挂，这样更能明确的表示是衣柜。调入块"yg-2"，放置在衣柜中。然后把它陈列一下，其中的几个可以适当的做些变化，显得生动一些。给衣柜画上挂干儿，图 4-56 为画好的这个卧室。

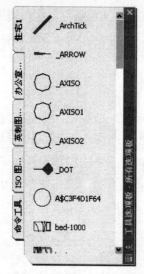 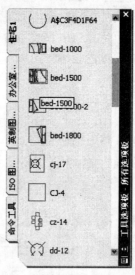

图 4-53　添加了"住宅 1"这个选项卡　　　图 4-54　向下滚动滚动条找到块"bed-1500"

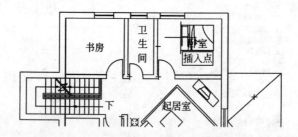

图 4-55　插入块"bed-1500"

接下来绘制这个卧室紧邻着的卫生间，分别调入马桶和洗手盆的图块，冲淋房需要读者自己来绘制。宽度为 900mm。绘制好的卫生间如图 4-57 所示。注意，卫生间的设备应该放在"洁具"层上面。

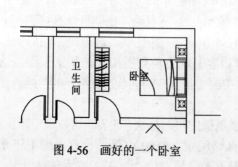 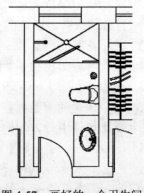

图 4-56　画好的一个卧室　　　　　图 4-57　画好的一个卫生间

书房的绘制，读者需要绘制出 300×900 的书柜，然后摆放好。调入书桌、椅子，并且还有可以适当的放一些植物。如图 4-58 所示。

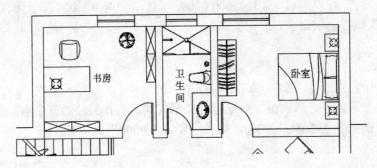

图 4-58　一个书房、卫生间、卧室以及起居室（未显示）都画好了

> 提示：新绘制的这些家具不防都用写块的方法保存起来，清楚的命名，方便以后的调用。

4.2.3　查询

AutoCAD 提供了很方便的查询命令，可以查询距离、面积、周长以及体积等。这对于设计师而言非常的实用，我们通过一些命令就能得到准确的数据，不必辛苦的计算了。

面积

首先，建立一个新层，命名为"面积"并且把它定义为当前。然后放大右上角的这个卧室。打开查询工具条（如图 4-59 所示）。

图 4-59　查询工具

用绘图的矩形命令，在卧室的内墙里面画出一个矩形。如图 4-60 所示。

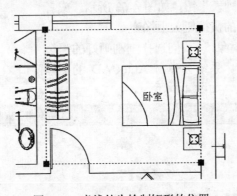

图 4-60　虚线处为绘制矩形的位置

在查询工具条中按"面积"钮，如图 4-61 所示。或者在命令行输入"area",回车。

1．命令行提示：

命令: _area

指定第一个角点或 [对象(O)/加(A)/减(S)]:

在后面输如"O",然后光标变成了小方块,按左键选择刚才的那个矩形。

命令行接着提示:"面积 = 13305600.0000,周长 = 14640.0000"。面积命令结束了。

2. 再一次执行面积命令。

命令行提示:

命令: _area

指定第一个角点或 [对象(O)/加(A)/减(S)]:

选择卧室左下角点,然后根据命令行的提示依次的选择另外的三个点。那么最后得到的结果也是"面积 = 13305600.0000,周长 = 14640.0000"

距离

在查询工具条中按"距离"钮,如图 4-62 所示。或者在命令行输入"di",回车。

图 4-61 查询工具条中的"面积"钮

图 4-62 查询工具条中的"距离"钮

命令行提示:"DIST 指定第一点:",选择卧室左边内墙上的一点。命令行接着提示:"指定第二点:",选择卧室右边内墙上的一点。命令行则出现了下面的计算结果。

"距离 = 3960.0000,XY 平面中的倾角 = 0, 与 XY 平面的夹角 = 0
X 增量 = 3960.0000, Y 增量 = 0.0000, Z 增量 = 0.0000"

这个命令在三维中同样适用,能准确的计算出两点间的三维距离。

列表

相对于距离和面积命令,列表更直观。

在查询工具条中按"列表"钮,如图 4-63 所示。或者在命令行输入"li"(List 的快捷键),回车。

命令行提示:"选择对象:",我们选择刚刚画好的那个矩形。然后按回车键确定。系统会弹出 AutoCAD 的文本窗口。文本窗口里面包涵了这个矩形的几乎所有几何信息,如图 4-64 所示。

图 4-63 查询工具条中的"列表"钮

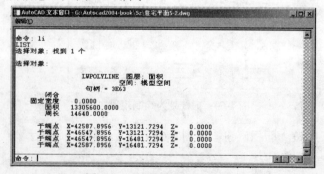

图 4-64 AutoCAD的文本窗口

查询工具条的最后一个图标按钮可以查询图形上任意一点的世界坐标,这个按钮的名称为"定义点"。关闭"面积"这个图层。仍然把"家具"定位当前层。

4.2.4 完成这个住宅的布置

如图 4-65 所示,二层布置好了家具。关于家具的布置是很灵活的,这些属于室内设计范畴。这个住宅的图形,仅仅做了很基本的布置,说明了一些绘图上的问题。读者可以根据自己的意图来任意的布置家具、洁具,但是一定需要注意图层的问题。所有的图形必须有清楚的图层,在后面的联系中,图层很关键。

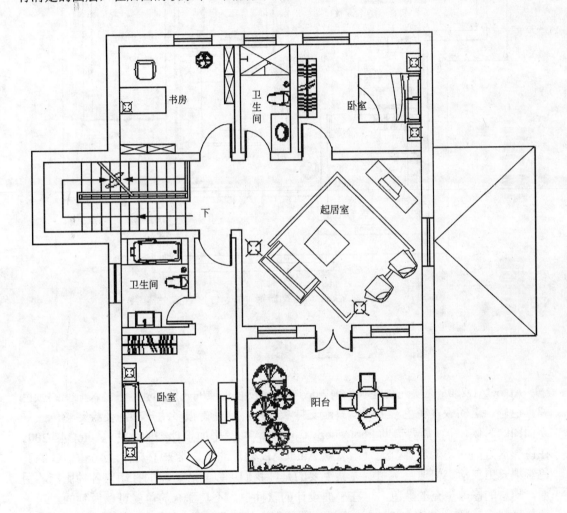

图 4-65 二层的初步平面布置

一层也已经布置好了,这些大都是应用工具选项板来调入块进行绘制的。少部分需要读者自己来绘制。如图 4-66 所示。

现在的这个图形显然还不够完整,那么我们进一步的把这个图形装饰一下。

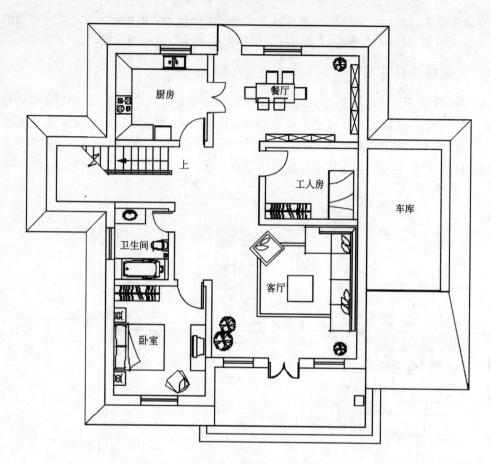

图 4-66 一层的初步平面布置

4.3 图案填充

　　AutoCAD2005 的填充功能和以前的版本相比较有了质的飞跃,因为它引入渐变的颜色和真色彩。老的版本在色彩上面,只能支持 256 色。这使得很多用户在需要绘制彩色的平立面图的时候,往往需要借助 Photoshop、CoreDRAW 等平面设计类的软件。AutoCAD2005 在色彩这方面的功能加强,无疑给喜欢 AutoCAD 软件的用户带来了安慰。AutoCAD 的真色彩填充更灵活、快速、实用。尤其重要的是,我们可以随心所欲的打印出各种比例的图形,随意的修改填充的颜色,这在平面设计的软件中,不是那么简单就可以做到的。对于园林景观设计师,AutoCAD2005 也会成为他们得力的助手。通过真色彩、渐变配合 AutoCAD 的显示顺序功能,AutoCAD2005 可以绘制出非常精美的图形,可以打印出漂亮的文本图,这在我们设计投标的过程中大有益处。

4.3.1 阴影线的填充

　　在介绍真色彩填充之前,有必要对新用户介绍一下阴影线填充的过程。因为在更多的建筑工程制图中，AutoCAD 的阴影线填充功能更加的实用和有效。

首先，新建一个图层"填充"。这是非常有必要的，因为我们可以在不需要的时候，很方便得不让这个图层显示。然后，我们放大二层图形上方的卫生间部分，我们将要给这个卫生间填充上地砖图案。

指定阴影线的范围并填充

1. 在绘图工具条中按"图案填充"钮（如图 4-67 所示），或者在命令行键入"H"然后回车。

图 4-67　一层的初步平面布置

2. 然后弹出了边界图案填充对话框（如图 4-68 所示）。

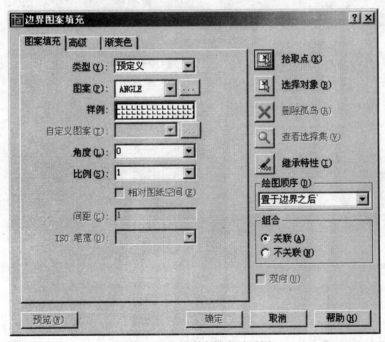

图 4-68　边界图案填充对话框

3. 对话框内有三个选项卡，分别是图案填充、高级和渐变色。首选项是图案填充选项卡，我们在"类型"右边的列表中选择"用户定义"。用户定义选项让用户通过指定阴影线的行距以及线的单双变化来定义一个简单的阴影图案。

4. 在角度选项右边进行双击，在里面输入 45。间距一栏里面输入 150。说明这个卫生间的地面是 150×150 的地砖斜铺的。同时选择"双向"选项，在它的前面打"√"。以上的这些设置如图 4-69 所示。注意样例一栏里面有这个图形的样品视图。

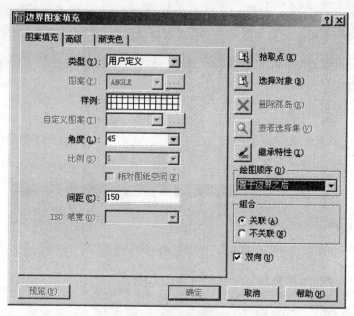

图 4-69　边界图案填充对话框中的图案填充选项卡的设置

5．左键单击"拾取点"左边的图标按钮。对话框暂时消失。命令行提示："选择内部点："，然后在卫生间里面单击一点。如图 4-70 所示十字光标的位置。

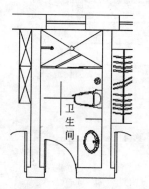

图 4-70　十字光标的位置单击

6．命令行也许会提示：
正在选择所有可见对象…
正在分析所选数据…
选择 1069 个，
是否确实要执行此操作？<N>
在后面输入 Y，回车。
命令行提示："正在分析内部孤岛…"，AutoCAD 已经找到了卫生间填充的边界。这是因为图形的元素太多，计算耗费时间。这时候弹出了一个菜单，选择里面的"确认"选项。然后 AutoCAD 自动找到了边界，如图 4-71 所示。

7．按回车键确定，边界图案填充对话框又重新出现。按对话框中的"预览"钮，图案暂时填充到了卫生间里面。如图4-72所示，可以看出文本的位置没有被填充。

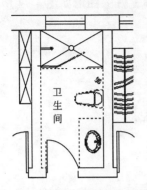
图4-71 找到的边界高亮显示

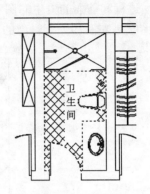
图4-72 图案暂时填充到了卫生间里面

8．按确定钮，图案已经填充好了。

阴影线填充的精确定位

在上面的卫生间地砖图案的填充中，地砖的位置并不是很理想，因为它是不对称的。大多数的设计师都希望放置图案的位置能精确的控制。

这是因为默认阴影图案使用坐标的原点作为填充的基准。也就说，基准点位于（0，0）的位置。我们通过系统变量 Snapbase 改变这个基准点，这样用户可以很容易地控制填充的精确位置。下面用这个功能，把二层的另外一个卫生间的地面填充。

1．放大二层另外一个卫生间，并且绘制一条辅助的直线，如图4-73所示。绘制辅助线的目的是为了定位这个卫生间的地面中点为基准点。

2．绘制好以后，在命令行输入 Snapbase，回车。

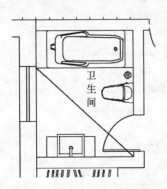
图4-73 绘制一条斜线作为辅助线

3．命令行提示："输入 SNAPBASE 的新值 <0.0000,0.0000>:"（说明原来的基点是<0.0000,0.0000>），在提示下，选择直线的中点（可以通过按住 Shift+右键来选择对象捕捉中点）。命令行接着显示："自动保存到 C:\Documents and Settings\wang\Local Settings\Temp\住宅平面 5-2_1_1_5724.sv$ ..."，说明基点已经重新定位了。

4．删除这条辅助的直线。

5．再次执行图案填充的命令，选择目前这个卫生间内部一点，填充的图案依然选择用户定义。过程和前面的卫生间图案填充基本相同。填充好的图形如图 4-74 所示。观察已经填充的图案是左右和上下对称的。

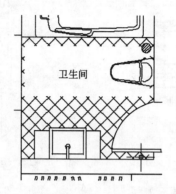

图 4-74　填充的图案是左右和上下对称的

预定义图案的填充

AutoCAD 自带了一些图案填充阴影线的预定义图案。放大二层起居室的部分，我们将给地毯做一下图案填充。

1．执行图案填充命令。拾取地毯内部的一点，然后在边界图案填充对话框中，选择图案填充选项板，在类型里面选择预定义。

2．如图 4-75 所示，单击图案选项右侧框内的按钮。

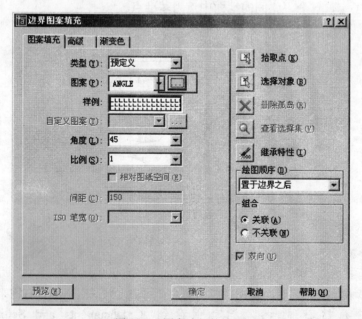

图 4-75　图案选择的按钮

3. 弹出了填充图案选项板，它由 4 个选型卡组成。选择"其他预定义"选项卡。如图 4-76 所示，再选择名为"AR-SAND"的图案。

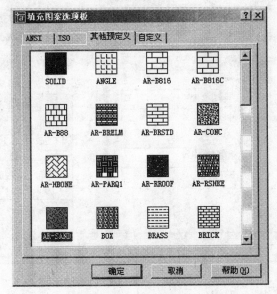

图 4-76 选择名为"AR-SAND"的图案

4. 设定角度为 0，比例为 3，按确定钮，图案填充好了（如图 4-77 所示）。

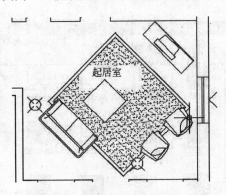

图 4-77 填充好的起居室地毯图案

提示：带有 AR 前缀的预定义图案是按完整的比例绘制的建筑图案。如果比例不合适，还可以通过特性面板进行调整。后面将有这方面的介绍。

修改填充图案

假设，我们对目前卫生间的地面不是很满意，那么就需要对这个图案的填充进行修改。放大二层有浴缸的那个卫生间。

1. 双击这部分的阴影线。弹出了图案填充编辑对话框（图 4-78），它和边界图案填充对话框很像，但是拾取点、选择对象等选项是不可用的。

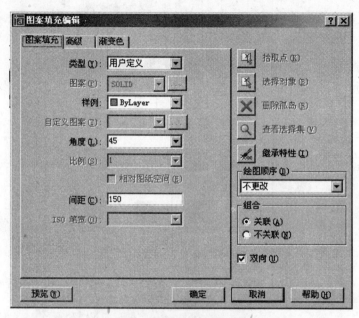

图 4-78 图案填充编辑对话框

2. 在类型的列表中，选择预定义。然后单击图案列表右边的带省略号的按钮。弹出了填充图案选项板，然后在其中选择"AR-B88"，双击它，如图 4-79 所示。

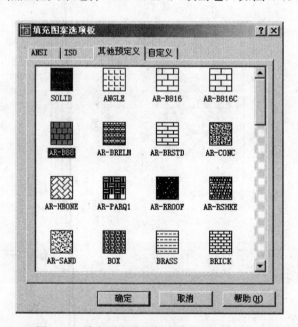

图 4-79 填充图案选项板中选择"AR-B88"

3. 填充图案选项板消失，图案填充编辑对话框又重新出现。把比例选项设置为"2"。按确定钮确定，退出了图案填充编辑对话框。这时候卫生间的地面已经被修改了（如图 4-80 所示）。

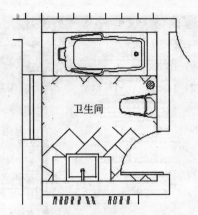

图 4-80　卫生间的填充图案已经改为"AR-B88"

除了双击填充的图案以外，也可以通过图标来执行修改图案填充的命令。这个命令的图标按钮在修改Ⅱ工具条中（如图 4-81 所示）。

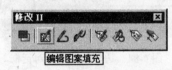

图 4-81　修改Ⅱ工具条中的编辑图案填充按钮

另外还有一个方法就是通过特性面板对图案填充进行编辑。首先调出特性面板，在标准工具条上按"特性"图标按钮（如图 4-82 所示）。

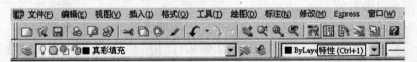

图 4-82　标准工具条上的特性按钮

点击一下刚刚修改的这个图案填充，这个填充的特性就会显示在特性面上。如图 4-83 所示。

特性面板上列出了图案的类型、图案名称、角度、比例等等，可以直接在这里面修改这些项目。同样在这个面板上还可以改变颜色、图层等等属性。

最后，用特性匹配工具，也就是标准工具条上的 图标。把另外一个卫生间的地面填充和这个统一起来。

理解边界阴影线的这些选项

执行图案填充命令，弹出边界填充对话框。在对话框的右半部分有这样几个功能按钮（如图 4-84 所示）。

图 4-83　特性面板

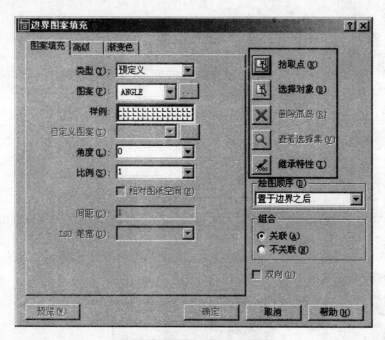

图 4-84 边界图案填充对话框

这几个按钮选项分别为拾取点、选择对象、删除孤岛、查看选择集、继承特性。下面简要介绍一下这几个功能。

拾取点：这在前面已经提到，主要是在一个封闭的图形内部查找到要填充的边界，这个方式最简单也最有效。

选择对象：用这个功能可以直接选择封闭的图形边界，从而填充图案。

删除孤岛：删除掉一个已经删除了阴影线边界的区域。这个选项仅仅使用了拾取点选择到了一个阴影区域，并且这个孤岛被检测到时才可用。指定是否将在最外层边界内的对象包括为边界对象。这些内部对象称为孤岛。

查看选择集：用这个选项可以显示已经找到的阴影边界。

继承特性：从一个图形选择一个现存的阴影线图案。当想要使用一个已经存在的阴影线图案的时候，可以通过这个选项选择它。而新填充的部分将继承这个阴影图案的特性，包括样式、比例、旋转的角度等。

绘图顺序：这里面有 5 个选项，可以定义新填充部分的显示特性，指定图案填充的绘图顺序。图案填充可以放在所有其他对象之后、所有其他对象之前、图案填充边界之后或图案填充边界之前。

下面还有一个选项，就是选择阴影图案是否是相关联的，假设预先定义为关联选项，那么当用户拉伸边界的时候，阴影线也随之改变。

使用高级选项卡

AutoCAD 的边界阴影线可以自动地检测到孤岛的存在，那么利用这个高级选项就可以轻松的定义孤岛的边界了。

选择对话框中的高级选项卡。如图 4-85 所示。

图 4-85 边界图案填充对话框中的高级选项卡

这里面有个孤岛检测样式的选项，并且里面提供了直观的图形。

普通：从外部边界向内填充。AutoCAD 遇到内部交点时，将停止填充，直到遇到下一交点为止。这样，从填充的区域往外，由奇数个交点分隔的区域被填充，而由偶数个交点分隔的区域不填充。也可以通过在 HPNAME 系统变量的图案名称里添加 ,N 将填充方式设置为"普通"样式，如图 4-86 所示。

外部：从外部边界向内填充。AutoCAD 遇到内部交点时，将停止填充。因为这一过程从每条填充线的两端开始，所以只有结构的最外层被填充，结构内部仍然保留为空白。也可以通过在 HPNAME 系统变量的图案名称里添加, O 将填充方式设置为"外部"样式，如图 4-87 所示。

忽略：忽略所有内部的对象，填充时将通过这些对象。也可以通过在 HPNAME 系统变量的图案名称里添加, I 将填充方式设置为"忽略"样式，如图 4-88 所示。

  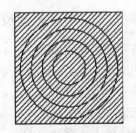

图 4-86 奇数的部分填充　　图 4-87 只填充边界外部　　图 4-88 填充整个边界

> 注意 用"外部"和"忽略"样式填充凹入的曲面会导致填充冲突。当指定点或选择对象定义填充边界时,在绘图区域单击鼠标右键,可以从快捷菜单中选择"普通"、"外部"和"忽略"选项。

这里面其他的一些选项:

对象类型:指定是否将边界保留为对象,以及 AutoCAD 应用于这些对象的对象类型。

保留边界:在图形中添加临时边界对象。

对象类型:控制新边界对象的类型。AutoCAD 将边界创建为面域或多段线。只有选择了"保留边界",此选项才可用。

边界集:定义当从指定点定义边界时,AutoCAD 分析的对象集。当使用"选择对象"定义边界时,选定的边界集无效。默认情况下,当使用"拾取点"定义边界时,AutoCAD 分析当前视口中所有可见的对象。通过重定义边界集,可以忽略某些在定义边界时没有隐藏或删除的对象。对于大图形,重定义边界集还可以使生成边界的速度加快,因为 AutoCAD 检查的对象数目减少了。

当前视口:从当前视口中可见的所有对象定义边界集。选择此选项可放弃当前的任何边界集而使用当前视口中可见的所有对象。

现有集合:从使用"新建"选定的对象定义边界集。如果还没有用"新建"创建边界集,则"现有集合"选项不可用。

新建:提示用户选择用来定义边界集的对象。当 AutoCAD 构造新边界集时,仅包涵选定的可填充对象。AutoCAD 放弃现有的任何边界集,用以选定对象定义的新边界集代替。如果没有选择任何对象,则 AutoCAD 保留当前的任何边界集。当用"拾取点"定义边界时,AutoCAD 忽略边界集中不存在的对象,直到用户退出 BHATCH 命令或创建新的边界集。

填充:将孤岛包括为边界对象。

射线法:从指定点画线到最近的对象,然后按逆时针方向描绘边界,这样就将孤岛排除在边界对象之外。

4.3.2 渐变真色彩的填充

熟悉一下渐变色选项卡

渐变真色彩的填充,是自 AutoCAD2005 版本以来新增加的最强大的功能之一,这个功能的出现对于 AutoCAD 而言具有革命性的意义。

建立一个新的图层,命名为"真彩填充",并且定义为当前。

选择边界图案填充对话框中的渐变色选项卡如图 4-89 所示。初始的渐变色设置为单色,该选项上还有双色的选项。

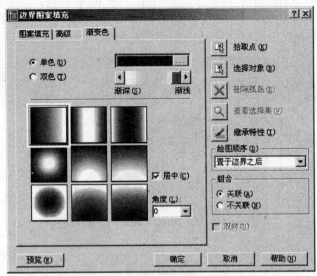

图 4-89　边界图案填充对话框中的渐变色选项卡

单色：指定使用从较深着色到较浅色调平滑过渡的单色填充。选择"单色"时，AutoCAD 显示带"浏览"按钮和"着色"、"色调"滑动条的颜色样本。

双色：指定在两种颜色之间平滑过渡的双色渐变填充。选择"双色"时，AutoCAD 分别为颜色 1 和颜色 2 显示带"浏览"按钮的颜色样本。

颜色样本：指定渐变填充的颜色。单击"浏览"按钮 [...] 以显示"选择颜色"对话框，从中可以选择 AutoCAD 索引颜色、真彩色或配色系统颜色。显示的默认颜色为图形的当前颜色。

"着色"和"色调"滑动条：指定一种颜色的色调（选定颜色与白色的混合）或着色（选定颜色与黑色的混合），用于渐变填充。

置中：指定对称的渐变配置。如果没有选定此选项，渐变填充将朝左上方变化，创建光源在对象左边的图案。

角度：指定渐变填充的角度。相对当前 UCS 指定角度。此选项与指定给图案填充的角度互不影响。

渐变图案：显示用于渐变填充的 9 种固定图案。这些图案包括线性扫掠状、球状和抛物面状图案，如图 4-85 所示。

为图形加入渐变色填充

渐变色的填充和图案阴影线的方法很相似，读者有了填充的基础，那么填充渐变色按下面的步骤进行就可以了。

1．放大二层右上角的卧室。
2．在"绘图"菜单中单击"图案填充"，或者按绘图工具条上的图案填充图标按钮。
3．在"边界图案填充"对话框中单击"拾取点"。
4．指定卧室内部的一点，然后按回车键。
5．在"边界图案填充"对话框的"渐变"选项卡中，选择"单色"。
6．更改颜色，请单击该颜色旁的 [...] 按钮打开"选择颜色"对话框（如图 4-90 所示）。

这里面包含三种选择颜色的方式。索引颜色的选项卡给出的是 256 的标准色块，真彩色选项卡支持 HSL 和 RGB 这两种颜色模式，而配色系统则是标准的色卡。

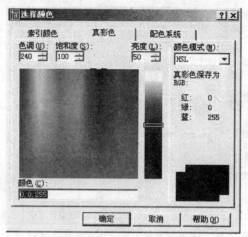

图 4-90　选择颜色对话框中的真彩色选项卡

配色系统选项卡如图 4-91 所示，这里面给出了非常丰富的色彩，同时也提供了几种配色系统的模式，比如说棉织品、壁纸、塑料、玻璃等等的色标。

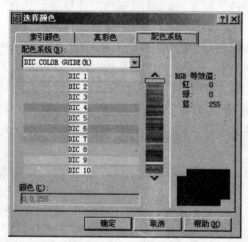

图 4-91　配色系统选项卡，这里给出的是棉织品色标

我们在真彩色选项卡中选择一种比较深的红色，色调：342，饱和度：83，亮度：45，颜色模式为 HSL。按确定钮。回到边界图案填充对话框中的渐变色选项卡。

7. 使用"着色/渐浅"滑动条调节颜色。将滑动条向"渐浅"一端滑动可以创建逐渐变成白色的颜色过渡。反之，将滑动条移向"着色"一端则可以创建逐渐变成黑色的颜色过渡。

8. 单击下面 9 种图案的一种，然后设置以下选项：选择"居中"可以创建对称的填充，为亮显区域指定角度为 45。

9. 要查看渐变填充的外观效果，请单击"预览"。按回车键返回对话框并进行调整。

10. 对调整结果满意后，请在"边界图案填充"对话框中单击"确定"创建渐变填充。填充好的图形如图 4-92 所示。

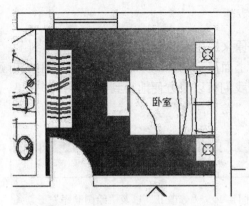

图 4-92　卧室的渐变填充做好了

创建双色渐变填充

和单色渐变填充同样的方法,只需要把选项卡上的设置改为双色,同时选择两种颜色即可。请读者按下面的步骤操作。

1．放大邻近刚刚填充好卧室的卫生间。

2．在"绘图"菜单中单击"图案填充"。

3．在"边界图案填充"对话框中单击"拾取点"。

4．指定卫生间内部一点,然后按回车键。

5．在"边界图案填充"对话框的"渐变"选项卡中,选择"双色"。 第二种颜色是渐变填充中的亮显区域的颜色。

6．更改的颜色,单击该颜色旁的 [...] 按钮打开"选择颜色"对话框。选择两种漂亮的蓝色,但是深浅不已。

7．单击下面 9 种图案的一种,然后设置以下选项:选择"居中"可以创建对称的填充,为亮显区域指定角度为 45。

8．要查看渐变填充的外观效果,请单击"预览"。按回车键返回对话框并进行调整。

9．对调整结果满意后,请在"边界图案填充"对话框中单击"确定"创建渐变填充。填充好的卫生间图形如图 4-93 所示。

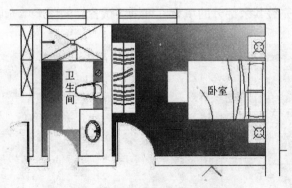

图 4-93　卫生间的两色渐变填充

4.3.3 显示顺序

我们很快就会发现，原来卫生间的阴影线图案填充看不到了，这是由于刚刚填充好的真色彩渐变在图案填充的上面显示，AutoCAD还提供了一组绘图顺序命令，可以很方便地改变图形的现实顺序，使我们可以很方便地得到需要的图形效果。

打开"修改Ⅱ"以及"绘图顺序"工具条，如图4-94所示。

图4-94 "修改Ⅱ"以及"绘图顺序"工具条

读者也许会发现这两个工具条上的关于显示顺序图标很相似，其实绘图顺序的这4个图标按钮命令就是修改Ⅱ工具条中的显示次序的子命令。

按下修改Ⅱ中的显示顺序图标按钮（也就是第一个图标按钮），命令行提示："选择对象:"。选择刚刚填充的卫生间颜色，然后回车确定。命令行接着提示："输入对象排序选项[对象上(A)/对象下(U)/最前(F)/最后(B)] <最后>:"，由于默认的选项是最后。我们直接按回车键确认。命令行提示："正在重生成模型。"过了短短的时间阴影线图案填充就显示出来了。如图4-95所示。

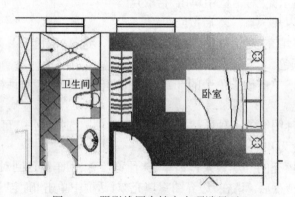

图4-95 阴影线图案填充在顶端显示

接下来请读者来完整其余部分的填充，可以尝试各样的图案填充或者是颜色变化。

> **注意**：需要填充的部分必须是封闭的图形，另外门的位置最好用直线封闭。有时候可能会出现查找不到边界的问题，这是由于一方面可能是不封闭的图形，另一方面也可能是由于显示的图形过多所致。所以，关闭一些图层然后再填充是一个行之有效的办法。有时候实在是找不到边界，那么就要先建立一个图层，再用多段线手动来绘制一个封闭的边界，然后关闭其他的图层，再进行填充。最后，把填充的图形改变到它应该在的图层上面，例如，图案填充放在填充层上，而渐变的填充则应放在真彩填充层上面。

4.4 打印出图

在 AutoCAD 中，我们按照长久遗留下来的习惯，默认输出设备为"Plot"，即绘图仪。在针式打印机以后，打印机的精度大幅度提高，时下，很多单位已经更多的使用打印机出图了，这使得设计成本大幅度降低，AutoDesk 公司亦顺应潮流，大幅度的加强了对打印机的支持，但其本质依然为绘图仪控制。以下我们在论述出图设备的时候，会依 AutoDesk 的习惯，在一些情况下将出图设备称为绘图仪，在另外一些情况下，将其称为打印机，请诸位看官莫要惊慌，其实，这两种称谓都是代表了打印出图设备而已。

运用计算机制图最后还是需要把数字图纸变成真实的图纸，这就需要打印这一过程。如图 4-96、图 4-97 所示。首先我们需要先介绍一下虚拟的打印，然后再介绍真实打印。因为读者们不一定都能在拥有绘图仪或者打印机的前提下学习本章。而且虚拟打印，有时候有很大的用处，比如说制作设计文本的时候，这是我们经常需要用到的。

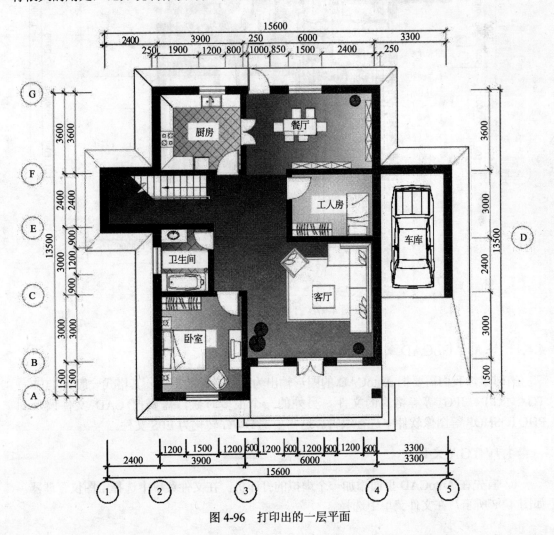

图 4-96　打印出的一层平面

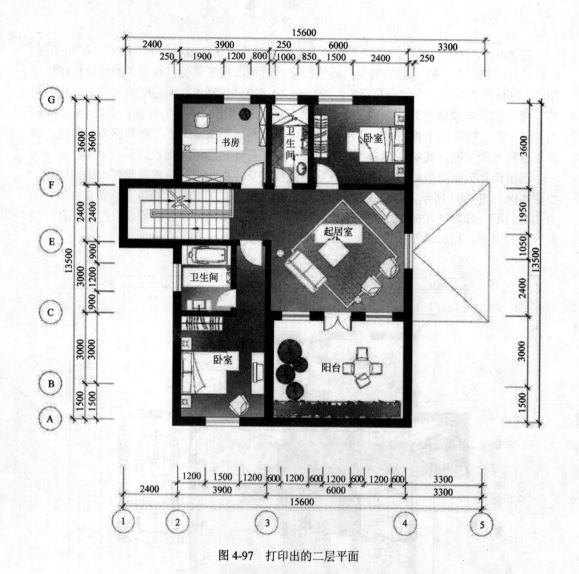

图 4-97 打印出的二层平面

4.4.1 运用 AutoCAD 的光栅打印机

有时候，我们需要把 AutoCAD 的图形输出为光栅文件的图形，其格式一般为 TIFF、TGA、GIF、JPG 等等格式的文件。另外的一个很多时候，需要把 CAD 文件调入到 PHOTOSHOP 等图像软件中进行编辑。这需要把 DWG 转化为 EPS 文件。

打印 TGA 文件

1. 首先在 AutoCAD 里面添加一个虚拟的打印机。在文件菜单中选择绘图仪管理器。如图 4-98 所示，在文件菜单中选择。

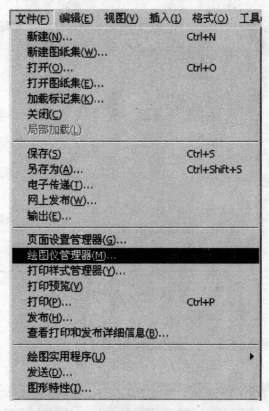

图 4-98　选择打印机管理器一项

2. 如图 4-99，弹出 Plotters 浏览器，双击其中的"选择添加打印机向导"选项。

图 4-99　Plotters 浏览器

3. 弹出添加打印机对话框，如图 4-100 所示。单击"下一步"。

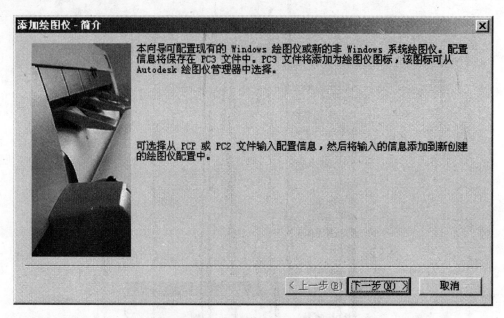

图 4-100　添加打印机对话框（1）

4. 如图 4-101 所示，选择"我的电脑"，按"下一步"。

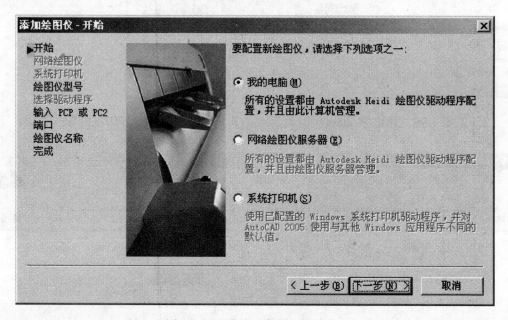

图 4-101　添加打印机对话框（2）

5. 在"生产商选择"栏选择——光删文件格式，"型号选择"栏选择——TGA，如图 4-102 所示，单击"下一步"。

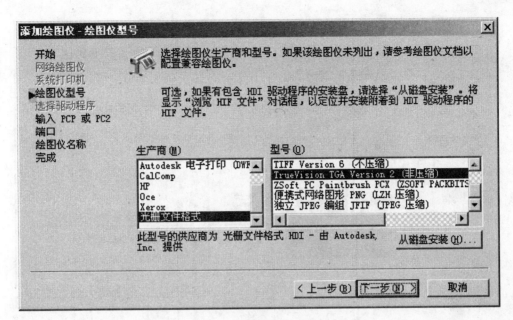

图 4-102　添加打印机对话框（3）

6. 如图 4-103 所示，按"下一步"。

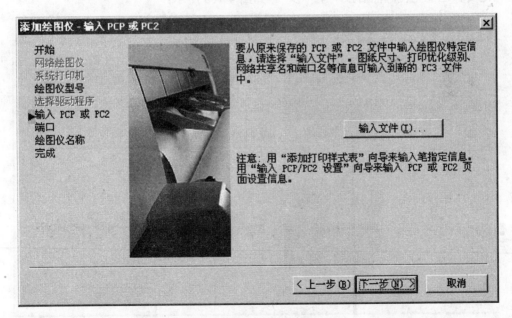

图 4-103　添加打印机对话框（4）

7. 如图 4-104 所示，按"下一步"。注意，选择其中的"打印到文件"选项。

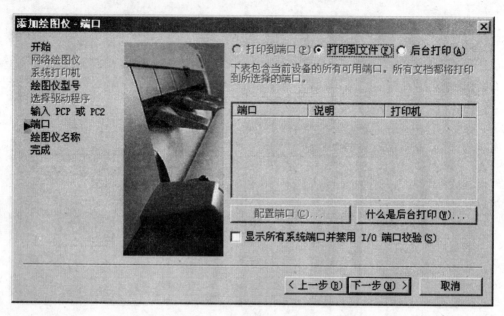

图 4-104 添加打印机对话框（5）

8. 给这个虚拟打印机命名，我这里命名是 AutoCAD TGA，其他的名字你随意了，不过一定要自己能记住。然后按"下一步"。如图 4-105 所示。

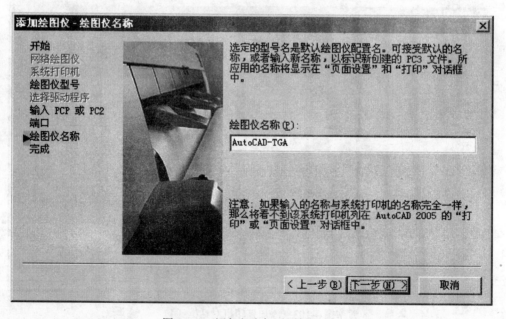

图 4-105 添加打印机对话框（6）

9. 先不要按"下一步"！按图上所示的"编辑绘图仪配置"按钮。如图 4-106 所示。

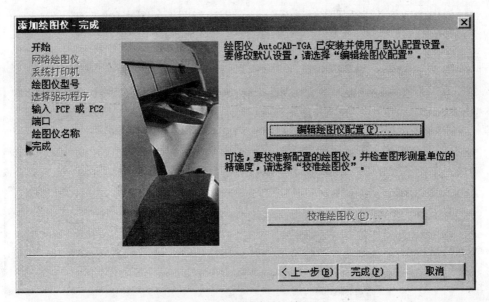

图 4-106　添加打印机对话框（7）

10. 弹出了"绘图仪配置编辑器"对话框，在打印机配置编辑器中选择自定义图纸尺寸，如图 4-107 所示。

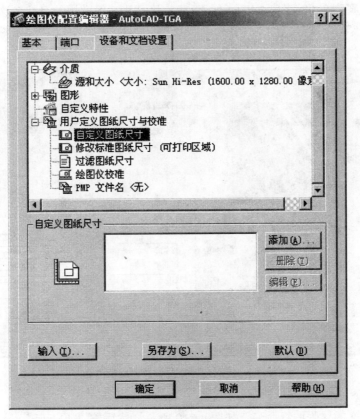

图 4-107　打印机配置编辑器（1）

11. 弹出"自定义图纸尺寸对话框",选择创建新图纸如图4-108所示,然后按"下一步"。

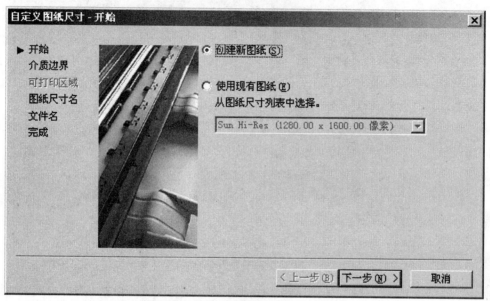

图4-108 自定义图纸尺寸对话框(1)

12. 设置宽度3200 高度2400（像素点） 这是我一般常用的尺寸。这东西可大可小,3200×2400的TGA文件打印1号图没有问题的。然后按"下一步"。如图4-109所示。

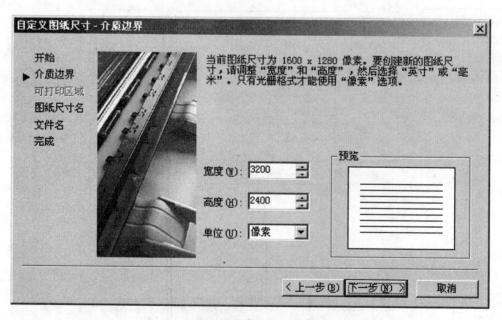

图4-109 自定义图纸尺寸对话框（2）

13. 给定义的这张图纸命名,如图4-110所示,然后按"下一步"。

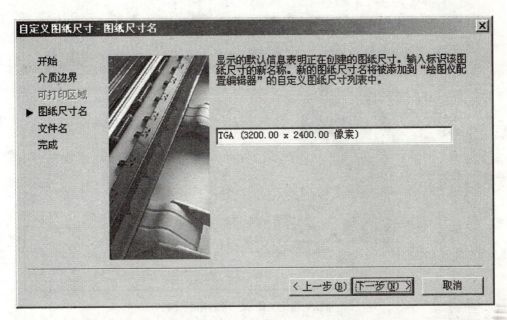

图 4-110　自定义图纸尺寸对话框（3）

14. 给打印机型号参数的保存文件命名，这个和打印机的名称可以是一致的。如图 4-111 所示。

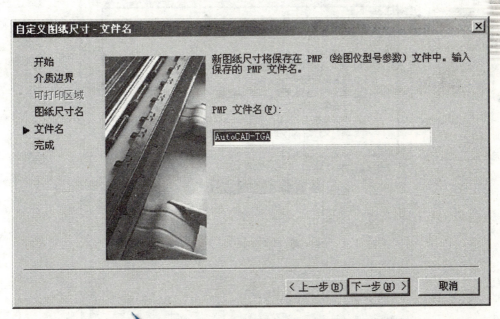

图 4-111　自定义图纸尺寸对话框（4）

15. 图纸设置好了，单击"完成"，如图 4-112 所示。

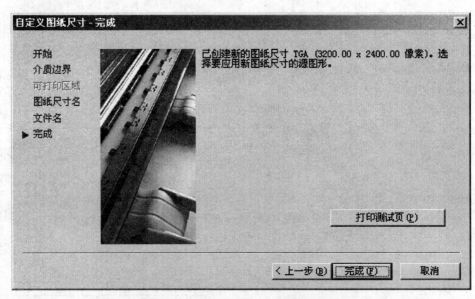

图 4-112　自定义图纸尺寸对话框（5）

16．回到打印机配置编辑器，单击"确定"，如图 4-113 所示。

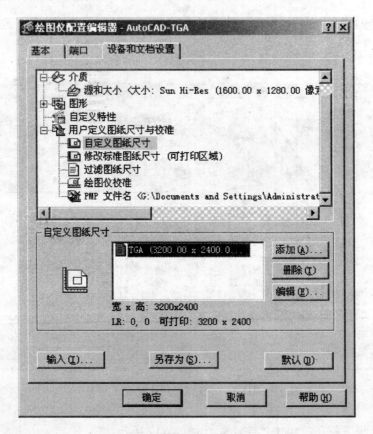

图 4-113　打印机配置编辑器（2）

17. 返回"添加打印机对话框",单击"完成",这个虚拟的打印机和图纸目前就算搞定了。名字叫做 AutoCAD -TGA,如图 4-114 所示。

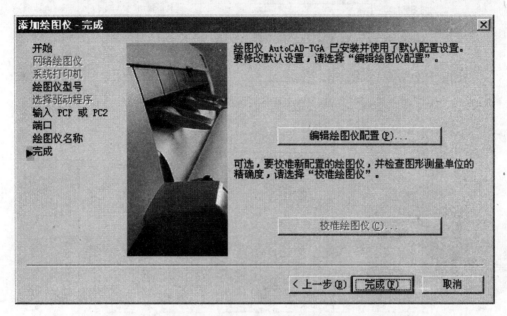

图 4-114　添加打印机对话框(8)

18. 打印样式管理器里面已经有这个打印机了,说明可以使用了,如图 4-115 所示。

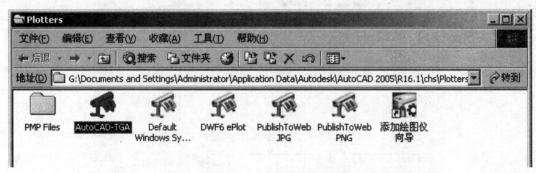

图 4-115　打印样式管理器

19. 文件菜单中选择打印,弹出打印对话框,在打印机名称中选择 AutoCAD-TGA 这款我们自己制造的打印机。如图 4-116 所示。

20. 在图纸尺寸栏内选择"TGA(3200×2400 像素)。在页面设置的名称栏内添加名为"TGA",如图 4-117 所示。

21. 按下"应用到布局"按钮,如图 4-118 所示。再按下"取消"按钮,因为我们需要新建一个打印的样式表。

图 4-116　打印对话框（1）

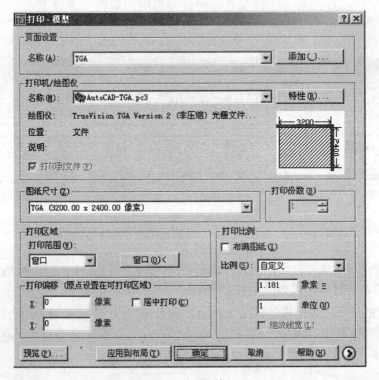

图 4-117　打印对话框（2）

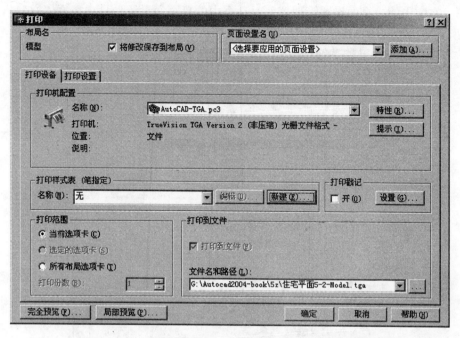

图 4-118　打印对话框（3）

22. 在文件下拉菜单里面选择页面设置管理器，如图 4-119 所示。

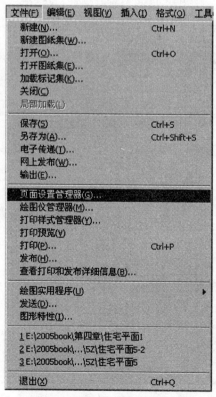

图 4-119　文件菜单

23. 在弹出的"页面设置管理器"对话框中的"页面设置"栏内选择"TGA",如图 4-120 所示。

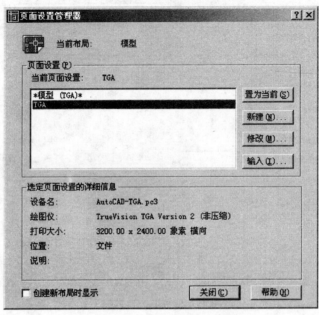

图 4-120　页面设置管理器

24. 按下"修改"按钮,弹出"页面设置-TGA"对话框,在这里,我们可以对已经建立的页面设置进行修改,再在打印样式表下面的栏内选择"新建",如图 4-121 所示。

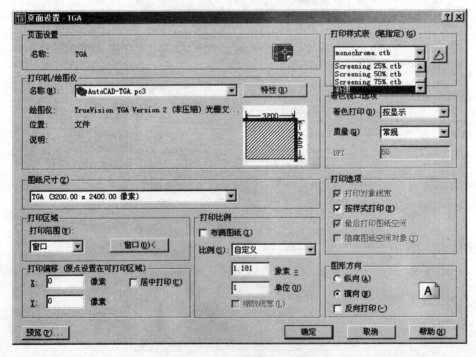

图 4-121　页面设置-TGA

25. 现在需要添加一个颜色相关的打印样式表，也就是说打印出来的图形线宽就是由这个步骤决定的，现在来看还是使用颜色来区分线宽比较容易控制。选择"创建新打印样式表"按"下一步"。如图 4-122 所示。

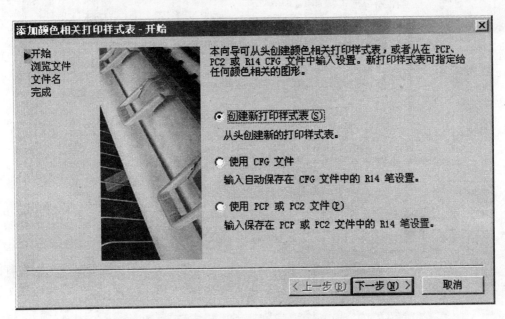

图 4-122　添加颜色相关打印样式表对话框（1）

26. 给这个打印样式表命名，如图 4-123 中命名为"2005-1"，然后按"下一步"。

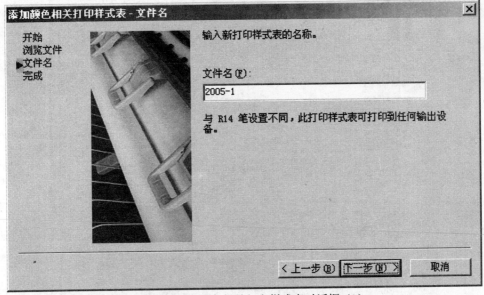

图 4-123　添加颜色相关打印样式表对话框（2）

27. 按"打印样式表编辑器"按钮，下面的两个对号可以回过头来再选择，如图 4-124 所示。

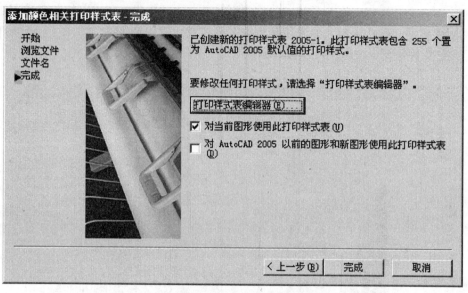

图 4-124　添加颜色相关打印样式表对话框（3）

28. 打印样式表编辑器的设置如图所示，假设要打印出的是黑白的图纸，那么在打印样式一栏里面全部选择所有的颜色。其他的选项如图 4-125 所示设置。

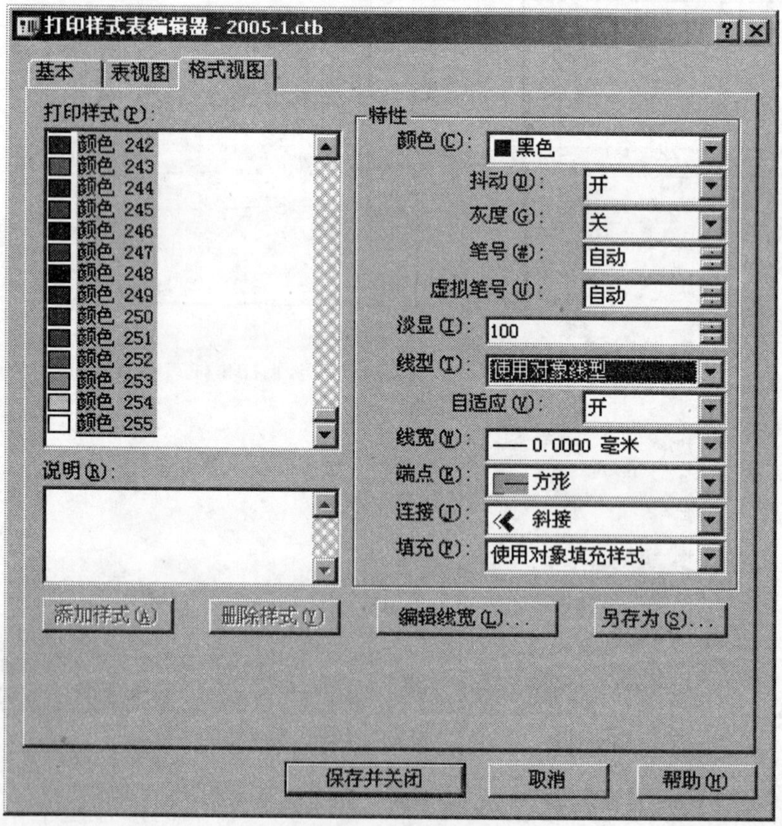

图 4-125　打印样式表编辑器（1）

29. 选择表现图选项卡，在这里设置不同颜色的线宽，比如 1#红色设为 0.05 最细。其他的根据需要设置。2#色-0.18；3#色-0.13；4#色-0.2；5#色-0.4 等等，如图 4-126 所示。这些设置可以很灵活，根据用户自己的习惯即可。设置好以后，单击"保存并关闭"按钮。

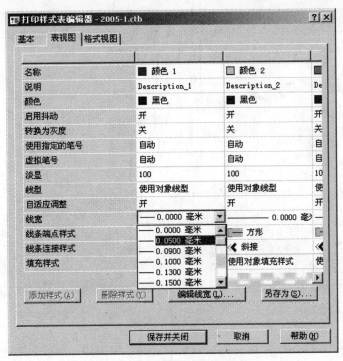

图 4-126　打印样式表编辑器（2）

30. 又回到了添加颜色相关打印样式表对话框，这时，要选择"对当前图形使用此打印样式表"和"对 AutoCAD 2005 以前的图形和新图形使用此打印样式表"，如图 4-127 所示，单击"完成"按钮。

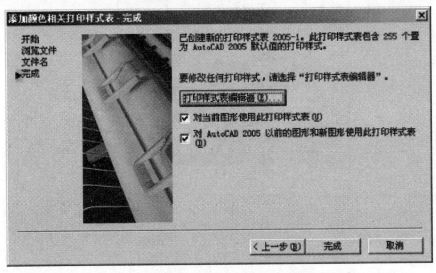

图 4-127　添加颜色相关打印样式表对话框（4）

31. 设置好了打印的线宽,又回到了打印对话框,选择打印设置选项卡,图纸的尺寸选择先前设置好的 TGA(3200×2400 像素)。图形的方向选择横向,如图 4-128 所示,然后单击"窗口"来选择打印区域。

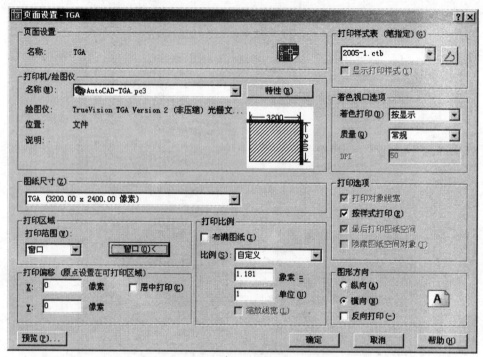

图 4-128　打印对话框(4)

32. 选择要打印的图形部分,如图 4-129 所示。

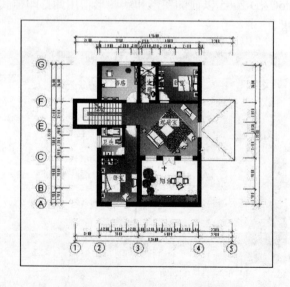

图 4-129　选择要打印的图形部分

33. 回到打印对话框,单击"完全预览","打印比例"需要根据这个来选择。尤其是需要把顶棚和地面打印出相同的尺寸,那么这个"打印比例"选项很重要。以后的打印出图也是,全靠这个来控制出图的比例,如图4-130所示。

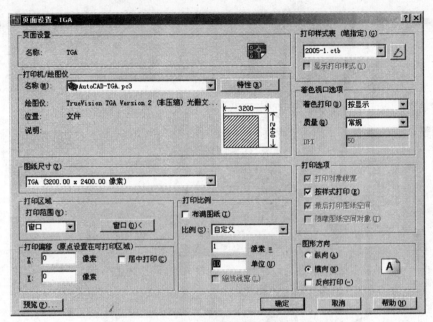

图4-130 打印对话框(5)

34. 通过完全预览观察图形在纸面的情况,如图4-131所示。

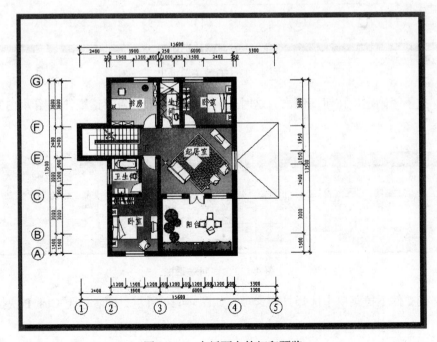

图4-131 在纸面上的打印预览

35. 按右键弹出一个小菜单，选择退出，离开完全预览图形，如图 4-132 所示。假设图形不能理想的在图纸上显示，那么可以调整"打印比例"和"打印偏移"这两个选项来调整。

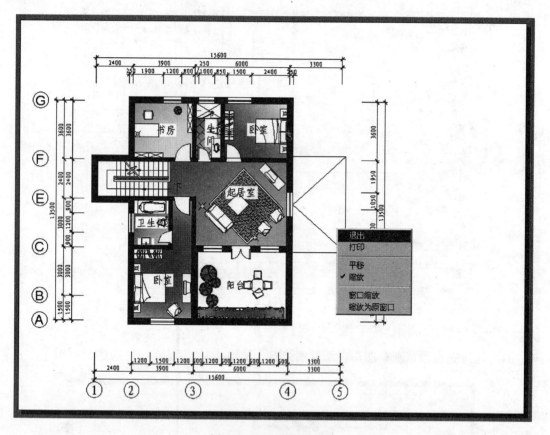

图 4-132　右键菜单退出

36. 按下"确定"按钮，退出。这时系统会弹出一个警告对话框，如图 4-133 所示。按下"是"。

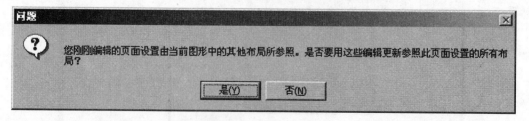

图 4-133　询问对话框

37. 在文件下拉菜单中选择打印选项，如图 4-134 所示。或者按下 Ctrl+P 快捷键。

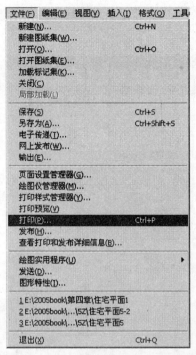

图 4-134　文件下拉菜单中选择打印选项

38．再次弹出了打印对话框。如图 4-135 所示，单击右下角的"更多选项"按钮。

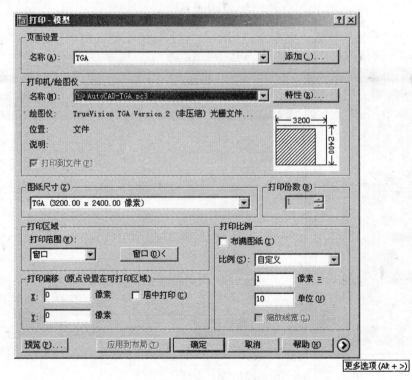

图 4-135　单击右下角的"更多选项"按钮

39. 如图 4-136 所示，这里面多显示了一些选项，在这里同样可以调整打印样式表、打印选项等等。

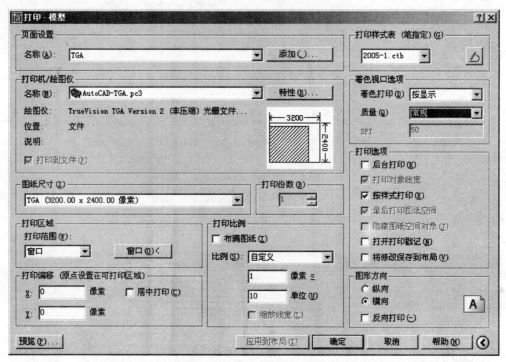

图 4-136　打印对话框（6）

40. 按下"确定"按钮。如图 4-137 所示，把打印的光栅文件命名并保存到硬盘上。

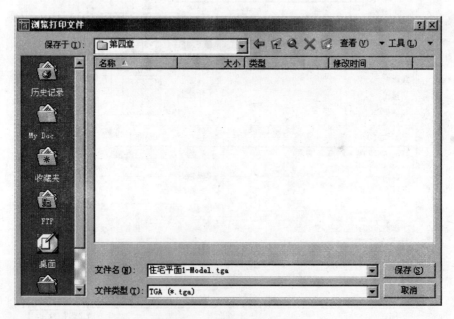

图 4-137　打印对话框（7）

41. 设定好要保存的路径和文件名。按下"保存"。如图 4-138 所示,开始打印。好了,TGA 文件就搞定了。

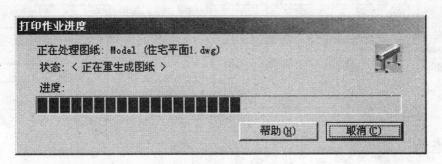

图 4-138　打印作业进度

打印 EPS 文件

EPS 文件格式为矢量图,可以在 Photoshop 中用户自定义分辨率,也可以在 CorlDRAW 等排版软件中直接打开。

打印 EPS 文件与打印 TGA 图形方式基本一样,所不同的在步骤 5,如图 4-139 所示设置。生产商一栏里选择——Adobe,型号一栏里面选择——Postscript Level 1,按"下一步"。其他的设置,如打印样式(线宽)设置。在打印的时候,选择打印机,选择打印到文件选项,保存到一个目录中,如图 4-140 所示,图纸可以选择相应真实纸面大小的图纸,比如 A3。按下"名称"右侧的"特性"按钮,选择端口选项卡,点选"打印到文件",如图 4-141 所示。

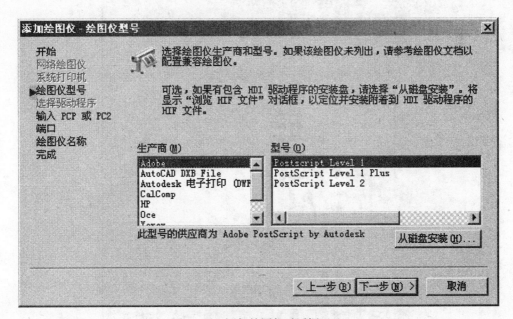

图 4-139　添加绘图仪对话框(3)

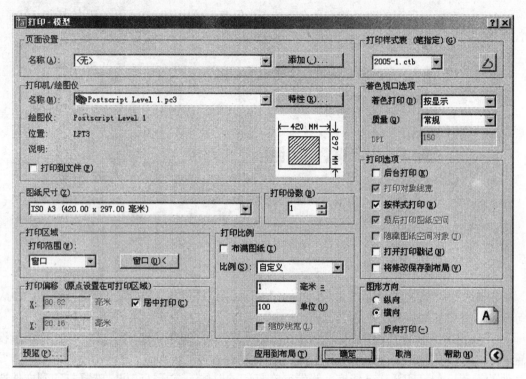

图 4-140 打印对话框（8）

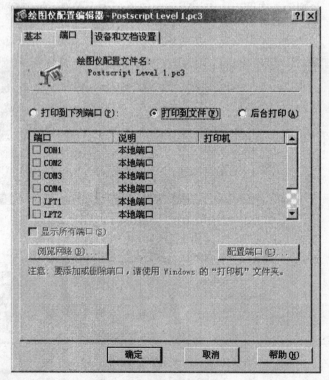

图 4-141 打印对话框（9）

按下"确定"按钮,在弹出的对话框中,如图 4-142 所示选择,把端口的修改保存。按下"确定"。

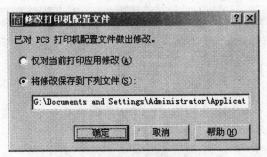

图 4-142 修改打印机配置文件

在打印对话框中按下"确定"按钮,把文件命名并保存,如图 4-143 所示。

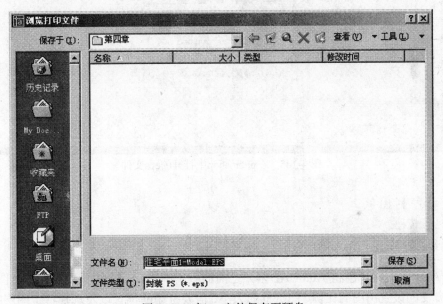

图 4-143 把eps文件保存至硬盘

在 PHOTOSHOP 中打开名为"住宅平面 1-Model"的 EPS 文件。弹出像素化对话框,如图 4-144 所示设置。分辨率设为 200,模式选择 RGB,然后按"确定"。

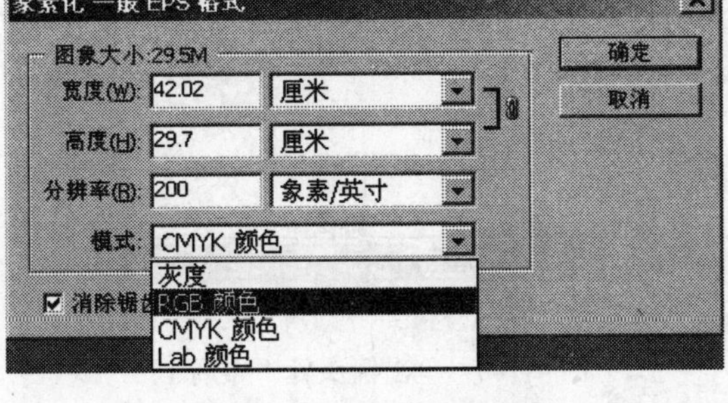

图 4-144 像素化对话框

打开的图形,如图 4-145 所示是一个灰度图形,并且已经自动生成了一个图层,很方便进行下一步制作。

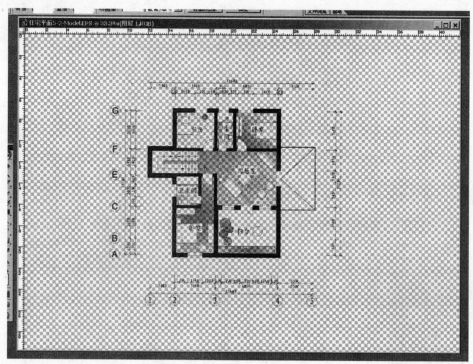

图 4-145　在photoshop中打开的eps文件

4.4.2　打印到图纸上

图纸空间与布局选项卡

在 AutoCAD14(包涵 AutoCAD14)之前的版本中,有一个很重要的功能。图纸空间可以很方便的设置出图的比例、图纸框的大小、需要打印的位置以及选择特定图层的打印。自 AutoCAD2000(包涵 AutoCAD2000)版本之后 AutoCAD 引入了布局的概念,布局是以往图纸空间更深化更灵活的应用。

在窗口中单击"布局 1"选项卡(如图 4-146 所示),在窗口白色的部分就是纸面的空间。这里面已经显示出了住宅平面的一部分,但是或者显示并不完整,这没有关系。我们可以看到住宅平面的图形是在一个窗口中显示的,我们直接单击这个矩形的窗口线,然后用夹点把它拉大(如图 4-147 所示)。

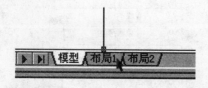

图 4-146　单击箭头处"布局 1"

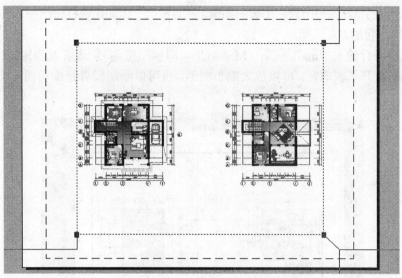

图 4-147　在布局中图形

读者朋友们会发现，我们只要改变一个夹点的位置，则整个矩形框的都可以放大或者是缩小。这个矩形框，称之为图纸空间中的"视口"。

确认矩形框在夹点选择状态下，我们通过图层工具条改变它的图层属性。我们把它放在名为"Defpoints"的图层中，这个"Defpoints"的图层在图形中显示，但是这个层是不会被打印出来的。换句话说，这个矩形不会出现在打印好的图纸上，打印出来的仅仅是矩形内部的图形（如图 4-148 所示）。

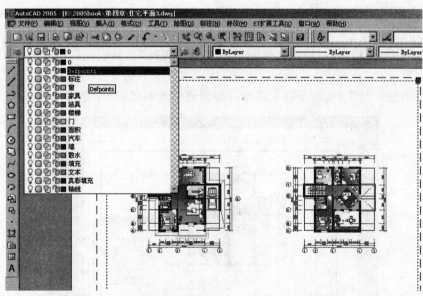

图 4-148　把矩形窗口定义为"Defpoints"的图层属性

现在，我们可以在布局中绘制图形，可以看到住宅平面显示在框内，但是不能编辑这个平面图。就好像我们隔着玻璃窗看室外的景物，虽然你可以看到外面的绿树蓝天，但是不能碰到它们。我们的目的是在布局中显示需要的图形，并且按照一定的比例打印出图，那么下面的过程可以达到这个目的。

然后在命令行输入"ms"回车（MSPACE，即模型空间），或者双击矩形框的内部。这就好比我们打开了玻璃窗。可以放大缩小图形，也可以添加或者是编辑图形（如图 4-149 所示）。

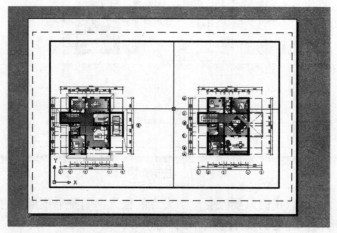

图 4-149　进入到矩形窗口的内部。

下面通过以下设置，将得到一个合适比例的图形。

1．双击矩形框的内部，进入框内。

2．在命令行键入"z"，执行"Zoom"命令。

3．在命令行提示："指定窗口角点，输入比例因子 (nX 或 nXP)，或[全部(A)/中心点(C)/动态(D)/范围(E)/上一个(P)/比例(S)/窗口(W)] <实时>:"，输入"S"，回车。

4．命令行接着提示："输入比例因子 (nX 或 nXP):"，我们在后面输入"1/100xp"，然后回车。

5．然后通过"P"（实时平移）命令，得到的如图 4-150 所示的图形。

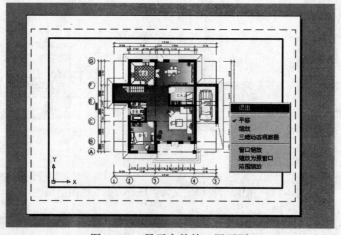

图 4-150　显示完整的一层平面

6. 确认，并退出"实时平移"命令。
7. 在命令行键入"ps"或者双击矩形框外部，回到布局中。我们设置的比例为 1∶100。
8. 这时矩形内部（视口）的平面图又不能被编辑了。

制作图框

按如图 4-151 所示的尺寸绘制图纸外框，标题栏的大小位置等等，会因为设计公司的差异而有所不同，读者可以根据自己的喜好绘制标题栏。这里的图纸框仅供参考。图框的线条也要区分颜色，一般的图纸边框线较细，图框线较粗。这里的图框线用了紫色（打印样式表中最粗的颜色），图纸边框线用的是红色。

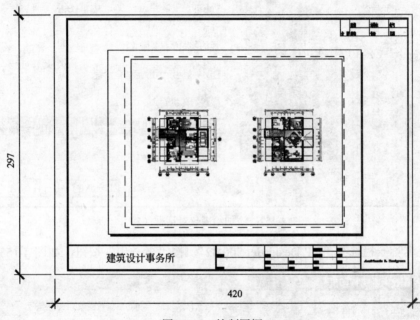

图 4-151 绘制图框

安装绘图仪

图形画好以后，需要打印出来便于观看以及同施工人员交流。下面讲一下打印的大致过程。现在我们以 HP DesignJet 500 42 绘图仪为例，说明 CAD 出图的过程。如果，没有相应的驱动程序，可以到中国惠普网站下载 (http://whp-sp-orig.extweb.hp.com/country/cn/zh/solutions/smb.html)。在 AutoCAD 中，我们按照长久遗留下来的习惯，默认输出设备为"Plot"即绘图仪。在针式打印机以后，打印机的精度大幅度提高，时下，很多单位已经更多的使用打印机出图了，这使得设计成本大幅度降低，AutoDesk 公司亦顺应潮流，大幅度的加强了对打印机的支持，但其本质依然为绘图仪控制。以下我们在论述出图设备的时候，会依 AutoDesk 的习惯，在一些情况下将出图设备称为绘图仪，在另一些情况下，将其称为打印机，请诸位看官莫要惊慌，其实，这两种称谓都是代表了打印出图设备而已。

页面设置及打印

1. 首先，为 AutoCAD 添加绘图仪，菜单：文件/绘图仪管理器。
2. 在 Plotters 中双击"添加绘图仪向导"图标，弹出"添加绘图仪"对话框，按"下一步"按钮。然后，选择"系统打印机"选项，如图 4-152 所示。

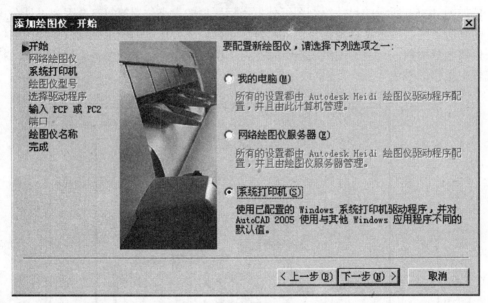

图 4-152 添加绘图仪对话框（1）

3. 在名称一栏选择"HP DesignJet 500 42"，按"下一步"按钮，如图 4-153 所示。

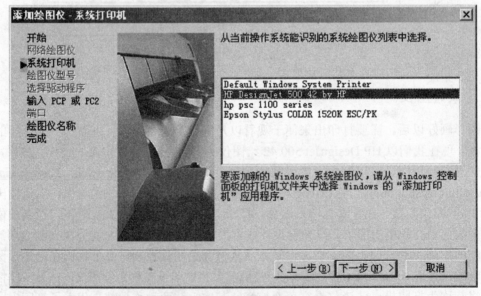

图 4-153 添加绘图仪对话框（2）

4. 往下按"下一步",直至完成。
5. 选择菜单:文件/页面设置管理器,如图 4-154 所示,选择"布局 1",按下"修改"按钮。

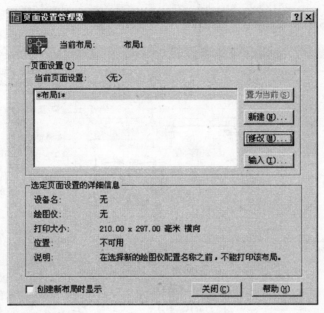

图 4-154　页面设置管理器

6. 打开了"页面设置-布局 1"对话框,"打印机/绘图仪"选择框中,在名称一栏选择"HP DesignJet 500 42"。如图 4-155 所示。

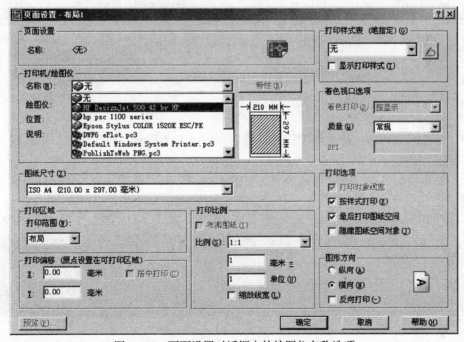

图 4-155　页面设置对话框中的绘图仪名称选项

注意！这个页面的设置，仅仅对于本布局有效！

7. 如图 4-156 所示设置。

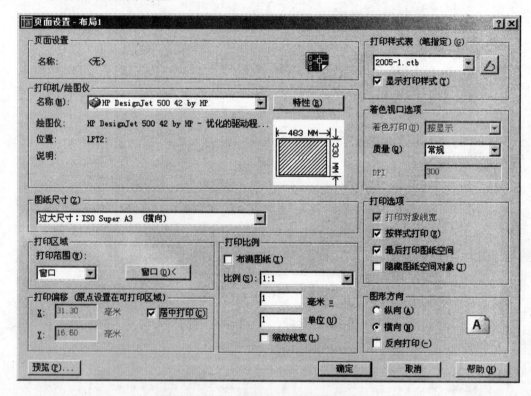

图 4-156　页面设置对话框中的选项设置

8. 按下"窗口"按钮，用捕捉选择图框。
9. 按下"确定"按钮，
10. 关闭页面设置管理器。
11. 双击视口内部，进入模型空间，然后如图 4-157 所示，在当前视口中冻结"真彩填充"这个图层。
12. 双击视口外部，然后得到的图形如图 4-158 所示，"真彩填充"在布局中消失。它将不能被打印出来。

提示：在建筑装饰制图中，除了需要平面布置图以外还需要顶棚图、插座布置、平面标注等等，这些图形可以使用同一组墙体，只要把它们各自设清楚图层，通过建立布局、冻结或解冻在当前视口中的部分图层，就可以控制需要的图形打印输出。这样绘图的效率会成倍的提高。

第4章 制图的技巧

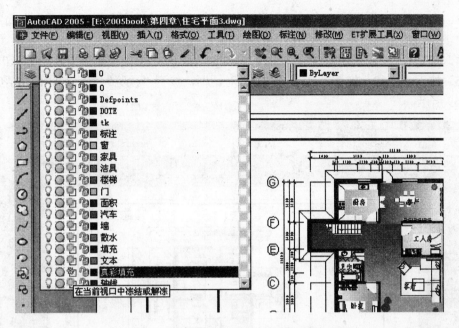

图 4-157 在当前视口中冻结"真彩填充"图层

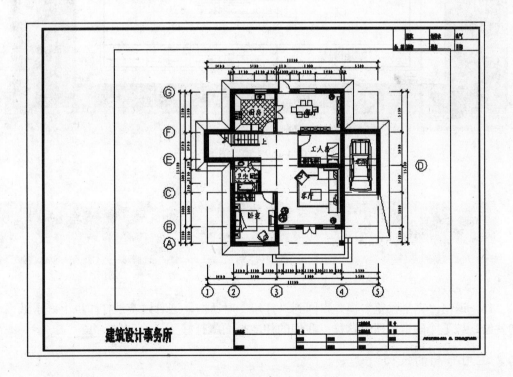

图 4-158 设置好的图形

13. 在"布局1"上按下右键,在弹出的菜单中选择"重命名"。在"重命名布局"对话框中,命名此布局为"A3-01"。

14. 选择视口的矩形框,把它放到 defpoints 图层上。这个矩形框也不能被打印出来。

15. 按下 Ctrl+P,打开"打印 A3-01"对话框,按下"预览"按钮,屏幕显示应该如图 4-159 所示。

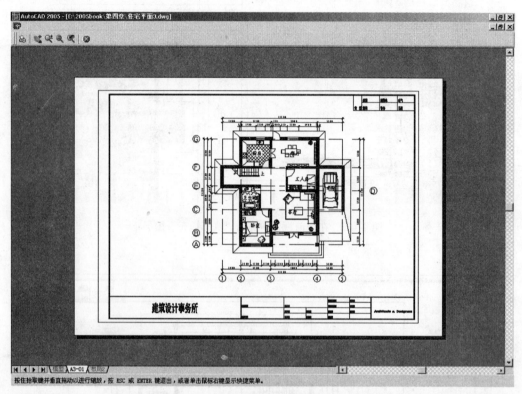

图 4-159　预览图形

> 注意:在布局中,有一个虚线显示的矩形框,这个矩形框为打印机有效打印范围,超出部分打印机将不能打印,正确的设置应该如图 4-156 一致,图纸边框正好位于虚线框内。

16. 退出"完全预览"模式,回到"打印"对话框,这时候若是打印机上好了纸,一切就绪,按下"确定"钮。这样,我们的住宅平面就打好了。

运用布局的技巧

这栋住宅有两层,那么就需要两张图纸打印出来。所以我们再设一个布局。

1. 在布局选项卡"A3-01"上单击右键,在菜单中选择"移动或复制"(如图 4-160 所示)。

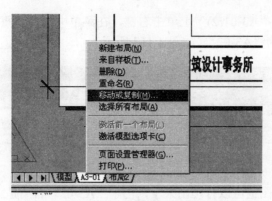

图 4-160　选择移动或复制

2．在弹出的"移动或复制"对话框中选择"布局2"，并且点选下方的"创建副本"，按下"确定"钮（如图 4-161 所示）。

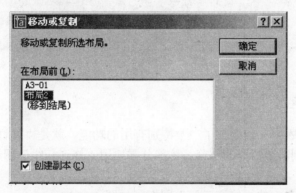

图 4-161　"移动或复制"对话框

3．单击"A3-01(2)"选项卡，双击进入矩形视口，用"实时平移"命令把二层的平面显示在视口中（如图 4-162 所示）。

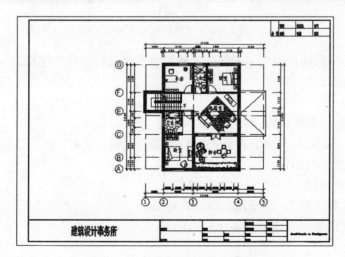

图 4-162　在视口中显示二层的平面

4. 在布局选项卡"A3-01(2)"上单击右键,在菜单中选择"重命名"。弹出"重命名布局"对话框,命名为"A3-02"(如图 4-163 所示)。

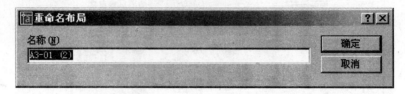

图 4-163　重命名布局对话框

5. 这样二层平面图也可以打印出来了,由于"A3-02"布局是"A3-01"复制得来的,"A3-01" 布局中的设置在这里同样有效,直接打印出图即可。

> 提示:很多情况下,我们要打印很多图纸,但这些图纸的图框、标题栏大部分是一样的,所以我们可以把图框定义为"块",不同的图纸,用图纸名称和图号以及比例加以区别,可以为每一张图纸设一个布局。这样非常节省计算机的资源。

修订云线的运用

AutoCAD2005 版本开始增加了一个特别有用的功能,就是"修订云线"。在建筑施工图之中经常会涉及到需要修订的部分,这部分需要用"修订云线"圈起来,以表示这部分为修订的部分。

1. 在绘图工具条中的"修订云线"图标(如图 4-164)。

图 4-164　"修订云线"图标

2. 在图中用矩形圈出卫生间的部分,然后单击"修订云线"图标。
3. 命令行提示:
命令:_revcloud
最小弧长: 75　　最大弧长: 75　　样式: 普通
指定起点或 [弧长(A)/对象(O)/样式(S)] <对象>:　输入"a",
指定最小弧长 <75>: 10
指定最大弧长 <10>:
4. 提示"选择对象:",选择刚刚画好的矩形。
5. 最后得到的图形应该如图 4-165 所示。

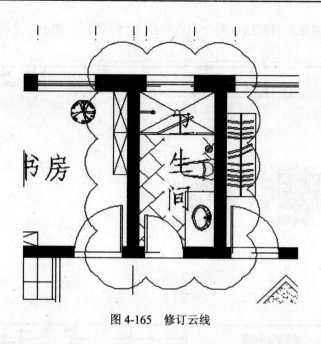

图 4-165　修订云线

建立多个视口

AutoCAD 可以在同一个布局中设置多个不同的视口，这些视口显示的图形可以是不同的比例以及不同的视角。在二维图纸当中，我们经常会遇到需要在同一张图纸中打印不同比例图形的问题，视口的设置帮助我们实现了这一点。

1. 先删除"A3-02"布局中的视口，在菜单中选择：视图/视口/一个视口（如图 4-166）。同时，把"Defpoits"定义为当前层。

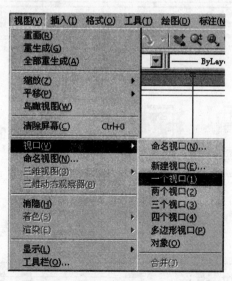

图 4-166　菜单：视图/视口/一个视口

2. 用左键确定矩形对角线的两个点，如图 4-167 所示，拽出一个视口。

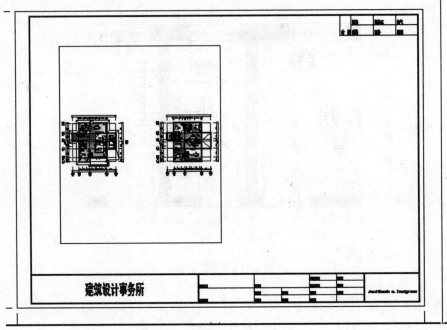

图 4-167　一个视口

3. 拽出的视口内部会显示目前模型空间的所有图形，也就是说两层楼全都显示了出来（如图 4-167 所示）。

4. 把视口复制一个，如图 4-168 所示。

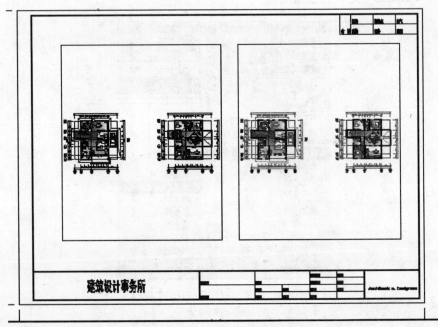

图 4-168　布局中出现两个视口

5. 把左边的视口内部图形比例设为1∶200，另外的一个设为1∶50（只能显示局部），如图4-169所示。这样是为了更清楚地显示在视口中冻结"真彩填充"图层。

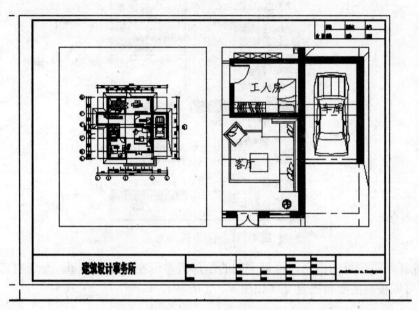

图4-169 布局中的两个视口分别显示了两种比例

建立异型视口

我们可以用异型的视口来显示图形的细部，下面举例说明。

1. 删除上面建立的两个视口。同时在布局内部画一个圆形（如图4-170所示）。

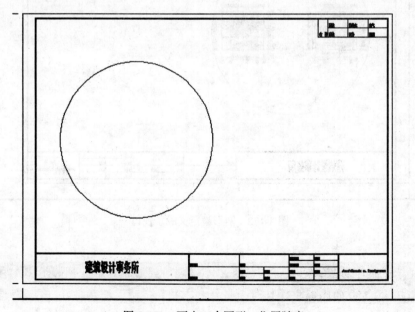

图4-170 画出一个圆形，位置随意

2. 在菜单中选择：视图/视口/对象（如图 4-171）。

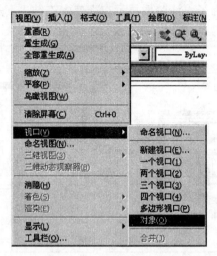

图 4-171　视图/视口/对象

3. 选择刚刚画好的圆形。模型空间的图形板显示在圆圈里面了，至于打印出图的比例，读者可以根据需要自己定义（如图 4-172 所示）。

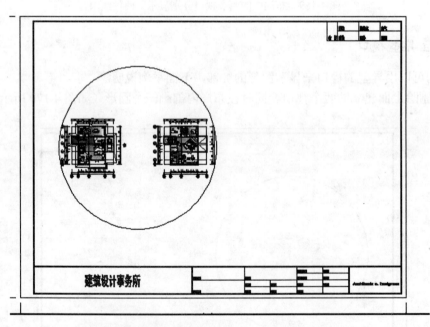

图 4-172　圆形被定义成了视口

> 提示：文字标注、图纸说明等等都可以应用到布局当中。例如图 4-173，两层的平面图按 1∶150 的比例放置在同一布局中，并且标明了图名。

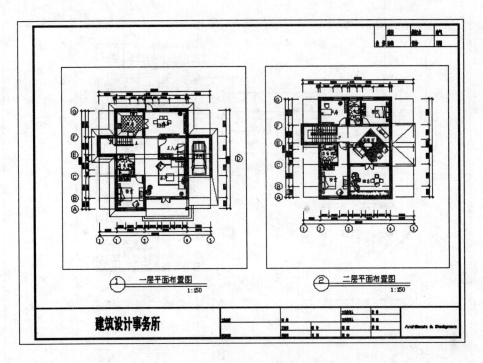

图 4-173 两层平面放在同一布局中

实际的绘图当中,上面提到的都是经常使用的命令,把这些命令熟练运用,能提高二维工程制图的效率。图 4-174～图 4-180 是某些工程应用的实例。

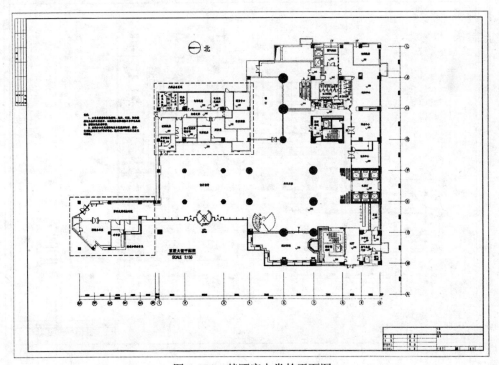

图 4-174 某酒店大堂的平面图

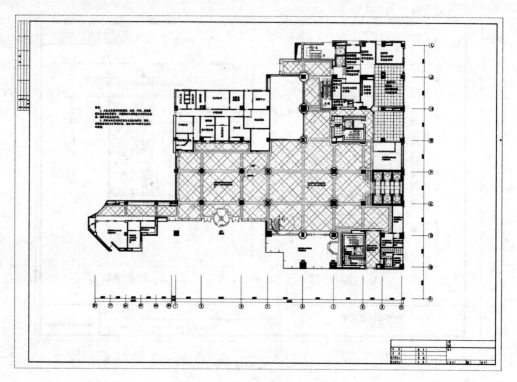

图 4-175　某酒店大堂的地坪图

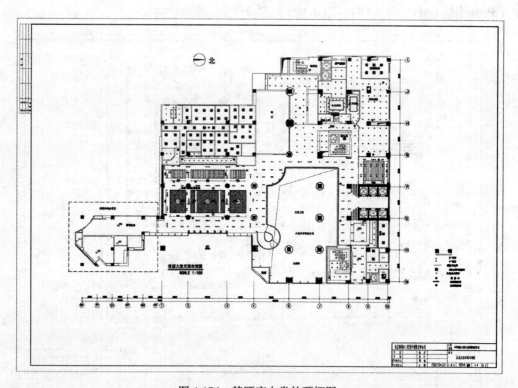

图 4-176　某酒店大堂的顶棚图

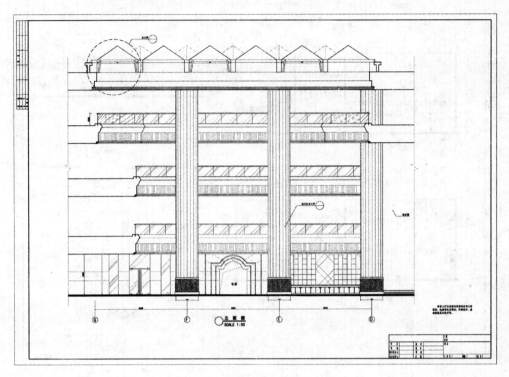

图 4-177 某酒店大堂的立面图之一

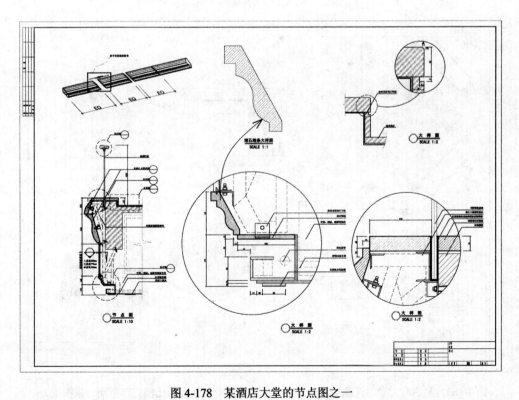

图 4-178 某酒店大堂的节点图之一

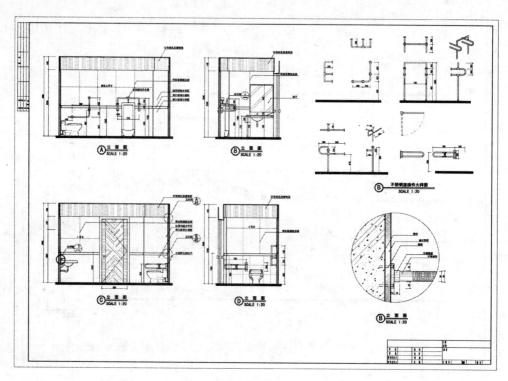

图 4-179 某酒店残疾人卫生间的立面及节点图之一

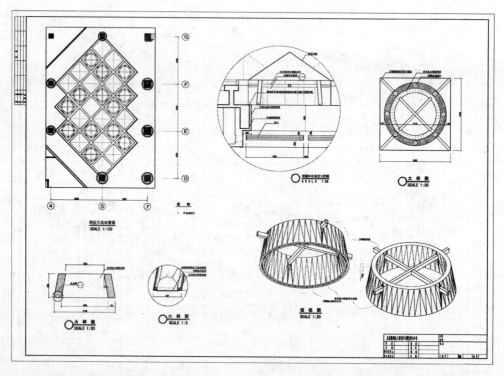

图 4-180 某酒店大堂的天花节点图之一（这里就是应用了不同比例打印至同一张图纸）

上面的几张工程图就是应用了前面介绍的这些绘图方法绘制而成的。通过图层的控制同一个文件可以打印出不同的部位的图纸。这就是图纸空间的优势。

4.5 本章练习

绘制出这住宅的顶棚布置图以及客厅的立面图（其中包涵一个大比例的节点图）。增加一张立面指向图，并在图签上标明图号以便索引至立面所在图纸。

下篇

三维设计部分

第5章 初 识 三 维

老实说，怎么找一个小型的又比较完整的三维实例还的确很让我伤脑筋。做一个虚拟的三维建筑，的确是一件麻烦的事情，在这些年的工作中，我甚至也多次想到放弃，当然，随波逐流会轻松许多。可是，看到中国的建筑设计一次次被……，心有不甘！所以，我也认为你是一个不知道麻烦的家伙，一个希望为中国的建筑做出些什么的家伙，一起去走一条铺满荆棘的道路。

在这章，我会和你一起建立一个被戏称为："COPY OF 天安门"的STUDY模型。很儿童，但，这是基础。

5.1 欢迎进入三维世界

我们假设哪天有个很有眼光的年轻夫妇（或者是比较阿呆的，反正是被你说服了）找到你，要你给他们设计套别墅。给你的条件是（平面如图5-1）：

①郊外的50m×60m的场地；
②马厩；
③停车；
④会客；
⑤有情调，能开Party……
……

经过现场研究，我方提出：
①由于远离市区，必须单独提供生活所必需的供暖、供水问题；
②由于附近地下水资源丰富，可以满足小戏水池需水量！
③很幸运，我们的主要交通路线可以由侧南方向引申。

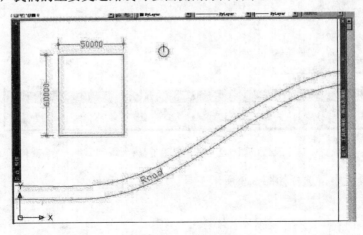

图5-1 平面位置图

5.1.1 做简单的楼体研究模型

5.1.1.1 第一个方盒子

当然,前面的一些非 AutoCAD 类的基础研究,我们不在这里提了。我们现在开始制作一个简单的模型来研究建筑物、构筑物、辅助用房、道路、水池的关系。

在任意工具栏位置单击右键,打开视图工具栏(别告诉我说你不会啊,那你先去补基础好了),如图 5-2 所示。

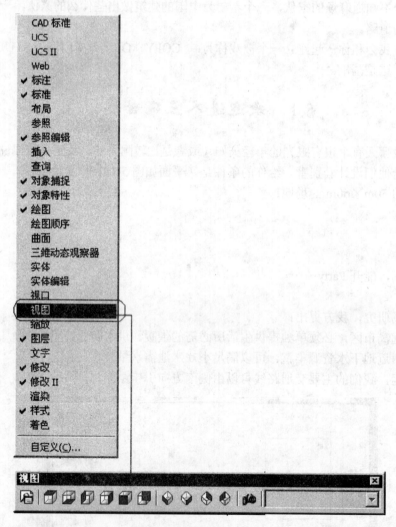

图 5-2 打开视图工具栏

在视图工具栏中,选择如图 5-3 所示工具。

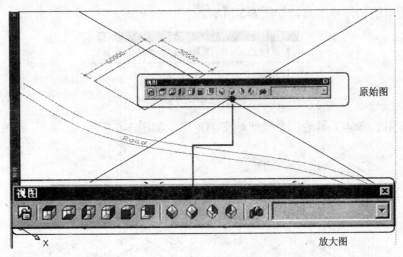

图 5-3 选择轴测视图的按钮原始图及放大图（背景为轴测观察的平面）

我们使用轴测视图来进行设计。在这种视图中，可以方便地观察、修改三个维度的信息，并且，这种轴测的视图，由于没有灭点计算，在 AutoCAD 的三维视图中是刷新显示最快的，可以让我们很方便快捷地从 4 个不同的侧方向观察并修改我们的模型。所以，在以后的日子里，我们大量的时间会工作在这类轴测视图中。它就如同我们传统设计中的一张纸，但是，请注意这张纸是三维的；或者说，这是一个让我们来任意搭建模型的空间更为贴切。

好了，我们现在该把我们作图用的笔，拿出来了。

如图 5-4，单击右键，打开实体工具栏：

图 5-4 打开实体工具栏

选择其中的长方体工具,如图 5-5 所示。

图 5-5 选择长方体工具

我们先用长方体工具造一个坐北朝南的正房,如图 5-6 所示。

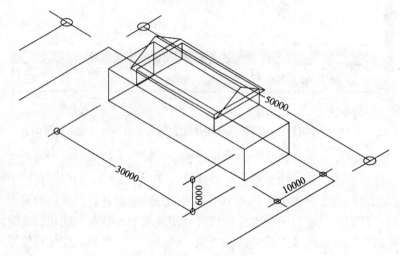

图 5-6 正房图示

这里,我们以一个四方的盒子代表一个宽 30m,进深 10m,高 6m 的两层房子。

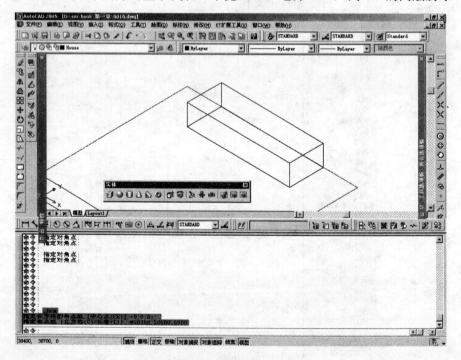

图 5-7 画出正房时命令行显示

我们注意，上面图 5-7 中命令行里面灰色的地方。我们按下长方体按钮，在命令行里面，会出现如图 5-8 所示。

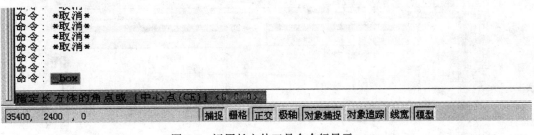

图 5-8 运用长方体工具命令行显示一

我们先在里面任意点一点，随后出现的命令如图 5-9 所示。

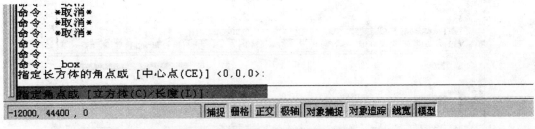

图 5-9 运用长方体工具命令行显示二

后面填上：@30000,10000,6000，如图 5-10 所示。

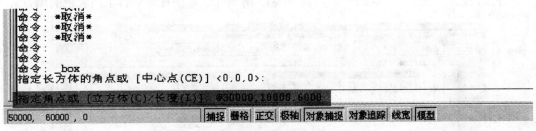

图 5-10 运用长方体工具命令行显示三

然后，回车（别问我什么叫回车!），房子建好了！

5.1.1.2 方盒子房子的移动就位

下一步就是把它放到它应当的位置上去！

我们用二维时候的 MOVE 命令来实现，如图 5-11 所示。

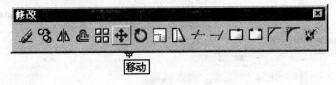

图 5-11 修改工具条中移动工具

MOVE，然后捕捉房子后面的中点，如图 5-12 所示。

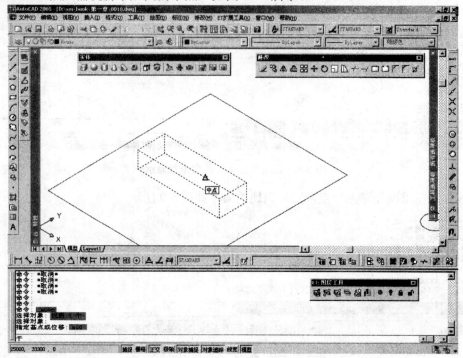

图 5-12 捕捉中点

再把它拖拽到后面红线的中点，如图 5-13 所示（注意图片命令行里面灰色的地方）。

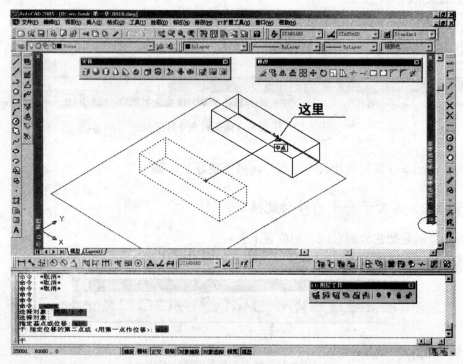

图 5-13 选取红线中点

选取红线中点,点击,成功,如图 5-14 所示。

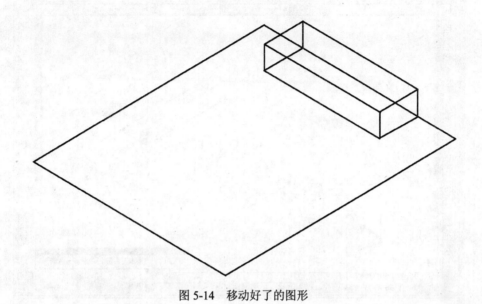

图 5-14 移动好了的图形

5.1.1.3 方盒子上面的第二个方盒子

我们房子的第一部分做好了。

下面我们要做的是它上面部分的楼体:

同第一个盒子一样,用图 5-15 的长方体做一个宽 17000、进深 10000、高 3000 的方盒子,并把它放在原先做的盒子的上面:

图 5-15 选择长方体工具

提示如图 5-16 所示。

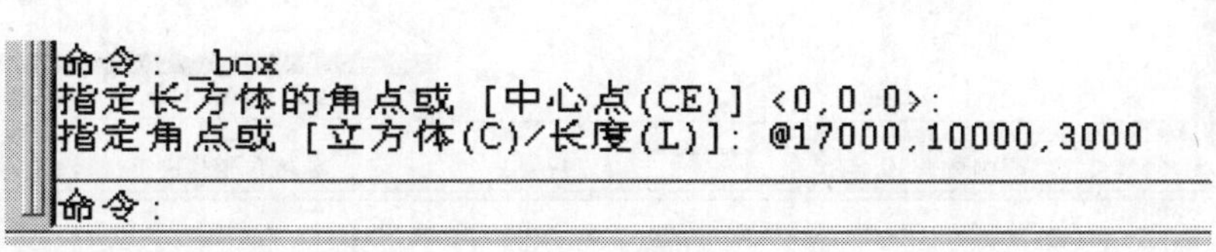

```
命令: _box
指定长方体的角点或 [中心点(CE)] <0,0,0>:
指定角点或 [立方体(C)/长度(L)]: @17000,10000,3000
命令:
```

图 5-16 命令行提示

完成如图 5-17 所示。

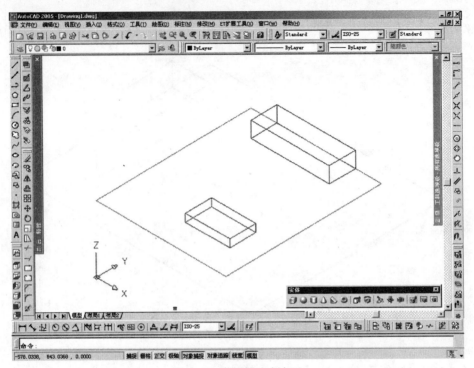

图 5-17 完成第 2 个盒子

把它移到前一个盒子的顶上，中点对齐如图 5-18 所示。

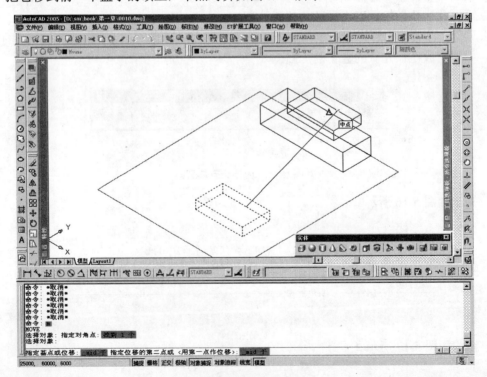

图 5-18 放置好的图形

5.1.1.4 打造屋顶

下面,我们造它的屋顶:

在这里,我们还是先造盒子,但是,这次,我们的盒子有点麻烦,我们需要屋顶外飘500,于是,我们先在第二层的方盒子上用 PLINE 画条边线,注意一定要让它闭合,如图 5-19 所示。

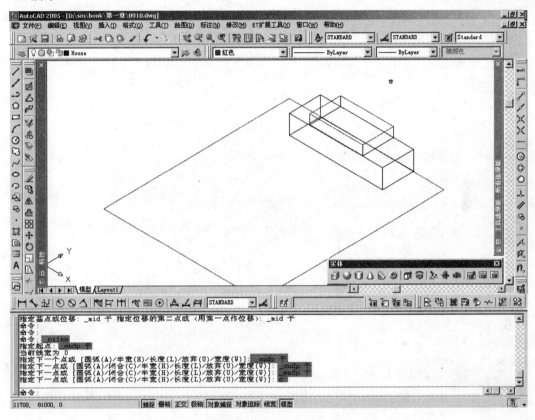

图 5-19 在第二层盒子上画边线

对这条 PLINE 线,向外偏移 500,命令行提示如图 5-20 所示。

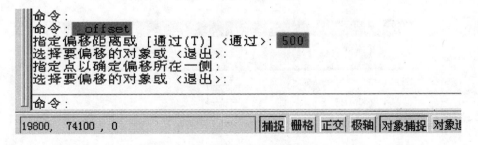

图 5-20 偏移的命令行提示

成图如图 5-21 所示。

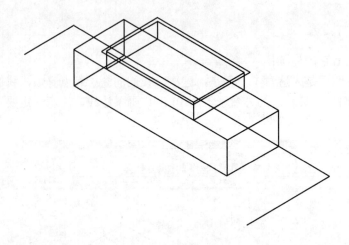

图 5-21　成图

删除内部的辅助线得图 5-22。

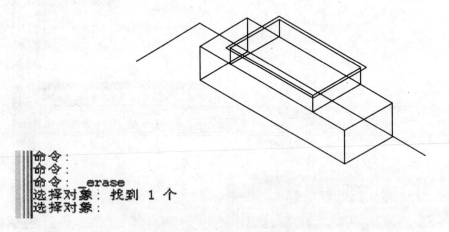

图 5-22　删除辅助线

现在，用如图 5-23 的工具把刚才的 PLINE 往上拉伸 2000。

图 5-23　拉伸工具

命令及所得结果如图 5-24 所示。

第5章 初识三维

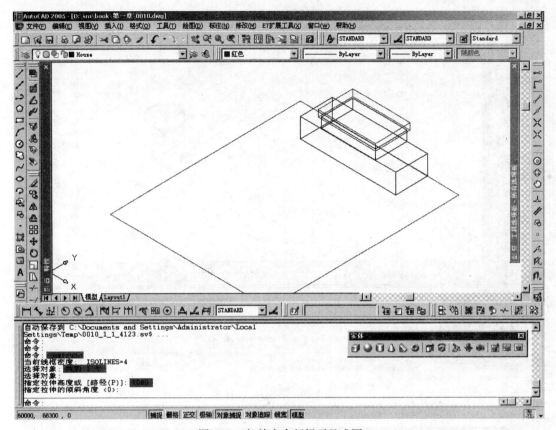

图 5-24 拉伸命令行提示及成图

现在，我们来切割刚才创建的盒子：
用如图 5-25 的剖切工具：

图 5-25

我们用剖切工具，选择刚才拉伸出来的盒子，回车，出现选择对话，回车选默认的三点选择。机器让你选第一点，我们选取盒子的一个端点，如图 5-26 所示。
选盒子的另一个端点，作为第二点，如图 5-27 所示。

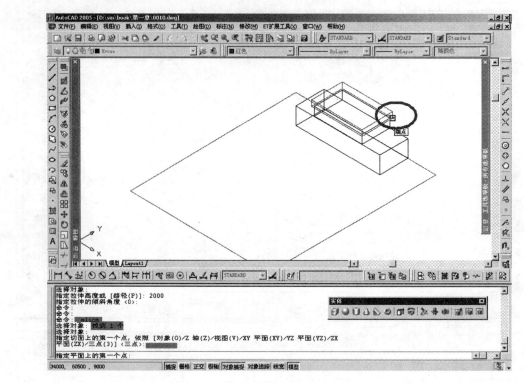

图 5-26 选取第一点

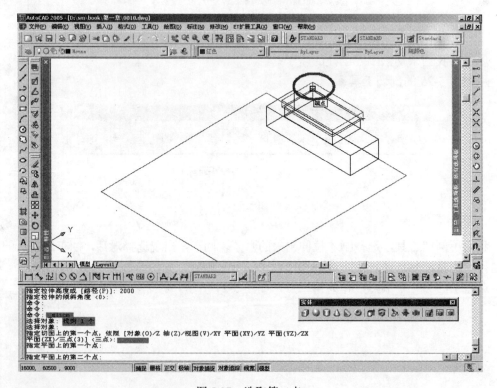

图 5-27 选取第二点

现在要选择盒子上边的中线为第三点，如图 5-28 所示。

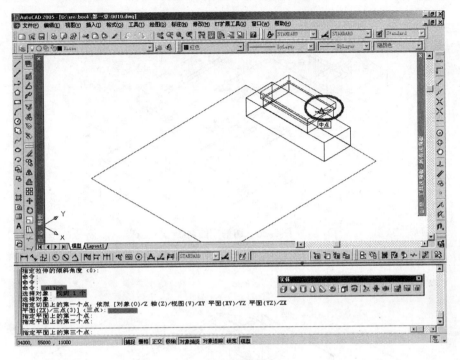

图 5-28　选取第三点

现在，AutoCAD 会反馈消息，如图 5-29，问你是要选择切割平面外一点来选择保留的一侧，还是两侧都保留，保险起见，我们选择"B"两侧的都保留。

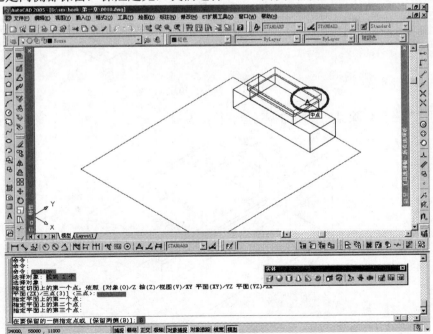

图 5-29　命令行提示

回车，我们看到盒子被切割成如图 5-30 的样子。

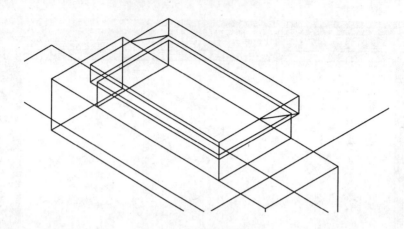

图 5-30　切割后的盒子

我们删除背脊方向的小三角块，得图 5-31。

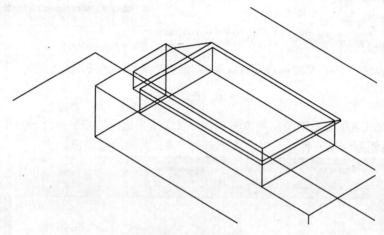

图 5-31　删除三角块

用同样方法，切除另外一侧的小三角，得图 5-32。

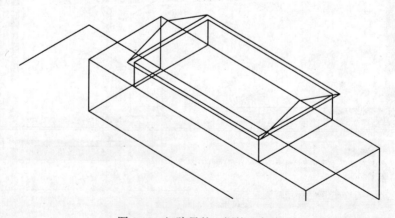

图 5-32　切除另外一侧的三角块

5.1.2 轴测消隐观察

现在，我们观察下，用消隐-hide 命令，在 AutoCAD 初始配置中简化为：hi。消隐后，如图 5-33 所示。

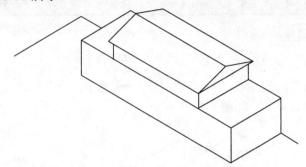

图 5-33 消隐后的轴测图

这个就是坐北朝南正房的轴测消隐图。

5.2 三维的下一步

5.2.1 两个同样方形的配接

我们同样用图 5-34 的长方体工具来做它的东侧配房：
随便选一点，用长方体工具。

图 5-34 长方体工具

然后命令行里面打：@10000,6800,3000 建立一个盒子，把它移动到我们做的第一个盒子东侧旁边，注意端点对齐，如图 5-35 所示。

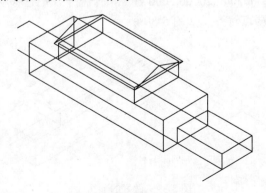

图 5-35 做好的东侧配房

同样用长方体工具来做它的西侧配房：
随便选一点，用图 5-36 的长方体工具。

图 5-36　选择长方体工具

然后命令行里面打：@10000,5000,3000 建立一个盒子，把它移动到我们做的第一个盒子西侧旁边，注意端点对齐，如图 5-37 所示。

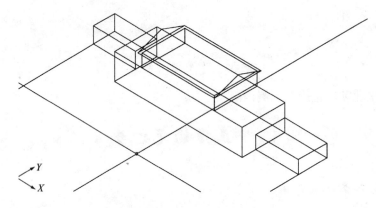

图 5-37　做好的西侧配房

同样用长方体工具来做它的西侧配房的前房：
随便选一点，用长方体工具如图 5-38 所示。

图 5-38　选择长方体工具

然后命令行里面打：@5000,20000,3000 建立一个盒子，把它移动到我们做的表示西侧配房的盒子前边，注意端点对齐，如图 5-39 所示。

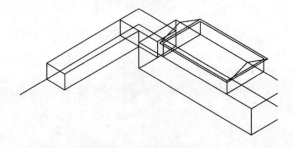

图 5-39　做好的前房

5.2.2 半圆柱型的露台

下面，我们来做屋子前面的露台：

我们用如图 5-40 的实体工具栏里面的圆柱体工具绘制。

图 5-40　选择圆柱体工具

任意选一点作为中点，然后输入圆柱体的直径 9000，高 1200，如图 5-41 所示。

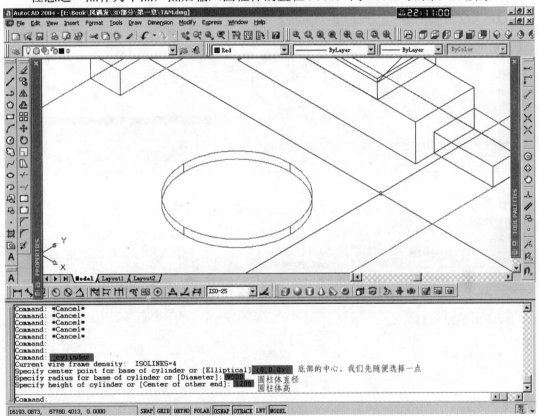

图 5-41　做好的露台

下面，我们要沿直径切割这个圆柱体：

还是用如图 5-42 的剖切命令。

图 5-42　选择剖切工具

选圆柱体，选择默认的三点方式，选圆柱体与主体房子平行的面的三个四分点。

不过，这次我们不选[keep Both sides]（保留两个侧面）的选项，而是选择如图的四分点来切割，如图 5-43 所示。

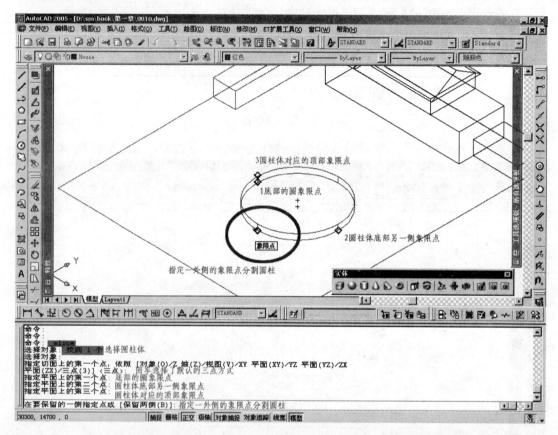

图 5-43　剖切露台的命令行提示

其结果如图 5-44 所示。

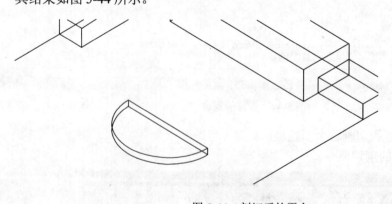

图 5-44　剖切后的露台

移动半圆柱体：

用 Move 命令，捕捉中点，把半圆柱体移动到主房屋的下底中点，如图 5-45 所示。

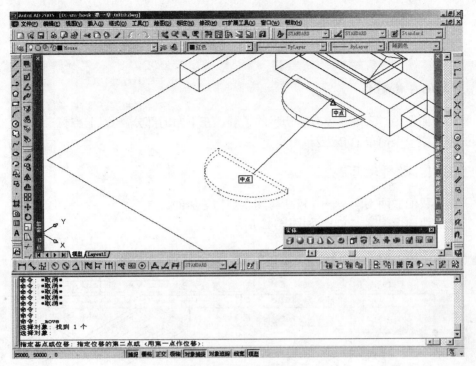

图 5-45 移动半圆柱体

再用 Move 命令,选择半圆柱,再随便选个基点,在选择第二点的时候打:@0,0,2800,这样,我们就把它往上移动了 2800mm,如图 5-46 所示。

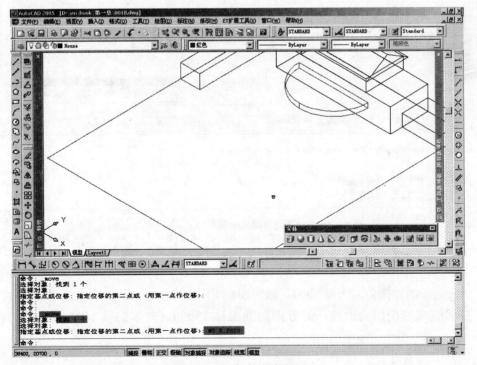

图 5-46 再向上移动 2800

5.3 再做一步

5.3.1 南配房的制作

我们前面已经对三维建模有了初步的了解,在下面的部分,我们会对三维建模的比较复杂的方式做一个简单的介绍。

5.3.1.1 放样做马厩

下面,我们做西南配房——包括马厩、杂物等房间。

将外红线向内偏移 5000,如图 5-47 所示。

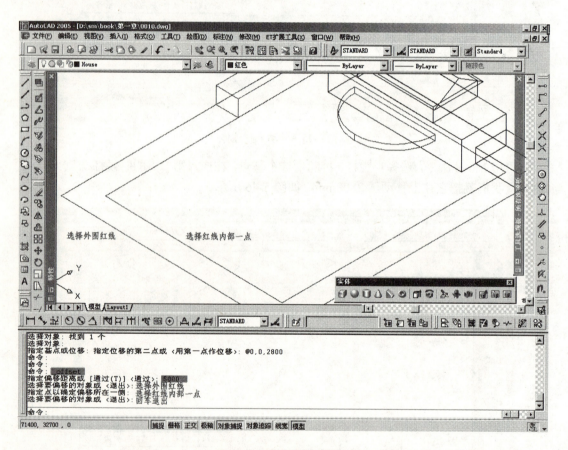

图 5-47 外红线向内偏移

然后对新的线圆角,半径 5000,如图 5-48 所示。

在弧线端点引出辅助线,并分别向北偏移 15000,向东偏移 10000,如图 5-49 所示。

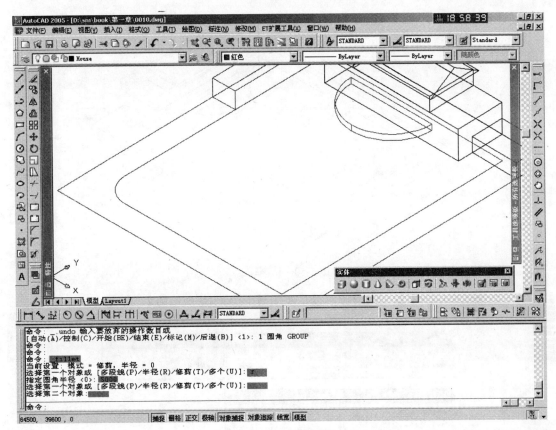

图 5-48 对新线圆角

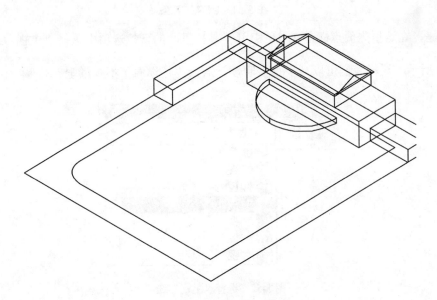

图 5-49 偏移辅助线

切割向内偏移复制圆角的辅助线，如图 5-50 所示。

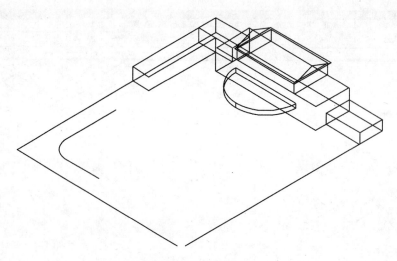

图 5-50 切割辅助线

下面，我们应当用到三维设计中很重要的另一个工具——UCS，如图 5-51 所示。

图 5-51 UCS 工具条

但是，在这里先偷点懒，在 UCS II 工具栏里面的下拉选项中选择"主视"选项，如图 5-52 所示，这样我们可以减少很多麻烦，众云：是你偷了不少懒吧？！

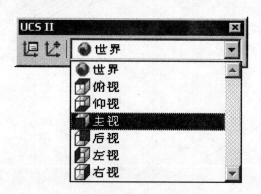

图 5-52 选择"主视"选项

注意坐标表示点和十字叉丝的变化，如图 5-53 所示。

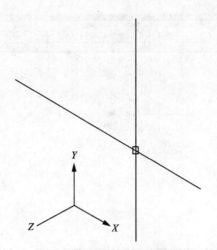

图 5-53　主视状态下的坐标

下面，我们做一个矩形：5000（宽）×3000（高），如图 5-54 所示。

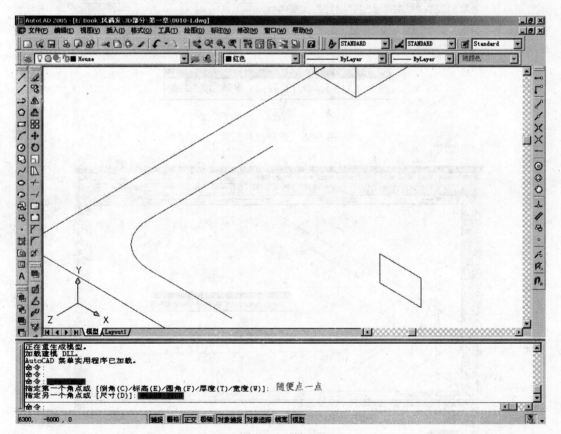

图 5-54　做矩形

并且把它移动、对齐到线的端点，成图如图 5-55 所示。

以先前的 PLINE 线做路径，用如图 5-56 的拉伸工具拉伸它，成图如图 5-57 所示

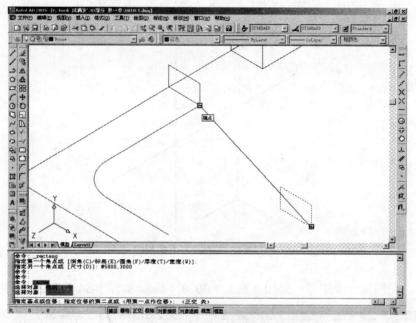

图 5-55　对齐后的矩形

图 5-56　选择拉伸工具

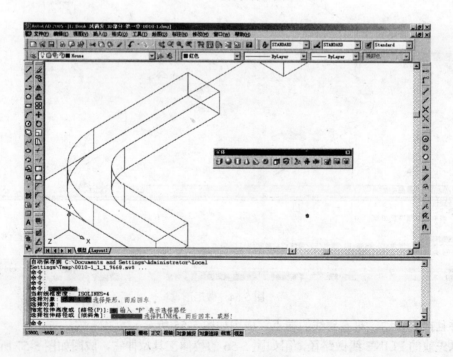

图 5-57　拉伸后的图形

5.3.1.2 马厩的顶棚

做它的单坡屋顶将近 1/100 的坡度，如图 5-58 所示。

命令: _pline
指定起点: 选择屋脚的一个端点
当前线宽为 0
指定下一个点或[圆弧(A)/半宽(H)/长度(L)/放弃(U)/宽度(W)]: <正交 开> 500 向上 500
指定下一点或[圆弧(A)/闭合(C)/半宽(H)/长度(L)/放弃(U)/宽度(W)]: 捕捉屋脚的另一端点
指定下一点或 [圆弧(A)/闭合(C)/半宽(H)/长度(L)/放弃(U)/宽度(W)]: 回车，完成命令

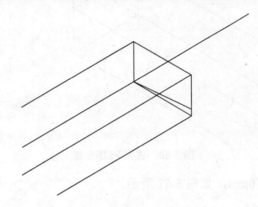

图 5-58　画 PLINE 线

把刚才的 PLINE 线移到屋顶，如图 5-59 所示。

命令: _move
选择对象: 选择 PLINE 线找到 1 个
选择对象: 选择完毕
指定基点或位移: 选择 PLINE 线的端点
指定位移的第二点或 <用第一点作位移>:选择屋顶的相应端点

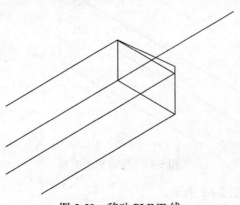

图 5-59　移动 PLINE 线

把 PLINE 线放大 10%，如图 5-60 所示。
命令: _scale
选择对象: 找到 1 个 选择 PLINE 线
选择对象: 选择完毕
指定基点: 选择 PLINE 线起点为放大的原点
指定比例因子或 [参照(R)]: 1.1 输入放大比例 1.1

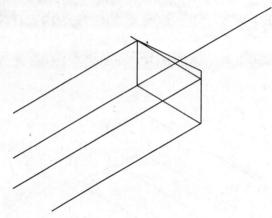

图 5-60　放大 PLINE 线

把 PLINE 线移动 250mm，如图 5-61 所示。
命令: _move
选择对象: 找到 1 个 选择 PLINE 线
选择对象: 选择完毕
指定基点或位移: 选择 PLINE 线的一个端点并且水平给出一个方向
指定位移的第二点或 <用第一点作位移>: 250 给出平移的距离 250 完毕

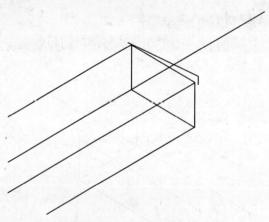

图 5-61　移动 PLINE 线

闭合 PLINE 线，如图 5-62 所示。
命令: _pedit 选择多段线或 [多条(M)]: 选择 PLINE 线

输入选项
[闭合(C)/合并(J)/宽度(W)/编辑顶点(E)/拟合(F)/样条曲线(S)/非曲线化(D)/线型生成(L)/放弃(U)]: c 给出自闭合命令"闭合(C)"!
输入选项
[打开(O)/合并(J)/宽度(W)/编辑顶点(E)/拟合(F)/样条曲线(S)/非曲线化(D)/线型生成(L)/放弃(U)]: 回车完成命令

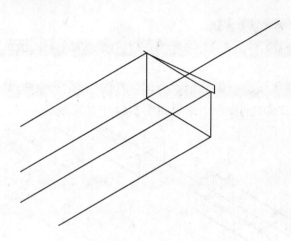

图 5-62 闭合 PLINE 线

同样画一条路径线:
先回到 WORLD 的坐标系。
UCS Ⅱ工具栏里面的下拉选项中选择世界选项,如图 5-63 所示。

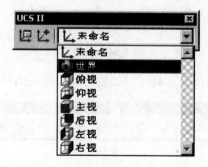

图 5-63 选择"世界"选项

沿配楼的墙脚描一条 PLINE 线,作为新的路径线:
命令:_pline
指定起点: 描屋脚的一个端点
当前线宽为 0
指定下一个点或 [圆弧(A)/半宽(H)/长度(L)/放弃(U)/宽度(W)]: 到屋脚弧线前另一个端点
指定下一点或 [圆弧(A)/闭合(C)/半宽(H)/长度(L)/放弃(U)/宽度(W)]: a 准备作弧线

指定圆弧的端点或[角度(A)/圆心(CE)/闭合(CL)/方向(D)/半宽(H)/直线(L)/半径(R)/第二个点(S)/放弃(U)/

宽度(W)]: s 给出子命令，以第二点确定弧线

指定圆弧上的第二个点: _qua 于 调动象限点捕捉

指定圆弧的端点: 指定象限点

指定圆弧的端点或[角度(A)/圆心(CE)/闭合(CL)/方向(D)/半宽(H)/直线(L)/半径(R)/第二个点(S)/放弃(U)/

宽度(W)]: l 子命令准备作直线

指定下一点或 [圆弧(A)/闭合(C)/半宽(H)/长度(L)/放弃(U)/宽度(W)]: 捕捉屋脚的另一个端点

指定下一点或 [圆弧(A)/闭合(C)/半宽(H)/长度(L)/放弃(U)/宽度(W)]: 回车，完成描线

PLINE 先描边如二维中的操作。结果如图 5-64 中加粗线条。

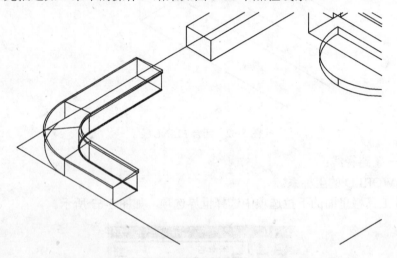

图 5-64 描线

我们用如图 5-65 所示的拉伸工具，以加粗的线为路径放样三角形。

图 5-65 选择拉伸工具

命令: _extrude

当前线框密度: ISOLINES=4

选择对象: 找到 1 个 选择三角形

选择对象: 回车完成选择

指定拉伸高度或 [路径(P)]: p 指定子命令 Path

选择拉伸路径或 [倾斜角]: 选择路径，完成拉伸

完成，如图 5-66 所示。

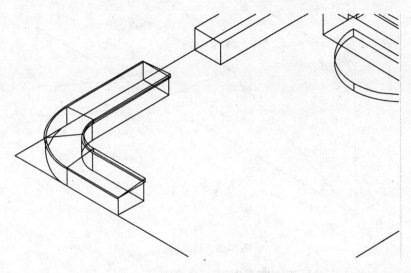

图 5-66　放样三角形

现在，把图纸放到最大，消隐一下，如图 5-67 所示。

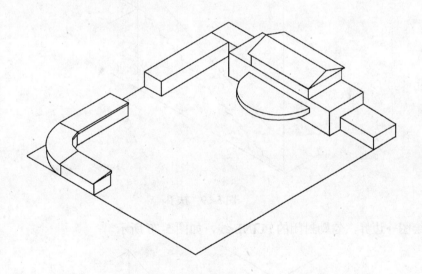

图 5-67　消隐后图形

5.3.2　用旋转及抽壳做台阶

5.3.2.1　旋转的台阶基础

现在，我们来做上楼的台阶了：
作辅助线，如图 5-68 所示。

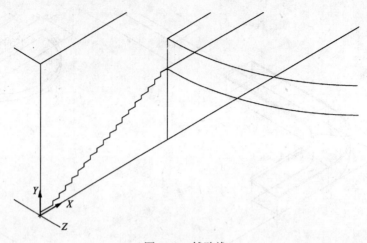

图 5-68 辅助线

按辅助线做台阶上面的扶手高度,如图 5-69 所示。

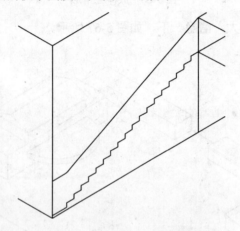

图 5-69 扶手

通过绘图→边界,勾勒封闭的 PLINE 线,如图 5-70 所示。

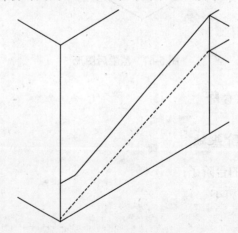

图 5-70 勾勒封闭的 PLINE 线

通过如图 5-71 的旋转工具进行三维造型旋转，做出台阶大模，如图 5-72 所示。

图 5-71　选择旋转工具

命令: _revolve
当前线框密度：ISOLINES=4
选择对象：找到 1 个
选择对象：
指定旋转轴的起点或
定义轴依照 [对象(O)/X 轴(X)/Y 轴(Y)]:
指定轴端点：
指定旋转角度 <360>: 180

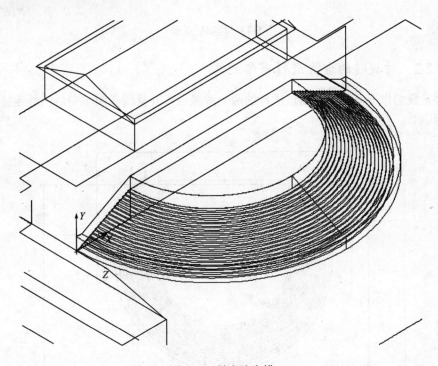

图 5-72　做台阶大模

为了看清楚，消隐一下，如图 5-73 所示。

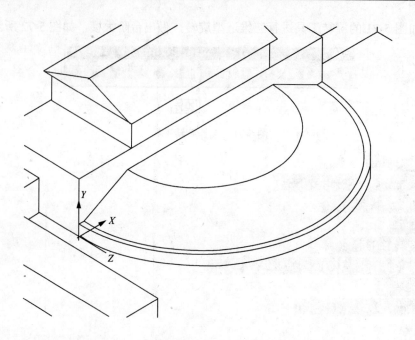

图 5-73 消隐后图形

5.3.2.2 对旋转的台阶进行布尔运算

下面,我们作一个圆弧,通过挑台的两个垂线点,并且圆弧两端向后引线连接,如图 5-74 所示。

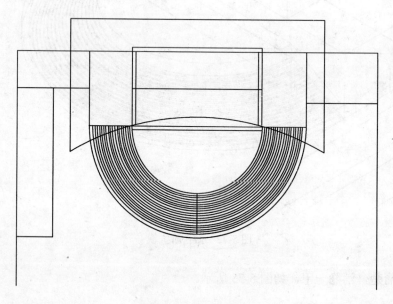

图 5-74 做一个圆弧

将圆弧向前偏移 3500,并且同样,将圆弧两端向后引线连接,如图 5-75 所示。

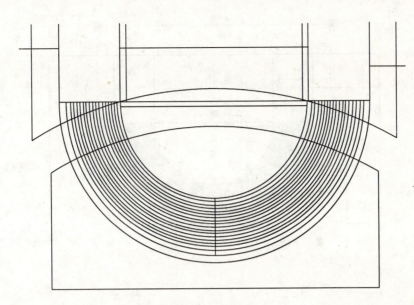

图 5-75 偏移弧线

将两边的圆弧和线分别连接成 PLINE 线：

命令: pe
PEDIT 选择多段线或 [多条(M)]:
选定的对象不是多段线
是否将其转换为多段线? <Y>
输入选项
[闭合(C)/合并(J)/宽度(W)/编辑顶点(E)/拟合(F)/样条曲线(S)/非曲线化(D)/线型生成(L)/放弃(U)]: j
选择对象: 指定对角点: 找到 1 个
选择对象: 指定对角点: 找到 1 个, 总计 2 个
选择对象: 找到 1 个, 总计 3 个
选择对象:
3 条线段已添加到多段线
输入选项
[打开(O)/合并(J)/宽度(W)/编辑顶点(E)/拟合(F)/样条曲线(S)/非曲线化(D)/线型生成(L)/放弃(U)]: c
输入选项
[打开(O)/合并(J)/宽度(W)/编辑顶点(E)/拟合(F)/样条曲线(S)/非曲线化(D)/线型生成(L)/放弃(U)]:

现在，从外形，我们看不出有什么变化，但是，只有封闭的 PLINE 线才能进行三维拉伸操作，如图 5-76 所示。

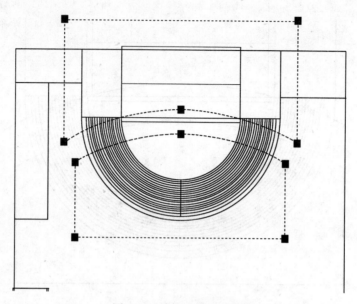

图 5-76 连接成 PLINE 线

以两层楼的高度，拉伸这两条 PLINE 线，如图 5-77 所示。

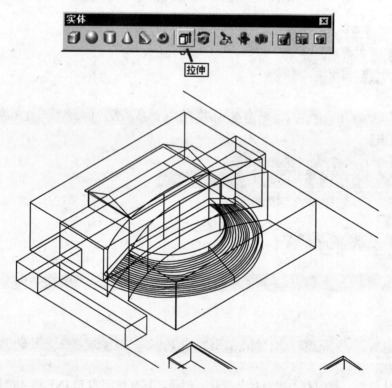

图 5-77 选择拉伸工具拉伸 PLINE 线

将楼梯与两个圆弧块做差集，如图 5-78 所示。

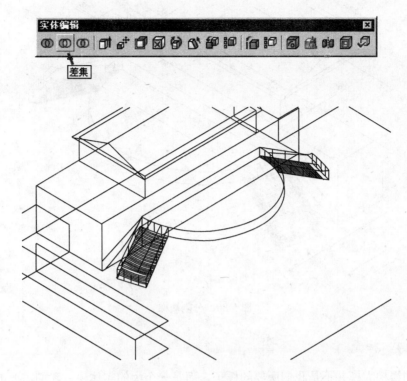

图 5-78　选择差集工具将楼梯与圆弧做差集

5.3.2.3　分割

用如图 5-79 的分割工具，把两边的楼梯分割，如图 5-80 所示。

图 5-79　选择分割工具

命令:_solidedit
实体编辑自动检查：　SOLIDCHECK=1
输入实体编辑选项 [面(F)/边(E)/体(B)/放弃(U)/退出(X)] <退出>:_body
输入体编辑选项
[压印(I)/分割实体(P)/抽壳(S)/清除(L)/检查(C)/放弃(U)/退出(X)] <退出>:_separate
选择三维实体:
输入体编辑选项
[压印(I)/分割实体(P)/抽壳(S)/清除(L)/检查(C)/放弃(U)/退出(X)] <退出>:
实体编辑自动检查：　SOLIDCHECK=1
输入实体编辑选项 [面(F)/边(E)/体(B)/放弃(U)/退出(X)] <退出>:

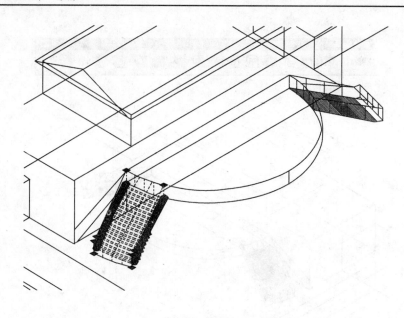

图 5-80 分割楼梯

5.3.2.4 抽壳

现在的楼梯大模并不是我们所要的样子,而是一个大的实体块。我们需要的楼梯只是这个大模的几个带厚度的面,这时,我们要用如图 5-81 的抽壳工具了。

图 5-81 选择抽壳工具

命令:_solidedit
实体编辑自动检查: SOLIDCHECK=1
输入实体编辑选项 [面(F)/边(E)/体(B)/放弃(U)/退出(X)] <退出>:_body
输入体编辑选项
[压印(I)/分割实体(P)/抽壳(S)/清除(L)/检查(C)/放弃(U)/退出(X)] <退出>: _shell
选择三维实体:
删除面或 [放弃(U)/添加(A)/全部(ALL)]: 找到 2 个面,已删除 2 个。
删除面或 [放弃(U)/添加(A)/全部(ALL)]: 找到一个面,已删除 0 个。
删除面或 [放弃(U)/添加(A)/全部(ALL)]: 找到 2 个面,已删除 1 个。
删除面或 [放弃(U)/添加(A)/全部(ALL)]: 找到 2 个面,已删除 1 个。
删除面或 [放弃(U)/添加(A)/全部(ALL)]:
输入抽壳偏移距离: 200
已开始实体校验。
已完成实体校验。

输入体编辑选项
[压印(I)/分割实体(P)/抽壳(S)/清除(L)/检查(C)/放弃(U)/退出(X)] <退出>:
实体编辑自动检查: SOLIDCHECK=1
输入实体编辑选项 [面(F)/边(E)/体(B)/放弃(U)/退出(X)] <退出>:
抽壳形成了楼梯。左边的是没有消隐的，右边的是消隐过的，如图5-82所示。

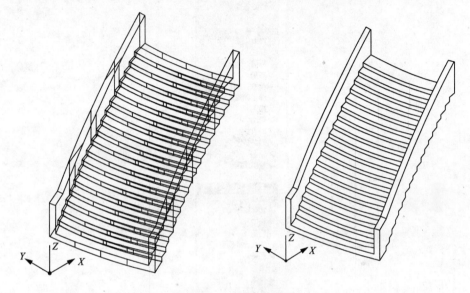

图 5-82 抽壳后的楼梯

同样，做另半边的楼梯，这里不再赘述，成图如图5-83所示。

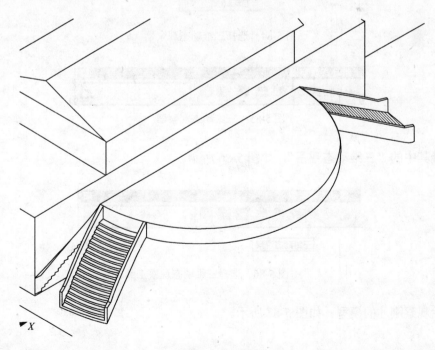

图 5-83 成图

5.4 简单的三维观察

在图标区点右键,选择"三维动态观察器",如图 5-84、图 5-85 所示。

图 5-84 选择三维动态观察器

图 5-85 三维动态观察器

选择其中的"三维动态观察",如图 5-86 所示。

图 5-86 选择三维动态观察工具

开始观察刚才的模型,如图 5-87 所示。

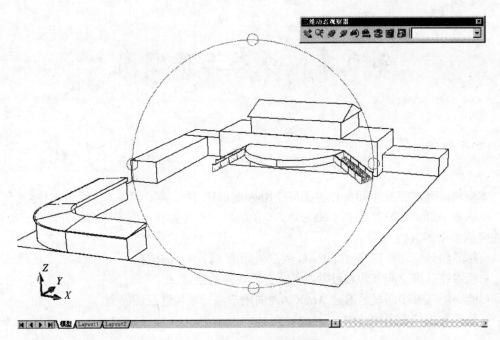

图 5-87 观察模型

5.5 结 束 语

至此,我们做第一个三维模型的教程就告一段落了,可能,我们做的这个东西很小,甚至很幼稚,但是,它包含了整个三维设计的过程:二维辅助、三维建模、布尔运算、模型修改以及三维观察,从这个很短,却很浓缩的过程中,看官可以浏览三维设计的整个过程。从而了解到——三维设计并不是很困难。

从下面的章节开始,我们将进一步讲解三维设计的各个细节问题,共同畅游在三维设计的世界里。

第6章 步入三维空间

学习目的

本章将阐述在三维空间操作时如何使用 AutoCAD 的工具。读完本章后，你将会：
- 熟悉 AutoCAD 世界坐标系（WCS）的特性，熟悉如何设置坐标系的位置和三维模型在坐标系中的方向。
- 熟悉如何管理和理解 AutoCAD 用户坐标系（UCS）的图标。
- 能够在三维空间移动和设置在任意方向观察的视点。
- 能够用二维绘图技术通过 AutoCAD 的用户坐标系构造三维模型。
- 熟悉多视口设置和操作。

6.1 三维空间与坐标系统

我们从解析几何学知道，实体，可以看成是面的运动；面可以看成是线的运动；而线，则可以看成是点的运动。所以，如何确定点在空间里的位置就是最基本，也是最重要的问题了。

计算机图形技术，不论是二维还是三维，从数学上是基于"解析几何学"的，我们用解析几何的方法来论述计算机图形的问题。同样的 AutoCAD 也是基于解析几何的，它用空间的直角坐标系来确定点在空间的位置。下面，我们来回忆一下基础的解析几何的知识：

直角坐标系通常称为笛卡儿坐标系，由法国数学家笛卡儿（Descartes,René1596～1660）（见图 6-1）初步创立。

图 6-1 法国数学家笛卡儿
（Descartes,René1596～1660）

> **知识：笛卡儿、解析几何与直角坐标系**
> 在笛卡儿之前，几何与代数是数学中两个不同的研究领域。笛卡儿站在方法论的自然哲学的高度，认为希腊人的几何学过于依赖于图形，束缚了人的想像力。对于当时流行的代数学，他觉得它完全从属于法则和公式，不能成为一门改进智力的科学。因此他提出必须把几何与代数的优点结合起来，建立一种"真正的数学"。笛卡儿的思想核心是：把几何学的问题归结成代数形式的

问题，用代数学的方法进行计算、证明，从而达到最终解决几何问题的目的。依照这种思想他创立了我们现在称之为的"解析几何学"。笛卡儿的具体做法是：引进坐标的概念，建立平面上的点与数的对应关系；从解决几何作图的问题入手，提出用代数方程表示几何曲线的方法；用求解代数方程的根，解决几何作图问题。用这种办法，笛卡尔轻而易举地解决了古典几何学家用纯几何方法没解决的问题。沿着用代数方程研究几何曲线的思路，笛卡儿还得到了一系列新颖的想法与结果。最为可贵的是，笛卡儿用运动的观点，把曲线看成点的运动的轨迹，不仅建立了点与实数的对应关系，而且把"形"（包括点、线、面）和"数"两个对立的对象统一起来，建立了曲线和方程的对应关系。这种对应关系的建立，不仅标志着函数概念的萌芽进入了数学，而且使数学在思想方法上发生了伟大的转折——由常量数学进入变量数学的时期。笛卡儿的这些成就，为后来牛顿、莱布尼兹发现微积分，为一大批数学家的新发现开辟了道路。笛卡儿的主要数学成果集中在他的"几何学"中。值得指出的是，在"几何学"中，笛卡儿根据问题特点选用他的坐标轴系，这是一种斜坐标系，没有出现过标准的现在称为笛卡儿坐标的直角坐标系，后者是由杰出的德国哲学家和数学家 G. W. 莱布尼茨引入的。

根据解析几何，我们规定，在三维空间中，我们建立这样的坐标系统（图 6-2）：
- 在空间中有一特殊的点，由这个点建立三个互相垂直的轴，它们标为 X、Y 和 Z。
- 这个特殊的三个轴所交的公共点称为原点。
- 每轴从原点起分正负方向引射线，向两边无限延伸。
- Z 轴的正方向由简称为右手定则的方法确定。
- 空间某一个点的位置以三个数值表示，各数值之间用逗号分开：x, y, z。

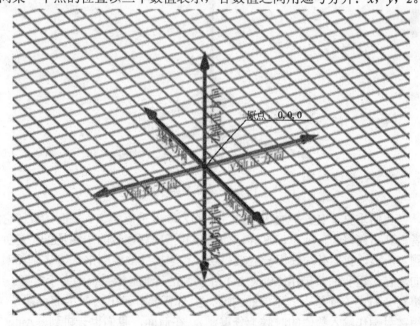

图 6-2　三维坐标系统

这里：

x 表示在 X 方向从原点到该点的距离。

y 表示在 Y 方向从原点到该点的距离。

z 表示在 Z 方向从原点到该点的距离。

- 通常，0，0，0 即为原点。

如果，一个点的坐标为 3000，4000，5000，则表示：

在 X 方向从原点到该点的距离为 3000 单位。

在 Y 方向从原点到该点的距离为 4000 单位。

在 Z 方向从原点到该点的距离为 5000 单位。

我们在二维绘图中使用的仅仅是 AutoCAD 的一个平面，在三维坐标系中称为 XY 平面。但 XY 平面是很重要的，AutoCAD 的栅格点只能在 XY 平面起作用，许多 AutoCAD 三维命令的提示信息仍然参照 XY 平面。一些 AutoCAD 对象，如圆和二维多段线，就只能画在二维的 XY 平面或与 XY 平面平行的二维平面上。

6.2 右手定则

前面我们说了，根据解析几何学定义的三维坐标系中，Z 轴的正方向由右手定则确定。下面我们就简单的介绍下右手定则。当然右手定则也有其深刻的数学定义，但是我们在用自己的右手时更加形象、方便。这里我们对它的数学定义就不再深究了。

如图 6-3 所示。手腕稍稍弯曲，假想沿 Y 轴对着原点伸出右臂，手指弯向 X 轴，则姆指所指为 Z 轴正方向。

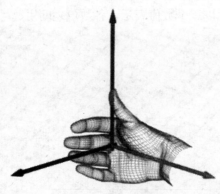

图 6-3 右手定则

并且，当我们垂直于 XY 平面观察时，由于 Z 轴也垂直于 XY 平面，故，它的某一端指向观察者。其指向可为正或负，这样，如何判断指向观察者的一端是正还是负，就成为了一个问题。所以，我们必须使用一些被科学界普遍接受的准则来认清 Z 轴相对于 XY 平面的正方向。在这里我们就借用 AutoCAD 用来确立三维坐标系统的右手定则。

易于辨别 Z 轴的方向是十分重要的。换言之，你需要分辨出 Z 轴的哪一端是向上的（尤其在你使用键盘操作输入数值的时候十分重要）。在后面，我们也会讲到，AutoCAD 也用坐标系图标帮助你认清 Z 轴正方向。

6.3 在三维空间确定点

我们前面讲过，点在解析几何中的重要性："实体，可以看成是面的运动；面可以看成是线的运动；而线，则可以看成是点的运动。"因此，在 AutoCAD 中，对象（线、文字、圆、多段线、样条曲线、表面、体等）都是利用其关键点来形成图形的，所以，我们首先要学好 AutoCAD 提供的几种不同的输入点的位置方法。

6.3.1 点输入设备

自然，输入点最方便的方法是用鼠标和轨迹球来指定其位置。然而，由于鼠标和轨迹球等点输入设备的二维特性，所以，它们单独作用时，只能定位在 XY 平面上的点。当然，在后面，通过目标捕捉方式，点输入设备能够拾取三维上一个已有对象上的点，如一个实体的中点等。在初始的三维造型中，实际上我们更多的是用键盘来输入点的位置。

6.3.2 输入 X、Y 和 Z 坐标

在我们用键盘输入点的位置时，大多数时间是输入 X、Y 和 Z 坐标。还记得我们在二维设计的时候，可以只输入 X、Y 两个坐标值吗？！要记得，不论两个还是三个数值，坐标值之间必须用逗号分开，当略去点坐标的第三个数值时，AutoCAD 假定点在 XY 平面上，并设置 Z 坐标为 0；或者，如果预先设置的标高大于 0，AutoCAD 就假定点在与 XY 平面平行的平面上。在输入坐标的时候，我们既可以使用绝对坐标（基于坐标系原点），也可以使用相对坐标（基于最近一次输入的点），在输入相对坐标值时，坐标前面加一个符号"@"。

6.3.3 使用点过滤

在许多情况下，输入一个点的三个坐标可以用命令行输入、用目标捕捉方式输入，也可用点输入设备拾取点。我们还可以用点的过滤方式分别指定三个坐标中的一个或两个。

在任何时候都可使用点过滤方式，AutoCAD 使用的点过滤的输入格式为，紧跟在点号后面输入需要过滤的坐标名。比如，输入.x 就过滤 X 坐标。AutoCAD 会提示输入一个提供被过滤坐标的点。通常，我们可用目标捕捉方式来输入过滤的点。然后，AutoCAD 提示输入尚缺的坐标，我们亦可使用坐标过滤获得。除了用.x、.y 和.z 过滤单一坐标外，还可以用.xy、.xz 和.yz 同时过滤两个点。

> **小技巧**：AutoCAD 系统提供了点过滤器，用于从不同的点提取独立的 X、Y 和 Z 坐标及其组合。利用这一方法可以通过已知点来确定未知点。
> 使用点过滤器的方法为：
> **快捷菜单**：按 Shift 键同时单击右键弹出快捷菜单，其中的"PointFilters（点过滤器）"项的子菜单，如图 6-4 所示。

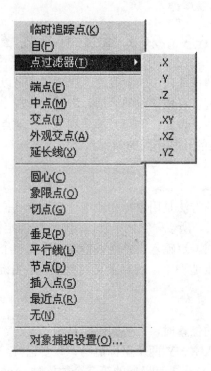

图 6-4　点过滤器的快捷菜单

命令行：具体使用方式如表 6-1 所示。

点过滤器的使用　　　　　　　　表 6-1

命令行形式	作　用
.X	获取指定点的 X 坐标值
.Y	获取指定点的 Y 坐标值
.Z	获取指定点的 Z 坐标值
.XY	获取指定点的 X、Y 坐标值
.XZ	获取指定点的 X、Z 坐标值
.YZ	获取指定点的 Y、Z 坐标值

用户在确定某个三维点时，可先使用.XY 过滤器来确定某点的 XY 坐标，然后输入 Z 坐标值或使用.Z 过滤器来得到该点的 Z 坐标，从而得到了一个新的三维点。

例如，我们欲构造一个棱锥体的线框模型。棱锥体的顶点位于底面中心，高为 3000 单位。所作的棱锥体底面如图 6-5(左)所示。现在用下述命令行输入，作从顶点到底面一个角的连线：

命令:**LINE**（回车）
指定第一点:.x（回车）
于(在水平线上用中点捕捉方式)
于(需要 YZ):.y（回车）
于(在垂直线上用中点捕捉方式)

于(需要 Z):**3000**（回车）
指定下一点或[放弃(U)]：（在任一条线用端点捕捉方式）
指定下一点或[放弃(U)]：（回车）

命令:LINE
指定第一点:.x
于(需要 YZ):.y
于(需要 Z):3000
指定下一点或[放弃(U)]：
指定下一点或[放弃(U)]：

> 注意，AutoCAD 用词"于"提示输入过滤坐标，在指定一个过滤坐标后，AutoCAD 提示输入余下的坐标。现在已完成了从棱锥顶点到底面一个角的连线，可以用端点捕捉方式作出棱锥体的其余三边。

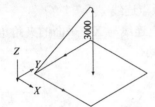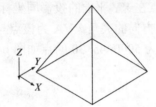

图 6-5 棱锥体模型

6.3.4 输入柱面坐标

对于柱形三维对象，尤其是基于螺旋状和螺旋线类对象的点，用柱面坐标输入更为容易。柱面坐标并不是一个新的坐标系，它只是一种变化了的三维坐标表示方法，确定三维点的另一种方式。

绝对柱面坐标的格式为：

D<A,Z

其中，D 为该点在 XY 平面上的投影到原点的距离；

A 为该点在 XY 平面上与 X 轴的角度；Z 为该点到 XY 平面的距离。

大家可能还记得二维的极坐标，从二维到三维的角度来看，柱面坐标像是二维极坐标再加上另一维 Z。而实际上，极坐标是柱面坐标的二维简化版本。

我们来看，如图 6-6 所示，绝对柱面坐标为 3000<45,5000 的点的位置。

当然，也可以在柱面坐标前带符号"@"作为相对坐标，指定相对于最近输入点的一个点。

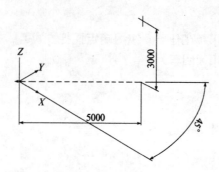

图 6-6 柱面坐标

6.3.5 输入球面坐标

球面坐标用一个距离和两个角度来指定点的位置。其格式为：
D<HA<VA
其中，D 为该点到原点的距离；
HA 为该点在 XY 平面的投影同坐标系原点连线
与 X 轴正方向的夹角；VA 为该点与原点连线与 XY 平面的夹角角度。
球面坐标为 5000<45<30 的点如图 6-7 所示。

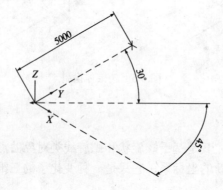

图 6-7 球面坐标

同样的，也可以在柱面坐标前带符号"@"作为相对坐标，指定相对于最近输入点的一个点。

> 注意，其距离值按该点到原点的距离来计量，并不是在柱面坐标中该点投影到 XY 平面上的水平距离。当需要根据与一个已知点的角度和距离来确定点时，球面坐标是很有用的。

6.4 坐 标 系 统

在 AutoCAD 中，构造三维模型时内置有一个全局坐标系统（在该坐标系中，空间的每个点对应于一个相同的原点），同时，为了方便用户对特定对象的操作，AutoCAD 允许一个依赖于空间一个特定对象的局部坐标系。例如，我们在考虑屋顶顶面的时候：位于三维空间，相对于全局坐标系转动一定的角度，如图 6-8 所示。该屋顶的每个角具有相对于全局坐标系原点的坐标。然而，如果需要测量在屋顶上或屋顶内的对象，可能会忽略全局坐标系而以屋顶的一个角为基准进行测量。这就是一个局部坐标系。

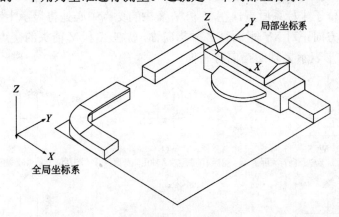

图 6-8 转动屋顶

在 AutoCAD 中，只有这样一个局部坐标系统，它具有与全局坐标系相当的特性，但是，它可以被反复被移动和旋转以满足用户的要求。AutoCAD 称这个可由用户操作的局部坐标系统为用户坐标系（UCS），而固定的全局坐标系统称为世界坐标系（WCS）。在本章稍后，我们将全面解释 UCS 及其操作命令，同时会看到在某些 AutoCAD 命令提示和选项中提到 WCS 和 UCS。

6.5 坐标系统的图标

我们前面讲到，在 AutoCAD 中由右手定则确定三维空间的方位。同时，在 AutoCAD2005 中，亦提供了帮助用户在三维空间确定方位的图标。并且，这种图标由早先版本的单一的二维图标变换成可以选择的二维的和三维的图标，这种选择由 UCSICON 的 **Properties** 子命令控制。无论是二维图标还是三维图标，通常情况下，图标位于视口的左下角，并且，对于所有 AutoCAD 操作来说图标是无形的——它既不能被绘图机和打印机输出，也不能包括在实体选择集中。

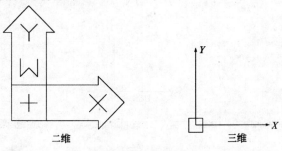

图 6-9 图标

熟悉 AUTOCAD 以前版本的人对如图 6-9 中的前一个图标是很熟悉的，该图标中包涵了令人惊奇的大量信息，如图 6-10 所示。

- X 和 Y 轴的方向用标有 X 和 Y 的宽箭头表示。
- 当 UCS 与 WCS 完全重合时，在箭头中显示 W，字母 W 指向 Y 方向。如果不显示 W，则 UCS 已相对于 WCS 移动或旋转。
- 如果图标位于坐标系原点，在 X 和 Y 箭头的交点中心处将显示十字。
- 如果视图方向正对 XY 平面且 Z 轴指向你，就在 X 和 Y 箭头的交点中心显示一个正方形。没有正方形表示 Z 轴的指向背离你。

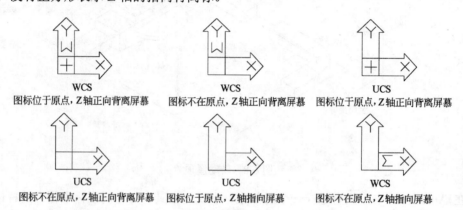

图 6-10　二维图标形式

若视线与 XY 平面平行或几乎平行，带有 XY 箭头的图标将被一个断铅笔替代，如图 6-11 所示。这个断铅笔图案并不是表示有错，而是提示使用点输入设备拾取空间点将变得不可靠（即使目标捕捉方式已打开）。

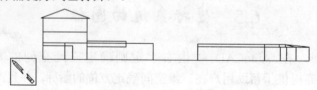

图 6-11　视线与 XY 平面平行或几乎平行时图标显示

下面我们来说说让人欣喜的三维图标形式：

在我们打开 AutoCAD2005 的时候，默认的图标显示方式就是三维图标方式，如图 6-12 所示。

图 6-12　三维图标形式（一）

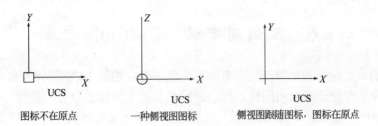

图 6-12 三维图标形式（二）

从这两个图示的比较来看，似乎 3D 图标的表现力在变弱。诚然，3D 图标在二维的情况下的确不如 2D 图标能包涵更多的信息，但是，它最根本的是增加了一个纬度，当它进行三维表现的时候，Z 轴就可以很好地说明一切。

> 对于这两种图标的使用方法，笔者认为，沿用老图标的方式，死板但不容易出错。因为，当你的视图方向和你的 UCS 方向垂直的时候，断铅笔的图标会很好地提醒你。而且，当出现断铅笔的图标的时候，你就只能在垂直视图的方向不停的画线了，你能够很快的发现你的 UCS 与视图方向有问题。但是随之而来的是，你要不停的手动修改你的 UCS，这是相当讨厌的。对此，Autodesk 公司进行了改进，就是 UCS 随视图方式改变，这样大大的简化了 UCS 的设置过程，把设计师大量的精力解放了出来，但随之而来的是，经常在画了一段以后才发现，"哦！错了！"很多东西已经乱了，甚至有的时候，只能 U 回去重新来过了。
>
> 笔者的解决方法是，既然随着 Autodesk 公司对 UCS 功能的改进可以大量的解放自己的精力，所以，放弃了老的一套的看起来就比较笨重的图标方式，改用三维图标方式，而视图方面，尽量使用的是前面介绍中使用的轴测视图。
>
> 三维图标在轴测图中更能直观地表现 Z 轴的方向，而作为一种伪三维的工作视图，轴测视图可以使你大量的减少出错的机会。当然，如果你希望尝试错误的话可以不选这种视图☺。

除了 XY 箭头和断铅笔的形式外，当 AutoCAD 在图纸空间工作时，UCS 图标呈现出三角形的形式（图 6-13），当 AutoCAD 处在透视方式时，图标看起来像一个三维的立方体（图 6-14）。在 SHADEMODE 的三维视图方式下，图标也会变成三个彩色箭头。以后，当涉及到有关条目时，我们还将讨论这些图标。

图 6-13 图纸空间工作时图标

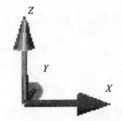
图 6-14 透视方式时图标

6.6 控制图标的 UCSICON 命令

上面我们讲了图标的两种形式,下面我们就来讲,控制 UCS 图标的命令——UCSICON 命令。该命令用来打开和关闭图标、控制图标是否位于坐标系原点、设置 UCS 图标属性。但注意,该命令不能设置 UCS 的位置。当图形屏幕被分成几个视口时(我们将在本章稍后提及),设置的 UCS 图标可随视口而变。该命令的命令行提示为:

命令:ucsicon

输入选项[开(ON)/关(OFF)/全部(A)/非原点(N)/原点(OR)/特性(P)]<开>:

6.6.1 开(ON)选项

使 UCS 图标显示。选择该选项按回车键或输入 ON。

6.6.2 关(OFF)选项

关闭图标,使其不显示。至少必须输入 OFF 的前两个字母 OF,以便 AutoCAD 与 ON 区分。

6.6.3 全部(A)选项

该选项使图标的修改作用于全部视口。当选择 ALL 时,AutoCAD 出现下面的提示:
输入选项 [开(ON)/关(OFF)/全部(A)/非原点(N)/原点(OR)/特性(P)] <开>:(输入一个选项或回车)

这些选项的作用与主命令 UCSICON 的菜单相同。

6.6.4 非原点(N)选项

当我们选择了这个选项的时候,AutoCAD 会不管 UCS 原点的实际位置,强制图标在视口的左下角显示。

6.6.5 原点(OR)选项

无论何时,AutoCAD 总是力图使图标位于 UCS 原点。如果原点不在视口里或者原点太靠边无法放置图标,则图标将在视口的左下角显示。

我们来比较下,图 6-15(非原点(N)选项)与图(原点(OR)选项)两种选项的结果。

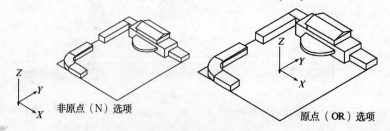

图 6-15 图标显示位置(一)

> 提示：在多数情况下，AutoCAD 会将 UCS 图标放在 UCS 原点显示。然而，如果在原点附近操作且图标影响你的操作，此时可暂时关闭图标或选择非原点(N)选项将图标从原点移开。

但是，还要注意的是，比较下图 6-16 的两种情况，大家可以了解到将 UCS 放在原点有多重要。

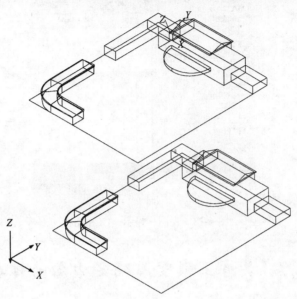

图 6-16 图标显示位置（二）

6.6.6 特性(P)选项

这是从 2002 版本开始增加的新的选项。标志着 AutoCAD 从二维绘图向三维设计方向的进一步转变，即从原来的单一的二维坐标系统，向三维坐标系统转化。由原来方便二维设计的坐标图标向更方便的三维设计的图标方式进行了革命性的转变。

我们选择特性（P）将弹出如图 6-17 的对话框，通过这个对话框，其坐标表示方式可以进行二维与三维的选择，在新的三维坐标方式下，更方便进行三维设计。

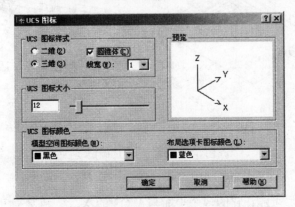

图 6-17 图标对话框

6.6.7 相对 UCSICON 命令的菜单

相对 UCSICON 命令，有如图 6-18 所示的菜单：视图→显示→UCS 图标。

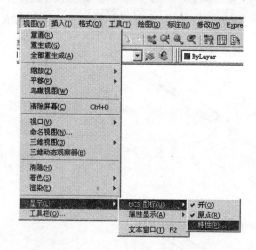

图 6-18　视图→显示→UCS 图标

6.7 关于三维空间确定方向的体会

在我们初始确定图形对象的位置的时候，我们应遵循某些大家所接受的约定。其重要的原因是 AutoCAD 的三维命令、菜单和文件通常遵循这些约定而使用主视、俯视和标高这样的术语。显而易见的，多数设置视图方向的 AutoCAD 命令是相对于 WCS 的。如果你的模型没有注意按 WCS 设置，则很能容易变得很难定方向。图 6-19 表示了一个三维模型合适和不合适的方向设置例子。

从下面的图，我们不难看出，如果，模型的位置不方便操作，将会给我们未来的工作带来困难。

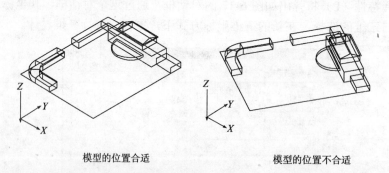

模型的位置合适　　　　　　　　模型的位置不合适

图 6-19　模型方向的确定

可以看到如果我们要方便地工作，模型应按以下的约定方式定位（如图 6-20）：

• 模型的定位应尽可能让它的多个平面与 WCS 的 X、Y 和 Z 轴平行。如果模型为圆柱体，决定其位置时应当让它的轴线与 WCS 的一根轴平行。

- 模型的顶部的定位原则是，从 Z 轴的正方向垂直正 XY 平面所看到的部分应为模型的顶部。换言之，向上，沿 AutoCAD 的 Z 轴正向是模型正向；向下，沿 AutoCAD 的 Z 轴负向是模型的负向。在 AutoCAD 中，我们通常以 Z 的方向为参照，并且，AutoCAD 中按照惯常的约定，用"elevation（标高）"这个词。
- 模型的前面是沿 Y 轴的正方向所看到的部分。
- 模型的右侧是沿 X 轴的负方向所看到的侧面。

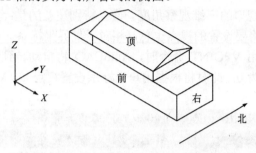

图 6-20　模型定位

我们在做建筑设计的时候，经常使用罗盘上的方向术语：北等于 Y 轴的正方向，南等于 Y 轴的负方向，东等于 X 轴的正方向，西等于 X 轴的负方向（参见图 6-20）。当建筑物的方向不是正南正北的时候，我们应当在子图（或称单体建筑）中尽量将建筑物的方向更改成与 XYZ 平面中任一平面平行的情况，在组合总图的时候，再通过旋转 XREF 的方法将单体建筑放到总图的相应位置、相应角度。

6.8　三维观察基础

还记得我们用 AutoCAD 绘二维图形吗？！实际上在我们绘制二维图形时，所做的任何事情总是正对着 XY 平面。这对绘制平面图形并没有什么不好，但对三维建模，就不是很好了。在三维造型中，我们要不停变换视点进行观察操作。我们有时要观察一下模型的左边，有时要观察一下模型的右边，还有些时候需要观察模型的前面，但是，在大多数的时间，我们在一个允许同时看到三个面的视点操作会更为方便。为了满足用户的这一要求，AutoCAD 提供了从三维空间的任何方向设置视点的命令，它们是：

- VPOINT，用于设置三维空间的各种角度的视点。
- PLAN，用于设置垂直于 XY 平面的视点。
- VIEW，用于恢复先前设置好并命名和保存了的视点。
- DVIEW，用于设置三维空间的各种角度的视点、生成透视图及裁剪视图中不必要部分等功能。
- 3DORBIT，用于动态设置空间的各种角度的视点，可以在某种程度上看作是 DVIEW 的实时动态版本。

本章将讨论 VPOINT、PLAN 和 VIEW 命令。因为 DVIEW 命令在表面造型中比在线框造型中更有用，并且对观察乃至渲染都有非常大的用处，且不易于操作，故此我们将在以后的章节里面详尽讨论。

我们这里要先提醒大家的是，AutoCAD 具有将屏幕分成几个不同视口的能力，可以让用户从不同的视口以不同的观察点来观察模型。所以我们要特别注意的是，当存在多视口时，设置观察方向的所有命令只适用于正在操作的当前视口。

6.9 VPOINT 命令

这个命令设置当前视口的三维观察角度。应当特别注意的是：即使当前正在使用用户坐标系（UCS），我们将要设置的视点也总是相对于世界坐标系（WCS）。如果用户正在使用用户坐标系，在使用 VPOINT 命令时，AutoCAD 将自动转到世界坐标系，（除非系统变量 Worldview 设置为 0，此时将根据用户坐标系设置视点）。VPOINT 命令的格式为：

命令:vpoint
当前视图方向:VIEWDIR=1.0000,-1.0000,1.0000（当前观察方向坐标）
指定视点或[旋转(R)]<显示坐标球和三轴架>:（输入三个数、R 或回车）

6.9.1 指定视点选项

指定视图的方向坐标，用由逗号分开的三个数值表示，代表一个点的 X、Y 和 Z 坐标，给出的观察的方向即是从这个点指向 WCS 的原点的方向。当前观察方向坐标在命令行显示，即使用"ROTATE（旋转）"或者"COMPASS（罗盘）"和"TRIPOD（三角架）"选项设置了最后视图方向时也会如此。注意，该坐标代表一个方向而不是在空间中的一个点，因此，重要的是三个坐标值彼此之间的关系，而它们的量级无关紧要。例如，如图 6-21 所示，坐标 40000，50000，20000 在同一视图的结果与 4，5，2 是完全相同的。这些数值与图形缩放程度毫无关系。

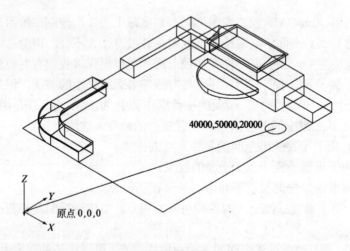

图 6-21 指定视点

6.9.2 [旋转(R)]选项

按 R 键选择[旋转(R)]选项，出现如下提示：

输入 XY 平面中与 X 轴的夹角<当前值>:（输入一个角度）
输入与 XY 平面的夹角<当前值>:（输入一个角度）……
正在重生成模型。

虽然两次提示均可以用点方式输入，但是输入一个角度会更容易理解。第一个角度是观察点和 WCS 原点连线在 XY 平面上的投影与 X 轴的水平计量角度，而第二个角度观察点和 WCS 原点连线与其在 XY 平面上的投影的垂直计量的角度。由于按圆旋绕计量角度，因此输入－45°、315°和 675°是完全相同的。已设置视点的角度作为缺省值，即使先前用"指定视点"或者"罗盘"和"三角架"选项设置了视点也是如此。

6.9.3 罗盘 COMPASS 和三角架 TRIPOD 选项

当用户用回车键响应 VPOINT 命令最初的提示时，屏幕切换为图 6-22 所示的屏幕显示。屏幕中央的一个图标表示坐标系统的 X、Y、Z 轴，屏幕右上角的另一个图标则由两个大小不同的同心圆和一个十字线组成，两个圆被十字线分成四个象限。还有一个小十字光标，可以用点输入设备在附近移动。屏幕中也会显示 UCS 图标，但是实际上，在设置视点时这个 UCS 图标是静态的而且不起作用。AutoCAD 称该屏幕为"罗盘"和视点"三角架"显示。用户通过移动罗盘（同心圆）内的十字光标设置视点，如图 6-23 所示。

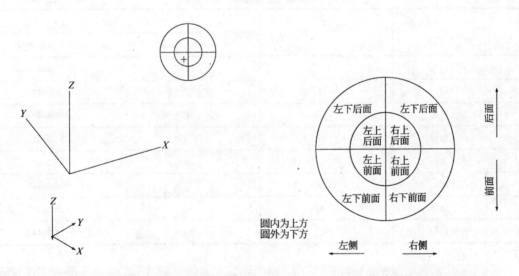

图 6-22　罗盘和视点三角架显示　　　　　图 6-23　设置视点

当用户移动罗盘（同心圆）内的十字光标时，代表 X、Y、Z 轴的三角架在屏幕中转动以显示相应的视点状态。当我们取得了期望的视点后，按点输入设备的拾取键结束命令并返回 AutoCAD 的编辑屏幕。

> 提示：VPOINT 命令的这个选项与其他两个选项有相当的区别，用罗盘和三角架设置精确的视点是不可能的。我们要从自己的实际需要出发，来选择不同的选项来完成自己的工作——当我们需要快速但不是很精确的视点时，用罗盘和三角架组合；当我们要精确视点时，用命令项。

VPOINT 命令的坐标选项对于设置显示一个模型的俯视、主视和左视等主要方向的精确视点是很方便的。当然,我们也可以使用旋转角度选项,但用其来设置视点需要的输入数据要稍多一些。表 6-2 列出了设置 6 个标准正投影视图的视点坐标和相应的视点旋转角度。

正投影图视点的坐标和角度　　　　　　　　　　　　　　　　　　　　　表 6-2

视　图	X,Y,Z 坐标	旋 转 角 度	
		相对于 X 轴	相对于 XY 平面
平面（俯视）	0,0,1	270°	90°
主视（前视）	0,-1,0	270°	0°
后视	0,1,0	90°	0°
右视	1,0,0	0°	0°
左视	-1,0,0	180°	0°
仰视	0,0,-1	270°	-90°

设置等轴测视点（其水平方向的角度倾斜 30°）既可以用坐标也可以用旋转角度,如表 6-3 所示。

标准等轴测视图的视点坐标和角度　　　　　　　　　　　　　　　　　　表 6-3

视　图	X,Y,Z 坐标	旋 转 角 度	
		相对于 X 轴	相对于 XY 平面
右上前面	1,-1,1	315°	35.2644°
左上前面	-1,-1,1	225°	35.2644°
右上后面	1,1,1	45°	35.2644°
左上后面	-1,1,1	135°	35.2644°
右下前面	1,-1,-1	315°	-35.2644°
左下前面	-1,-1,-1	225°	-35.2644°
右下后面	1,1,-1	45°	-35.2644°
左下后面	-1,1,-1	135°	-35.2644°

注意,在 AutoCAD2005 中,用"视图/三维视图"下拉菜单项和"视图"工具条使用 VIEW 命令,而不是使用 VPOINT 命令来设置正投影视图和等轴测的视点,并且,UCS 有时将自动调节使之与视点相匹配。VIEW 命令与视点的关系将在本章稍后讨论。

虽然 AutoCAD 为了方便用户,内置了很多设置正投影视图的工具,但是,要知道,在构建三维模型时,这些正投影视图并不是什么好的选择。正投影视图让人难以感觉到深度,另外,模型中的对象也会前后堆叠在一起,严重的影响了对象的可视性和目标的选择。相应,精确的等轴测图有时也会很难操作,特别是当模型具有正方形截面时会出现如图 6-24 所示的难题。所以,我们在设计、观察的时候,采用什么样的观察角度,要自己多积累经验,灵活处理才能事半功倍。

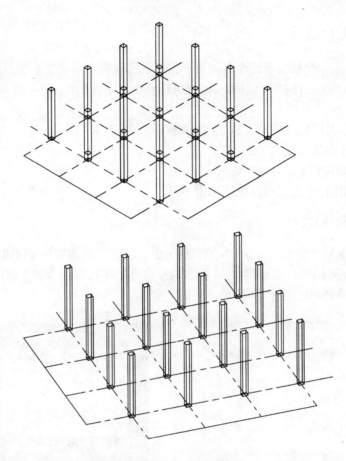

图 6-24 堆叠的正投影视图

6.10　PLAN 命令

PLAN 命令设置当前观察视口的视点为从用户选择的坐标系的 Z 轴正方向正对 XY 平面。命令格式为：

命令:**PLAN**
输入选项[当前 UCS(C)/UCS(U)/世界(W)]<当前 UCS>:（输入一个选项或回车）
正在重生成模型。

注意，所有三个选项都含有 ZOOM 命令的"E"选项的功能，即把模型全部显示在当前观察视口中。

6.10.1　当前 UCS(C)选项

Plan 命令的缺省选项，输入 C 或回车执行。作用是设置一个相对于当前 UCS 即当前用户坐标系统的平面视图。若没有设定用户坐标系 UCS，由于 AutoCAD 里默认的初始 UCS=WCS，此选项会设置成 WCS 的平面视图，与 VPOINT 命令坐标为 0，0，1 的观察方向相同。

6.10.2 UCS(U)选项

该选项设置一个相对于已命名的用户坐标系的观察平面(在本章后面将全面说明如何命名用户坐标系)。选择 U 以后,AutoCAD 将出现下面的提示:

命令:PLAN
输入选项[当前 UCS(C)/UCS(U)/世界(W)]<当前 UCS>:U
输入 UCS 名称或[?]:?
输入要列出的 UCS 名称<*>:
输入?列出已命名的坐标系清单。

6.10.3 世界(W)选项

世界(W)选项设置相对于 WCS 的观察平面。该选项的结果与 VPOINT 命令坐标为 0,0,1 的观察方向相同。图 6-25 说明了 PLAN 命令的在设置了当前 UCS 后,当前 UCS(C)和世界(W)选项之间的差异。

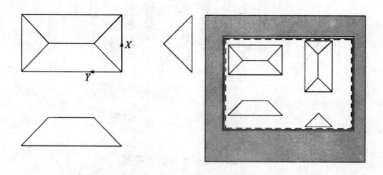

图 6-25 当前 UCS(C)和世界(W)选项的差异

左面的图是坡屋顶的平面和它的两个立面,我们把立面安排在平面的周围有助于我们画它的立面图,而在打印出图的时候,却不能这么表示,于是我们在纸样空间的右面的一张中用 UCS 和 PLAN 命令把模型的显示方式旋转了 90°。同样用于三维设计的时候,也可以这样旋转模型来打印图纸。

6.10.4 应用实例

在这里,我们还是用前面的线框模型来练习 PLAN 命令。我们将 UCS 变换至如图 6-26 左所示,令其 XY 平面位于 WCS 的 XY 平面上,视口观察位置相对于 WCS 的 X 轴 45°,相对于 WCS 的 XY 平面 30°。

下面的命令行输入设置相对于 UCS 的平面视图,如图 6-26 右所示。
命令:plan
输入选项[当前 UCS(C)/UCS(U)/世界(W)]<当前 UCS>:
正在重生成模型。
命令:plan

输入选项[当前 UCS(C)/UCS(U)/世界(W)]<当前 UCS>:w
正在重生成模型。

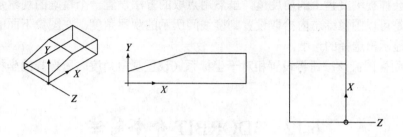

图 6-26 应用实例

6.11 DDVPOINT 命令

DDVPOINT 命令是 VPOINT 命令的旋转（R）选项的对话框版本，并且在其中也组合了 PLAN 命令。其对话框如图 6-27 所示。此亦可用下拉菜单调出：选菜单"视图（V）"的"三维视图（3）"项，再选"视点预置（I）"项。当然，直接在命令行中键入 DDVPOINT 亦可调出对话框。

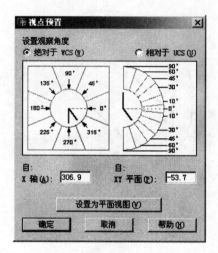

图 6-27 视点预置对话框

● 选项，设置观察角度：
➢ 绝对于 WCS：设置相对于世界坐标系的观察方向。
➢ 相对于 UCS：设置相对于当前用户坐标系的观察方向。
● 选项，自：
➢ X 轴（A）：点与原点的连线在 XY 平面上的投影与 X 轴之间的角度。可以直接输入角度或使用左边图像上的指针来调节。
➢ XY 平面（P）：视点与原点连线与其在 XY 平面上投影线的夹角。可以直接输入角度或使用右边图像上的指针来调节。
- 在每个图像中浅色指针指示当前角度，黑色指针指示预设置的角度。在图像标志处拾取，则会捕捉刻度盘上的角度值。虽然用点取的方法设置一个精确的观察角度是困难的，但是可以图像标志内拾取设置刻度线间所示的观察角度。在图像下面的角度编辑框中会显示出选择的角度。
- 设为平面视图：该按钮将设置相对于坐标系（设置观察角度时所选择的坐标系）的平面视图。

6.12 3DORBIT 命令简述

3DORBIT 命令使得用户可以用点输入设备动态的实时的设置视点。在执行 3DORBIT 命令时，UCS 的图标将从原来的单薄的线条形式的 X、Y、Z 轴形式 改变为三个圆柱形箭头的坐标轴 ，在屏幕上，指点设备（鼠标）点将变为下面简述的 4 种形式之一，在当前视口中心将出现一个大圆（如图 6-28）所示。AutoCAD 称该大圆为轨迹圆。如果在执行命令时，如果 AutoCAD 的栅格打开，在 XY 平面上的栅格点阵将改变为栅格线。

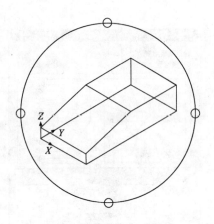

图 6-28 视口中心的大圆

从用户直观的角度来讲，3DORBIT 命令是通过转动在照相机前面的封闭的模型球来协助用户设定对模型的观察点的，这点我们从下面讲解罗盘（COMPASS）系统变量时可以很形象的看到。按压住点输入设备的拾取按钮旋转模型球，当达到用户的要求时，松开点输入设备的拾取按钮设置成功。模型球转动的角度以及屏幕光标的外观取决于压住拾取键时光标的位置。
- 当光标在轨迹圆内，如果压住拾取键，屏幕光标的外观将变成绕水平圆转动的球，视点的旋转轴将垂直于光标的运动。例如，如果以正好 45°的角向上或向下拖动光标，视点将绕相对于视口的水平面 135°的轴旋转。
- 当光标在轨迹圆外压住拾取键，屏幕光标将变成一个点周围为一个圆弧形的箭头，视点的旋转轴为视线。
- 当光标在轨迹圆内顶部的或下面的小圆内压住拾取键,屏幕光标将变成一条作为圆弧形箭头轴线的水平线。视点的旋转轴平行于视口的水平面。
- 当光标在轨迹圆四分点的左侧和右侧的小圆内压住拾取键,屏幕光标将变成一条垂直线,周围为一个圆弧形箭头环绕。视点的旋转轴平行于视口的铅垂面。

当我们单击点输入设备的右键的时候,会弹出 3DORBIT 命令内置的一个执行命令及有关视图和观察选项的快捷菜单,(见图 6-29) 其菜单选项有:

- Exit 退出三维 ORBIT 命令。也可按回车或 ESC 键退出。
- Pan 执行平移操作。压住点输入设备的拾取按钮,拖动屏幕光标重新确定三维模型在视口内的位置,松开按钮设置位置。
- Zoom 执行实时缩放操作。压住点输入设备的拾取按钮,向上拖动光标放大图形或向下拖动光标缩小图形的尺寸。
- Orbit 在执行完菜单操作(如 PAN 或 ZOOM)后返回 3DORBIT 命令状态。
- ResetView 恢复 3DORBIT 命令开始时的视点、缩放程度和图形位置。

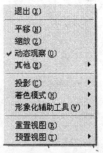

图 6-29 快捷菜单

- PresetView 设置六种正投影视图之一,或者在往下看 XY 平面的四种等轴测图之一。

该菜单的很多菜单项是用于实体和表面模型而不是线框模型的,后面章节我们会详尽讲述 3DORBIT 命令及其菜单。

> 提示:当首次使用 3DORBIT 命令时,为了避免视点歪斜在容易混淆的角度,会发现只转动由轨迹圆四分点上小圆中定义的轴是最佳的使用方法。例如,能够从轨迹圆右边和左边上的小圆之一开始相对于 X 轴转动视点,然后,从轨迹圆上边和下边上的小圆之一开始相对于 XY 平面转动视点。

6.12.1 3DCORBIT 命令

3DCORBIT 可以看成是 3DORBIT 命令的动态执行版本,它可以让视点连续转动。执行此命令时,屏幕光标将变为一个小圆,环绕两个圆弧形引线。压住点输入设置的拾取按钮开始转动,向任意的方向拖动光标,然后松开拾取按钮。拖动光标的速度就是设置视点旋转的速度。单击拾取按钮结束转动,回车或按 ESC 键退出命令。此命令的详细解释,见后面章节。

6.12.2 其他细节问题

COMPASS 系统变量

此系统变量可以取值为 0 或 1。当其值为 1 时,会在 3DORBIT 的轨迹圆内显示三组短划线,每一组排列成一个圆,其平面与其他两组垂直。圆的平面分别代表 XY、ZX 和 YZ 平面。这个罗盘如图 6-30 所示。

在 AutoCAD 设置视点的菜单如图 6-31 所示。

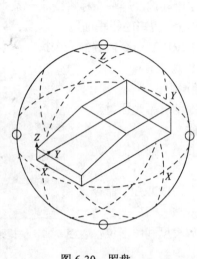 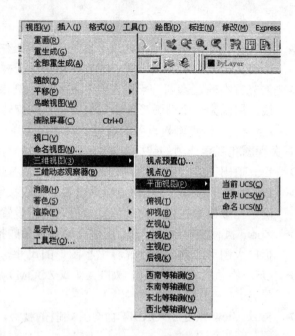

图 6-30 罗盘　　　　　　　　图 6-31 视图→三维视图→平面视图

6.13 用户坐标系

😊 老师，什么是用户坐标系？

😠 就是前面老用 UCS 移动的那个啦！没见过你这么笨的学生！

😖 ……

当我们在三维空间中操作，如果不用目标捕捉方式定点操作将会变得很不方便。这是由于我们的定点设备被设计成一种针对二维空间的定点系统，使得我们的操作被限制在一个二维平面上。而我们要更好地进行三维操作，必须采用一些简单有效的方法来方便和准确地确定点的位置，而不是用键盘一个个的输入点。早期的 AutoCAD 版本只能相对于 WCS 的 XY 平面使 XY 平面向上或向下平移（用 ELEV 命令）。在 R10 中，AutoCAD 通过引入了局部坐标系（称为用户坐标系，UCS），使坐标系能相对于 WCS 移动和转动。这样，尽管点输入设备仍然局限于 XY 的二维平面中，但是由于 XY 平面本身的方位不再受限制，就可以让用户方便的在三维空间中进行设计了。

在使用 UCS 坐标时，WCS 从视线中消失，这时所有的点和方向都是相对于当前的 UCS。只是当在设置视点时 WCS 才出现。通常，只要执行 VPOINT 命令，AutoCAD 将根据 WCS（暂时恢复 WCS）来设置观察的方向。当然，用户可以通过用设置系统变量 WORLDVIEW 的值来改变这种特性。

6.14 ELEV 命令

在早期的 AutoCAD 中，意图用 ELEV 命令使 AutoCAD 突破 XY 平面的局限而走向三维的世界，但是在现在看来，这是一个现在已过时但还存在的命令。这个命令向用户提供了两个互相独立的功能：一是使绘图平面沿 Z 轴方向向上或向下平移，以致于能够使用点输入设备在与 XY 平面平行的平面上作图。第二个功能是给予对象厚度。由于线框对象的厚度反映在 Z 方向为挤出或拉伸，因而具有这样特性的厚度称为挤出厚度。ELVE 命令的格式为：

命令:ELEV
指定新的默认标高<0.0000>:（输入距离）
指定新的默认厚度<0.0000>:（输入距离）

6.14.1 新的当前标高

输入绘图平面新的标高值。正数表示往 Z 轴正方向平移绘图平面（向上），而负数为沿 Z 轴负向平移绘图平面（向下）。AutoCAD 的栅格（如果打开的话）随着标高的改变而变化，在状态栏的 Z 坐标表示新的标高。然而，UCS 图示则不会移动。

6.14.2 厚度

输入新的厚度值。该选项与标高无关。接受厚度的所有实体将使用该值。在第 4 章中我们将讨论厚度。

> 提示：管理绘图平面的工作用 UCS 命令做得更好，应该用 UCS 命令而不是 ELEV 命令。此外，AutoCAD 几乎没有内置指示器用来显示已移出 XY 平面的绘图平面，使得容易出现作图平面偏离你想作图的平面这类错误。尤其是在做二维图的时候，由于错误的使用了 ELEVTION，使得本来的二维图纸变成了三维的，给制作、编辑都带来了极大的不便。
>
> 而且，由于 ELEV 命令挤出厚度的可控制性极差，故此，建议设计师尽量不要使用此功能。

6.15 UCS 命令

这个命令，大家一定要学好学精，因为，它将是未来岁月中伴随你走过枯燥的三维设计道路的忠实伙伴。

UCS 为管理用户坐标系（UCS）的命令。由于这种可移动的坐标系允许采用二维绘图技术创建三维模型，因此 UCS 命令是最常用的命令之一。UCS 的菜单操作如图 6-32 所示，UCS 的命令行格式为：

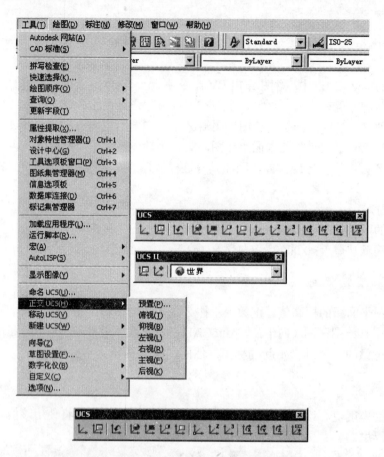

图 6-32 工具菜单选择相应的 UCS 选项

命令:UCS
当前 UCS 名称:*世界*
输入选项
[新建(N)/移动(M)/正交(G)/上一个(P)/恢复(R)/保存(S)/删除(D)/应用(A)/?/世界(W)]<世界>:（输入选项或回车）

在 AutoCAD2005 中，每个视口（将在本章稍后讨论视口）可以具有一个不同的坐标系，而 UCS 命令作用于当前视口。请注意，AutoCAD 在提示输入新的 UCS 之前，在命令行中显示当前 UCS 的名称。对于所有的命令行选项，可以键入选项的全名或只键入选项名的大写字母。

6.15.1 "NEW"选项

选择 New 选项，出现下列命令行提示：
指定新 UCS 的原点或[Z 轴(ZA)/三点(3)/对象(OB)/面(F)/视图(V)/X/Y/Z]<0,0,0>:（输入选项或回车）

1."指定新 UCS 的原点"选项

为缺省选项。该选项移动 UCS 的原点，但不改变当前 X、Y 和 Z 轴的方向，如图 6-33

所示。直接回车 UCS 不变。选择一个新原点可以使用 AutoCAD 的任何一种标准方法，包括点输入、目标捕捉和输入坐标。所有的输入都是相对于当前的 UCS。

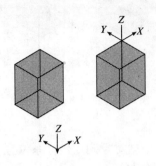

图 6-33　移动 UCS 的原点

2. "Z 轴(ZA)" 选项

坐标系移动到原点，确定 UCS 相对于 Z 轴的方向。选择该选项后，提示为：

指定新 UCS 的原点或[Z 轴(ZA)/三点(3)/对象(OB)/面(F)/视图(V)/X/Y/Z]<0,0,0>:za

指定新原点<0,0,0>:（输入一点或回车）

在正 Z 轴范围上指定点<当前值>:（输入一点）

两次输入的点都可以使用 AutoCAD 任何一种标准定点方法输入。UCS 的 XY 平面定位在所选的第一个点上，并垂直于从第一点到第二点的连线，如图 6-34 所示。其 X 轴将垂直于 WCS 的 XY 平面。

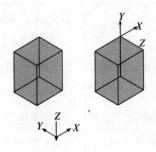

图 6-34　相对 Z 轴方向

3. "三点(3)" 选项

坐标系移动到原点，确定 UCS 相对于 X 和 Y 轴的方向。选择该选项后，提示为：

指定新原点<0,0,0>:（输入一点或回车）

在正 X 轴范围上指定点<当前值>:（输入一点）

在 UCSXY 平面的正 Y 轴范围上指定点<当前值>:（输入一点）

定义平面的三个点都可以使用 AutoCAD 任何一种标准定点方法输入。第一点设置平面的原点，而第二点确定 X 轴相对于该原点的方向；第三点确定 XY 平面在空间的位置；最后一点不能位于 Y 轴上，可位于不在前两点间的任何一处。参见图 6-35 实例。

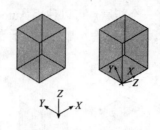

图 6-35　相对 X、Y 轴方向

4."对象(OB)"选项

坐标系移动到一个对象上,根据对象确定坐标系位置。选择该选项后,提示为:

选择对齐 UCS 的对象:(选择对象)

必须通过在对象上拾取一个点来选择。可以选择除了三维实体表面(3Dsolid)、三维多段线(3Dpolyline)、三维多边形网格(3Dmesh)、样条曲线(spline)、视口(viewport)、多线(mline)、面域(region)、椭圆(ellipse)、射线(ray)、构造线(xline)、引线(leader)和多行文字(mtext)外的任何类型的对象。

Z 轴的方向将与所选对象的挤出方向相同,而坐标原点的位置取决于所选对象的类型。X 轴和 Y 轴的方向也取决于对象选择点的位置。表 6-4 列出了选择某些普通对象时,UCS 的原点和方向。

UCS 原点和方向　　　　　　　　表 6-4

对象类型	原点位置	UCS 方向
圆弧(Arc)	弧的圆心	X 轴通过离拾取点最近的端点
圆(Circle)	圆心	X 轴指向拾取点
线(Line)	线上离拾取点最近的端点	线位于新的 UCS 的 XY 平面,线上另一个端点在新的 UCS 中的 Y 坐标为 0
二维多段线(Polyline)	多段线起点	X 轴指向下一个顶点
三维面(3DFace)	三维面的起点	XY 平面位于三维面所在的平面,X 轴指向第二个点,Y 轴指向第三或第四点
文字(Text)和块(Blocks)	插入点	X 轴沿对象的 0°方向

在 R13 以前的版本中,该选项命名为 Entity,在 AutoCAD2005 中仍接受这个名字,或者只输入字母 E。

5."面(F)"选项

将 UCS 定位于三维实体表面(3Dsolid)的平面上。选择该选项后,提示为:

选择实体对象的面:(选择三维实体表面)

可以通过拾取边上的点或者表面上的点来选择一个面。选中面的边将高亮显示,UCS 将定位在该面上。其原点位于面上离所选点最近的角上,X 轴位于离所选点最近的边上,如图 6-36 所示。如果没有直边,UCS 原点将在三维实体表面的周界上。

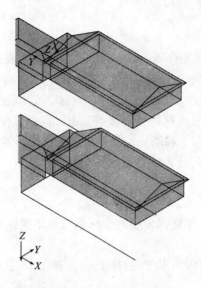

图 6-36 UCS 定位在面上

选择三维实体表面后,AutoCAD 的提示为:

输入选项[下一个(N)/X 轴反向(X)/Y 轴反向(Y)]<接受>:(输入一个选项或回车)

当选择 Next 选项时,UCS 将移到下一个合适的表面。选择 Xflip 和 Yflip 选项,可以使 UCS 的平面绕 X 或 Y 轴旋转 180°。

6. "视图(V)" 选项

UCS 的定位为:XY 平面垂直于当前视图方向,X 轴平行于视口的底部,Y 轴为铅垂方向。Z 轴指向屏幕外的观察者。UCS 的原点不变。选择该选项后没有后续提示。

7. X/Y/Z

选择这三个选项的每一个均使 UCS 沿指定的轴旋转。提示为:

指定绕 X(y 或 z)轴的旋转角度<90>:(输入角度)

提示中的 N 表示最初选择的轴,为 X,Y 或 Z 中的任一个。角度可直接输入或用点选确定,轴的转动方向根据右手定则。选择该选项后没有后续提示。用一种非常容易的方法形象地表示转动方向:假想用你的右手握住想要 UCS 转动的轴,其姆指从原点向外(如图 6-37 所示),则轴的转动方向为其余手指弯曲的方向。

图 6-37 右手表示

6.15.2 "移动(M)"选项

本选项（UCS 主选项）用来移动由 orthoGraphic 选项生成的 UCS 坐标原点。选择该选项后，提示为：

指定新原点或[Z 向深度(Z)]<0,0,0>:（输入一点或 Z，或回车）

如果输入一点，UCS 的原点就将移到该点。选 Z 向深度(Z)选项，使 UCS 原点沿 Z 轴相对于当前 XY 平面向上或向下移动。选择该选项后，提示输入距离值。正值使原点沿 Z 轴正方向移动，而负值使原点沿 Z 轴负方向移动。

6.15.3 "正交(G)"选项

本选项转动 UCS 的 XY 平面，使新的坐标系与基本坐标系的 XY、ZX 或 YZ 平面平行。选择该选项后的提示为：

输入选项[俯视(T)/仰视(B)/主视(F)/后视(BA)/左视(L)/右视(R)]<俯视>:（输入选项或回车）

Top 和 Bottom 选择使 UCS 的 XY 平面位于基本坐标系的 XY 平面上，Front 和 Back 选项使 UCS 的 XY 平面位于基本坐标系的 ZX 平面上，Left 和 Right 选项使 UCS 的 XY 平面位于基本坐标系的 YZ 平面上。Top、Front 和 Right 选项按基本坐标系的 Z 轴正方向确定 UCS 的 Z 轴，而 Bottom、Back 和 Left 选项按基本坐标系的 Z 轴负方向确定 UCS 的 Z 轴。在使用各自命令的时候，我们使用 UCSⅡ 参见图 6-38 更为方便快捷。

基本坐标系是保存在系统变量 UCSbase 中的一个坐标系。在缺省状态，WCS 是基本坐标系，但是，也能够将先前已保存的任一 UCS 的名字存入 UCSbase 中。

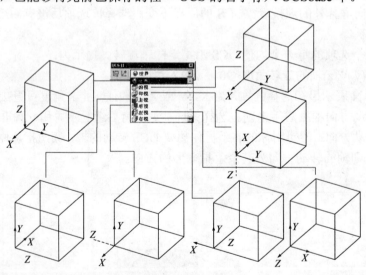

图 6-38　UCSⅡ

6.15.4 "上一个(P)"选项

恢复上一个 UCS。AutoCAD 保存在图纸空间中创建的最后 10 个坐标系和在模型空间中创建的最后 10 个坐标系。重复"上一个"选项逐步返回一个集或其他集，这取决于哪一空间是当前空间。如果在单独视口中已保存不同的 UCS 设置并在视口之间切换，那么 AutoCAD 不在"上一个"列表中保留不同的 UCS。但是，如果在一个视口中修改 UCS 设置，AutoCAD 将在"上一个"列表中保留最后的 UCS 设置。例如，将 UCS 从"世界"修改为"UCS"时，AutoCAD 将把"世界"保留在"上一个"列表的顶部。如果切换视口，使"主视图"成为当前 UCS，接着又将 UCS 修改为"右视图"，则"主视图"UCS 保留在"上一个"列表的顶部。这时如果在当前视口中选择"UCS"-"上一个"选项两次，那么第一次返回"主视图"UCS 设置，第二次返回"世界"。

6.15.5 "恢复(R)"选项

恢复已保存的 UCS 使它成为当前 UCS。恢复已保存的 UCS 并不重新建立在保存 UCS 时生效的观察方向。选择该选项后的提示为：

输入要恢复的 UCS 名称或[?]:（输入？号或 UCS 的名称）
名称:指定一个已命名的 UCS。
问号选项用来列出已命名的用户坐标系清单。选择该选项后的提示为：
输入要列出的 UCS 名称<*>:输入名称列表或按 ENTER 键列出所有 UCS
可以用通配符（如？和*）显示 UCS 名称的过滤清单或者回车。

6.15.6 "保存(S)"选项

按指定名称保存当前 UCS 的配置。选择该选项后的提示为：
输入保存当前 UCS 的名称或[?]:（输入一个？或名称）
UCS 的命令规则与层、视图和其他 AutoCAD 对象完全相同。
选择问号选项后的提示为：
输入要列出的 UCS 名称<*>:（输入 UCS 名称清单或回车）
回车列出先前保存的 UCS 名称清单，或用通配符显示 UCS 名称的过滤清单。

6.15.7 "删除(D)"选项

从已保存的用户坐标系列表中删除指定的 UCS。
输入要删除的 UCS 名称<无>:输入名称列表或按 ENTER 键
AutoCAD 删除用户输入的需要删除的多个名称和用通配符删除几个已命名的用户坐标系，甚至当前坐标系。如果删除的已命名 UCS 为当前 UCS，AutoCAD 将重命名当前 UCS 为"未命名"。

6.15.8 "应用(A)"选项

其他视口保存有不同的 UCS 时将当前 UCS 设置应用到指定的视口或所有活动视口。UCSVP 系统变量确定 UCS 是否随视口一起保存。选择该选项后的提示为：
拾取要应用当前 UCS 的视口或[所有(A)]<当前>:（单击视口内部指定视口、输入 a 或按 ENTER 键）
◇ 视口：将当前 UCS 应用到指定的视口并结束 UCS 命令。

◆ 所有：将当前 UCS 应用到所有活动视口。

6.15.9 "?"选项

问号选项用来列出用户定义坐标系的名称，并列出每个保存的 UCS 相对于当前 UCS 的原点以及 X、Y 和 Z 轴。如果当前 UCS 未命名，那么它将列为 WORLD 或 UNNAMED，这取决于它是否与 WCS 相同。选择该选项后的提示为：

输入要列出的 UCS 名称<*>:（输入 UCS 名称清单或回车）

回车列出所有保存的 UCS 名称清单，或用通配符显示 UCS 名称的过滤清单。

6.15.10 "世界(W)"选项

在 UCS 命令主选项提示后输入 W 或直接回车选择本选项，恢复世界坐标系。WCS 是所有用户坐标系的基准，不能被重新定义。

> 提示：当着手一个三维模型或正准备对模型的一个截面进行操作时，无论有否实体存在，UCS 命令的 Origin、ZAxis、X、Y 和 Z 选项都是特别有用的。
>
> 随着建模的进行，在需要设置相对于现有实体的 UCS 时，经常会用到 UCS 命令的 Origin、Zaxis 和 3point 选项.目标捕捉方式能使 UCS 精确定位。
>
> 在 UCS 绕 X，Y 或 Z 旋转时，虽然并不一定非要使用负的角度值，但用负值常常更直观。例如，使 UCS 绕 Z 轴旋转，想用－45°表示转角而不是 315°也许会更容易，尽管它们是等价的。
>
> View 选项用来准确设置 XY 平面相对于 WCS 的复合角度是很有用的。例如，假设需要设置这样一个绘图平面：其 X 轴相对于 WCS 的 X 为 120°，Y 轴相对于 WCS 的 XY 为 45°。可以这样操作，用 VPOINT 命令的 Rotate 选项设置相对于 X 轴的观察方向为 30°，相对于 XY 平面的观察方向为 45°，然后用 UCS 命令的 View 选项设置 XY 平面垂直于该观察方向。

6.16 UCSMAN 命令

UCSMAN 命令显示一个标题为 UCS 的对话框，该对话框有三个选项卡，用来管理已命名的 UCS、设置正投影 UCS 和控制与 UCS 有关的某些系统变量参数，如图 6-39 所示。

6.16.1 "命名 UCS"选项卡

列表框中列出所有 UCS 的名称。该列表框总是将 World 作为其中的一个条目。如果当前的 UCS 没有命名，则以 Unnamed 名列出；如果使用了一个以上的 UCS，则列出名为 Previous 的 UCS。单击列表框中的任一项使其高亮显示，然后单击置为当前按钮将高亮显示的 UCS 设置为当前的 UCS。也可以在 UCS 名称处单击右键弹出一个快捷菜单，通过其菜单上的选项设置为当前 UCS、删除或重命名（见图 6-40）。

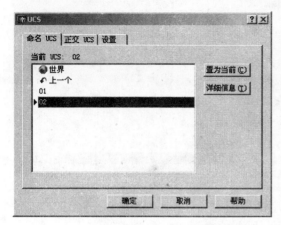
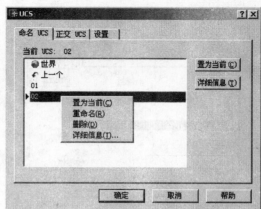

图 6-39 UCS 对话框　　　　　　　　图 6-40 快捷菜单

如果单击"详细信息（T）"按钮或从快捷菜单中选择"详细信息（T）……"选项，在该位置显示第二个对话框，高亮显示的 UCS 轴相对于基本 UCS 的方位将在对话框中显示。在缺省状态，基本用户坐标系为世界坐标系，但是，可以通过本对话框中标签名为"相对于："下拉列表框选择另一个 UCS（参见图 6-41）。

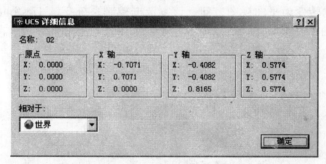

图 6-41 详细信息对话框

6.16.2 "正交 UCS"选项卡

本对话框的功能与 UCS 命令的"移动"和"正交"选项类似（参见图 6-41）。在列表框中将显示全部 6 种正投影 UCS。当在一个 UCS 项上单击时该项高亮显示，可单击"置为当前"按钮使其成为当前的 UCS。选择"详细信息（T）"按钮将在该位置显示同样的第二个对话框，并显示 UCS 轴的数据。

可用每一个正投影 UCS 的快捷菜单来设置当前的 UCS，显示该 UCS 的详细信息。选择快捷菜单的深度选项将显示标题为正文 UCS 深度的第二个对话框。正如 UCS 命令中的深度选项一样，在该对话框中能够设置 UCS 原点沿 Z 轴方向相对于基本 UCS 原点移动的深度。TopDepth 编辑框右边的按钮用来确定新的坐标系偏移基本用户坐标系 Z 轴方向的原点坐标（图 6-42）。选择该按钮后对话框暂时消失，在命令行上提示输入一个点作为正投影 UCS 的原点。在缺省状态，对于正投影 UCS 的基本 UCS 是世界坐标系。当然，可以在标签名为 Relativeto 下拉列表框中指定任何一个命名 UCS 作为基本 UCS。指定 UCS 的名称保存在系统变量 Ucsbase 中。

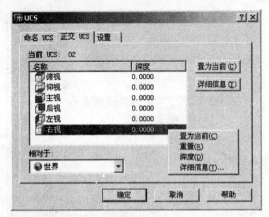

图 6-42 "正交 UCS"选项卡

6.16.3 "设置"选项卡

标签名为"设置"(见图 6-43)的一组复选框与 UCSICON 命令选项的作用相同，在本章的前面已讨论过。当复选框"修改 UCS 时更新平面视图"选中时，无论 UCS 是否改变，视图的方向将自动转变为平面视图方向。该复选框控制系统变量 Ucsfollow 的设置。标签名为"UCS 与视口一起保存（S）"复选框控制系统变量 Ucsvp 的设置。在本章稍后讨论多视口时，将阐述这些系统变量。

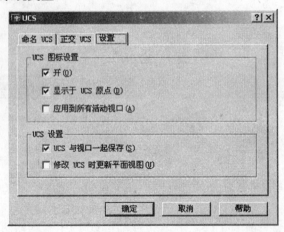

图 6-43 "设置"选项卡

6.17 VIEW 命令

在 AutoCAD2005 中，VIEW 命令有若干个预设视图。其中 6 个用来设置正投影视图，其余 4 个中的每一个用来设置俯视 UCS 的 XY 平面的等轴测视图。单击名称使其高亮显示，并按置为当前按钮，设置 12 个预设视图之一。也可以右击高亮显示的名称，从快捷菜单中选择置为当前项。

该视图相对于在标签名为 Relativeto 的弹出式列表中选择的 UCS（参见图 6-44）。正如 UCSMAN 命令的正交 UCS 选项卡中的弹出式列表选择一样，选中的 UCS 名称将保存在系统变量 Ucsbase 中。

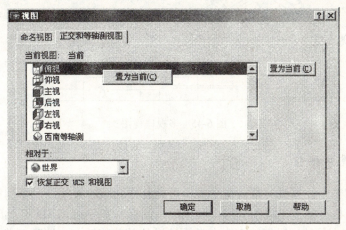

图 6-44　视图对话框

当"恢复正交 UCS 和视图"复选框选中时，UCS 将自动地转换为与相应正投影的 UCS 匹配，该复选框控制系统变量 Ucsortho 的值。当复选框为选中状态时，Ucsortho 的值为 1；清除其选中状态，Ucsortho 的设置为 0。该系统变量仅仅影响正投影视图。

> 提示：在 AutoCAD2005 中，视图工具条按钮中的正投影和等轴测选项以及 VIEW 下拉菜单中的 3DViews 菜单项用 VIEW 命令而不是用 VPOINT 命令设置视点。当系统变量 Ucsortho 的值为 1 时，设置一个正投影视图结果也设置了 UCS。如果在设置正投影视图时，宁愿用菜单和工具条而不设置 UCS，可设置 Ucsortho 的值为 0。

6.18　多平铺视口

在构造三维模型时，从二维计算机屏幕上观察三维空间引起的主要问题是能否看清图形。事实上没有空间的感受，这样确定线条在平面的前面或在平面的后面是很困难的，而且很多线条互相挤在一起。即使一个三维线框模型所包涵的实体也许比该对象多视图的实体少，三维线框模型的实体也总是挤在一起。用网格和栅格表示的表面模型甚至比线框模型更混乱。

出于更清楚观察图形的考虑，AutoCAD 提供了将屏幕分成几个矩形区的功能（这种矩形区称为视口），这样能够同时从不同的观察方向看模型。例如，一个视口观察模型的后面，而第二个视口观察模型的平面。

图 6-45 表明了多视口是如何有用的。屏幕被分成右边的一个较大的视口和左边两个较小的视口。左上的视口为当前 UCS 的平面视图。虽然 UCS 图标在 UCS 原点显示，但是在该视图中确定坐标系的 Z 位置是不可能的。XY 平面可能在模型顶部的平面，或在模型底部的平面，或浮动在空间某处，甚至不在模型的附近。但是，观察右边较大的视口，就能够发现 UCS 原点位于底部的平面。

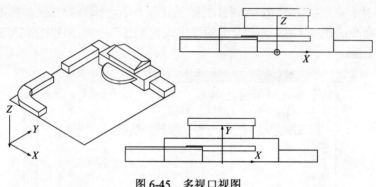

图 6-45　多视口视图

6.18.1　平铺视口特性

多视口很像多个计算机屏幕。每个视口可具有不同缩放程度以及不同观察方向。利用视口还能设置栅格、捕捉、视图分辨率和坐标系图标。在 AutoCAD 开始时，每个视口可具有自己的 UCS。另外，我们将在本书后面论及的某些特性，如消隐、着色、渲染和透视观察方式等都能够在每个视口分别设置。但是，对于一个 3D 模型的任何修改都将反映在所有视口（假若其修改所处的位置在所有视口中可见）。

视口的数目取决于计算机的视频系统。然而，无论有什么样的系统，AutoCAD 允许设置的视口比可能需要的视口多。有时必须在所需的视口数和视口的相对大小之间选择一种折衷方案，因为在小尺寸的视口中难于看清细节和选择对象。十分清楚，计算机屏幕的尺寸大小是一个重要的因素：在大屏幕上能够设置的视口比在小屏幕上可设置的视口多。

由于视口相当于房间地面上的瓷砖，因而 Autodesk 称其为平铺视口（tiled viewports）。这样：

- 视口必须完全充满计算机屏幕的图形区。
- 视口不能重叠。
- 在两个视口间没有空隙。
- 视口不能移动。
- 视口的尺寸和形状不能改变。

平铺视口只能在模型空间工作。后面的章节中，我们将讨论 AutoCAD 的图纸空间，这是另外一种类型的视口，称为浮动视口（floating viewports）。浮动视口可以重叠，在两个视口之间允许有空隙、可以移动、可具有自己的尺寸和不同的形状。系统变量 Tilemode 确定 AutoCAD 是在模型空间还是在图纸空间操作。当 Tilemode 的值为 1 时（缺省设置），模型空间有效，视口是平铺的。当 Tilemode 的值为 0 时，AutoCAD 处于图纸空间，使用浮动视口。图纸空间和浮动视口主要用于输出。

6.18.2　使用平铺视口

虽然在屏幕上可以有几个视口，但是仅仅一个视口处于命令执行状态，这个视口为当前视口（current viewport）。当前视口是惟一出现十字形光标的视口，具有比其他视口更粗的边界。在图 6-46 中，左边的较大的视口是当前视口。当你将光标移动到另一个视口时，十字光标变成一个小箭头形状，表示该视口不是当前视口。将光标移到任一视口并单击点输入设备的拾取键，可使其成为当前视口。在视口中首次单击拾取键是向 AutoCAD 发出改变当前视口的信号。甚至大多数命令可以在一个视口开始执行，而在另一个视口结束。例如，在图 6-46 中，可以在大的视口中开始作一条直线，然后将光标移动到任一个小的视口并单击左键使其成为当前视口，最后拾取直线的端点。同时按住 Ctrl 和 R 键也能够改变当前视口。

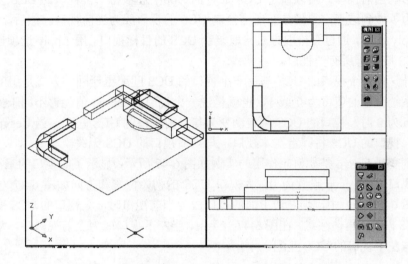

图 6-46 平铺视口

在 AutoCAD R14 和以前的版本中，诸如 ZOOM、PAN、SNAP、GRID 和 VPOINT 等影响视口的命令并不允许在命令执行中途改变视口。当执行其中任何一条命令时，光标被锁定在当前视口中，不能够移到另一个视口。在 AutoCAD2005 中，只有 PAN 命令才将光标锁定在当前视口。

视口设置可命名，并可保存在图形文件中。因为 Autodesk 访问图形文件的视口配置（view port configuration）除了视口的数目和布局以外，AutoCAD 还保存每个视口的以下数据：

- 视口的 UCS。
- GRID 和 SNAP 设置。
- VIEWRES 设置。
- ZOOM 程度。
- UCSICON 设置。
- 观察方向和目标位置。
- 透视和剪裁平面设置（将在后面章节讨论 DVIEW 命令时说明）。

因此，当一个视口的配置被恢复时，每个视口的外观与保存时的设置完全相同。当然，对模型所做的任何修改都将在最近恢复的视口中反映。

视口配置名称必须遵循 AutoCAD 对象的命名规则。在 AutoCAD2005 中，名称可达到

255个字符,在名称间允许有空格。出于控制和过滤的目的,字符须按规定使用,如问号、冒号、逗号和星号是不允许使用的。

REDRAW 和 REGEN 命令只影响当前视口。如果需要重画所有视口的显示,可输入 REDRAWALL 命令。如果需要强制重生成所有视口,可输入 REGENALL 命令。

6.18.3 视口和用户坐标系

在 AutoCAD2005 中,每个视口都可以有自己的用户坐标系(UCS)。此外,UCS 命令仅仅影响当前视口。可以通过 UCS 命令的 Apply 选项将一个视口的 UCS 复制到另一个视口。为了做到这点,须使具有所需复制 UCS 的视口成为当前视口。然后,执行 UCS 并选择 Apply 选项,通过点拾取方式拾取复制 UCS 的目标视口。用 Apply 选项也可将当前视口的 UCS 应用于所有的视口。

另外,使一个视口的 UCS 与另一个视口的 UCS 匹配更迂回的方式是用 Ucsvp 系统变量。该系统变量的值可为 0 或 1,也就是说一个视口的 Ucsvp 值能够不同于另一个视口。当 Ucsvp 为 0 时,视口的 UCS 将自动变为与当前视口的 UCS 匹配。当 Ucsvp 为 1 时(缺省值),视口的 UCS 将锁定在本视口,与当前视口的 UCS 无关。

系统变量 Ucsvp 是如何起作用的实例如图 6-47 所示,显示了同视口的三次配置。在右边的大视口中,Ucsvp 设置为 0。大视口 UCS 的初始位置和方向如图 6-47(a)所示。注意,在图 6-47(b)中,当左边上面的视口成为当前视口时,大视口的 UCS 变为与左上视口的 UCS 匹配。再请注意,在图 6-47(c)中,当左下视口成为当前视口时,大视口的 UCS 又变为与左下视口的 UCS 匹配。

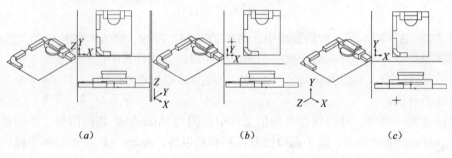

图 6-47 实例

6.19 VIEWPORTS(VPORTS)命令

VIEWPORTS(总是缩写为 VPORTS)是创建和管理平铺视口的命令。该命令显示的对话框有两个选项卡——"新建视口"和"命名视口"。

6.19.1 "新建视口"选项卡

用"新建视口"选项卡建立平铺视口,如图 6-48 所示。

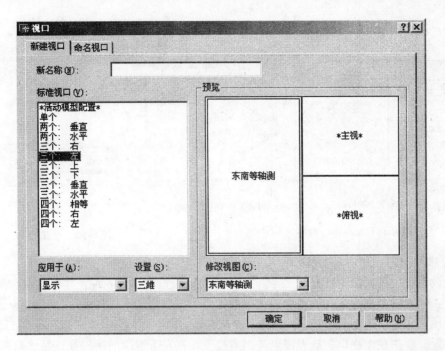

图 6-48 "新建视口"选项卡

1. 标准视口（V）

在此列表框中显示了 AutoCAD 的 12 种标准视口名称及当前视口列表。单击名称处使其高亮显示，表示选择该视口。

2. 预览

在此长方形区域显示所选择视口的布局情况。在每个视口中的字，如"*主视*"和"*东南等轴测*"等，表示每个视口所具有的视点。

3. 新名称（N）

要保存选择的视口布局，在本编辑框中输入名称。

4. 应用于（A）

本下拉列表框包括两个选项"显示"和"当前视口"。当选择显示选项时，整个 AutoCAD 图形区将按所选视口的布局划分。当选择"当前视口"选项时，所选视口的布局仅仅对在执行 VPORTS 命令时的当前视口起作用。

当选择"单个"作为视口布局时，整个图形区将恢复为单一视口，忽略"应用于"设置（参见图 6-49）。

5. 设置（S）

在本下拉列表框中有两个选项。当选择"二维"时，所有新视口的视点将与当前视口的视点相同。当选择"三维"时，每个视口可设为 6 种正投影视图之一，或者是俯视 XY 平面的 4 种等轴测视图之一（参见图 6-50）。如果系统变量 Ucsortho 的值为 1，对于正投影视图和视口，其 UCS 将自动与视口的视线匹配。

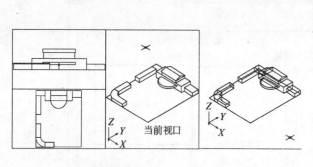
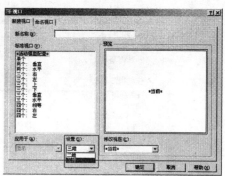

(a)设置单视口前　　　　　(b)设置单视口后

图 6-49　单一视口布局　　　　　　　　　　图 6-50　设置选项

6. 修改视图

在设置下拉列表框中选择"三维"时，本下拉列表框将包含 6 种正投影视图和俯视 XY 平面的 4 种等轴测视图名，以及当前视图的视点。可以指定下拉列表框中列出任一种视图作为在预览区显示的任一个视口。例如，假若选择的标准视口名是"三个：右"布局和"三维"设置，则在左上视口的缺省视点是"主视"，在左下视口的缺省视点是"俯视"，在右视口的缺省视点是"东南等轴测"，如图 6-51 左所示。如果需要左下视口为"左视图"而不是"俯视图"，右视口为"西南等轴测"视图而不是"东南等轴测"视图，可以更改视点，如图 6-51 右图所示。

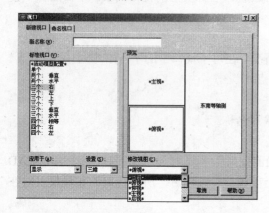
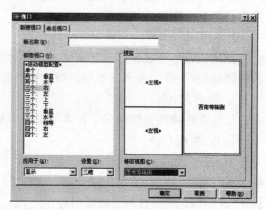

图 6-51　修改视图

6.19.2 "命名视口"选项卡

视口对话框的命名视口选项卡用来管理已保存视口的配置，如图 6-52 所示。已保存视口配置的名称在对话框左边的列表框中显示。通过单击视口名称可选择其中一个视口配置，在视口布局预览区将显示该视口的布局。通过单击视口名称可激活一个快捷菜单。该快捷菜单有两个选项：一个是视口配置的更名，另一个是删除已命名的视口配置。

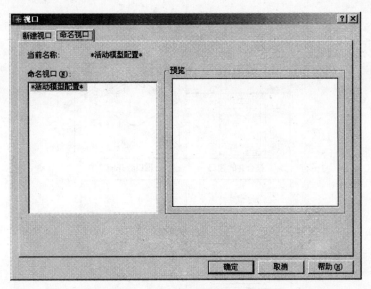

图 6-52 "命名视口"选项卡

6.20 命令行选项

如果从命令行开始执行 VPORTS 命令并在命令名前面带一个连字符,将显示创建和管理平铺视口的命令行提示。

命令: -vports

输入选项 [保存(S)/恢复(R)/删除(D)/合并(J)/单一(SI)/?/2/3/4] <3>:(输入一个选项或回车)

前三个选项(保存(S)、恢复(R)、删除(D))是用于已命名视口的配置,后三个选项(合并(J)、单一(SI)和?)是生成新视口。创建视口的命令行选项(2、3 和 4)总是划分当前视口,而不是整个图形区。除了"合并(J)"和"?"选项外的所有选项都可以在 VPORTS 命令的对话框形式中用到,因此,这里只讨论"合并(J)"和"?"选项。

6.20.1 合并选项

把两个相邻的视口组成一个更大的视口。后续提示为:

选择主视口 <当前视口>:(回车或选择主导视口)

选择要合并的视口:(选择一个被合并的视口)

合并后的视口将具有主导视口(dominant viewport)的观察方向、缩放程度和其他外观特征。按回车选择当前视口(当前含十字形光标的一个视口)。要选择另外一个视口,将光标移到该视口并单击拾取按钮。

在出现第二个提示时,将光标移到一个相邻的视口并单击拾取按钮。合并后的视口必定是一矩形口,不可能生成 L-形和 T-形视口。这样,在图 6-53 中,只能合并两个较小的视口,而不能将较大的视口与其中一个小视口合并。

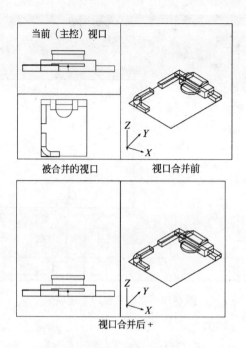

图 6-53 合并视口

6.20.2 "?"选项

选择问号选项生成一个视口清单,给出每个视口的 ID 号(标识号)和对角坐标,包括任一已保存视口配置的名称和坐标。例如,屏幕配置清单如下:

命令:
-VPORTS
输入选项 [保存(S)/恢复(R)/删除(D)/合并(J)/单一(SI)/?/2/3/4] <3>: ?

输入要列出的视口配置的名称 <*>:

当前配置:
id# 2
　　角点: 0.0000,0.0000 1.0000,0.5000
id# 3
　　角点: 0.5000,0.5000 1.0000,1.0000
id# 4
　　角点: 0.0000,0.5000 0.5000,1.0000

每个视口都有一个 ID 号及对角坐标,其对角坐标值是屏幕总长度和总高度值的一部分。

> 提示：已命名视口配置可保存在原型或样图中，用于快速设置常用视点的视口。例如，具有显示模型的顶部、前面、左侧和等轴测视点四个视口的已命名视口配置。
>
> 虽然 AutoCAD2005 允许的对象名称长度可达到 255 个字符，但是可以使视口配置名的长度为 31 或更小，且只使用数字、字母、下划线、连字符和美元号，以保证与 AutoCAD 早期版本兼容。

由于创建视口的 VPORTS 命令选项能够划分当前视口，而不是整个屏幕，因此创建的视口布局不受标准选项的限制，特别是与 Joint 选项的结合。例如，假设需要用一个大视口下带三个小视口来观察模型。首先，按图生成三个水平方向的视口；然后，合并上面两个视口；最后，在底部的视口中创建三个垂直方向的视口。

虽然视口的 ID 号对 AutoCAD 命令行并不特别有用，但是在 AutoLISP 和 ADS 应用程序中控制视口是有用的。AutoCAD 将当前视口的 ID 号保存在系统变量 Cvport 中，应用程序能够使用该变量获得和设置当前视口。

第7章 实体建模

学习目的

用实体建模，简单、方便，并且对于设计整体而言，要比其他建模方式更利于后期的工程工作。故，在这本书里，笔者几乎抛弃了其他的建模方式，而专一论述实体建模及修改。

本章将以简单建筑元的形式来讲解实体模型的建立。

这章将分两部分来讲解：

一、标准实体元，实体元是 AutoCAD 内置的，用来创建实体模型的标准形。许多实体模型都可以用这些基本的形状生成。为了熟练掌握建立实体模型的程序，你应该从掌握这些基本的形状入手。

二、在学会了生成标准实体后，你将练习建立自己设计的实体对象的技巧。

完成本章之后，你能够学会：

- 区分实体模型和 3 D 表面模型的不同。
- 理解实体工具栏的组织。
- 使用每种建立实体元的命令。
- 使用 Extrude（拉伸）和 Revolve（旋转）命令从 2 D 对象建立 3 D 对象。
- 理解命令的规则和限制。

7.1 介　　绍

这里，假设大家知道，AutoCAD 模型有表面模型和实体模型之分，实心对象的外表与在 AutoCAD 3D 中建立的网格或表面模型相似。但是，实体模型比表面模型包含更多信息。在 AutoCAD 3D 中建立的表面模型是由实体的面组成的。想像一个由理想的面组成的立方体，这个立方体有 6 个面，但是其内部，是一空腔(见图 7-1)。但实体模型不是由面构成的，而是一个实心对象。用建立实体模型程序建立的相同的立方体是实心的。

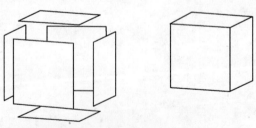

表面模型由 3 D 面组成，固件模型没有空腔

图 7-1　3 D 对象和实体对象

创建实体类的对象可以让你分析这些对象。对象性质(如重量、表面积、转动惯量等)是可以计算的，而且，是可以进行布尔运算的。

7.1.1 实体模型的用途

实体模型可以让建筑师从视觉上直观的表示，如建筑物屋顶的复杂交叉部分。模型建立以后，图可以转换成"标准"的 3D 形式，并可以修饰后用于研究、展览。

7.1.2 绘制实体图

在正式开始制作实体模型前，我们大概把 AutoCAD 实体模型分下类，由简单到深入大概分成：

1．标准实体元

AutoCAD 提供了用于建立基本的标准块形状(即实体元)的命令。这些简单的 3 D 实体形状有长方体、球体、圆锥体、圆柱体、圆环体及楔体。这些形状可以通过相互"加"或"减"形成更加复杂的形状。另外，你可以用命令编辑这些形状，使之旋转、拉伸、切削、倒角等。

2．自定义实体元

这是由用户自己用拉伸、旋转命令从二维得到的实体元。

3．组合实体

当你用几个实体元组成一个实体对象时，这个对象就被称为组合实体。由实体元组合构成的对象可以合并成一个单一的对象，整个封闭成一个实体。实体元之间可以相互加减。例如，一个钻孔可以通过从一个实体板上移走圆柱来创建。从板上减掉圆柱可以创建"钻孔"。

> 实体模型命令：
>   AutoCAD 的实体模型命令与其他命令没有严格的区分。例如：要绘制一个立方体可以使用 Box 命令。

7.2 实体元的制作

现在，我们正式开始学习用 AutoCAD 制作三维实体模型。三维的基本元素是简单实体元，我们就先从简单的实体元做起：

将 AutoCAD 的实体工具栏展开，我们可以看到，前两栏就是简单实体的制作工具，从左面开始，分别是：

标准实体的：长方体、球体、圆柱体、圆锥体、楔体及圆环体

自定义实体：拉伸实体、旋转实体

图 7-2 实体工具栏

可以使用 绘图 | 实体 菜单(或通过实体工具栏，见图 7- 2)。通过这些菜单选择命令创建用户自己的实体元。例如长方体实体元，如图 7-3 所示。我们来用实体命令建立一些实体。从 Box 命令开始。

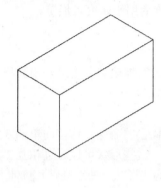

图 7-3 长方体实体元

7.2.1 绘制一个立方体实体

Box 命令用来绘制 3 D 立方体实体(见图 7-4)，菜单命令如图 7-5 所示。

图 7-4 立方体实体

图 7-5 长方体菜单命令

使用本命令生成立方体有三种方法。

1．指定对角和高度

这是缺省的生成立方体的方法。从选择长方体菜单或长方体工具或发命令 box 开始。键入第一个点，然后是对角。参考下面的一系列命令。

命令: box
指定长方体的角点或 [中心点(CE)] <0,0,0>:
指定角点或 [立方体(C)/长度(L)]:
指定高度: 指定第二点:
刚刚键入的两点指定了立方体的长和宽。现在必须指定高度。
在输入第一点以后，可以键入相对坐标来确定第二点的位置。命令行现在提示你输入高度。在本例子中的立方体 5 个单位高。

Specify height：5

你可能想要在此时停下，用 VPoint 命令显示立方体的 3D 视图(见图 7-6)。结束后使用平面命令回到平面视图。

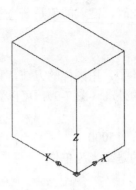

图 7-6 长方体的 3 D 视图

注意,立方体的长和宽是相对于当前的 UCS 的,而高是垂直于当前的 UCS 的。

2．Length 选项

长度(L)选项可以通过指定立方体的实际长、宽、高尺寸来生成立方体。我们来生成 5 单位长、6 单位宽、7 单位高的立方体,如图 7-7 所示。如下的命令序列指导你完成整个过程。

命令:

BOX

指定长方体的角点或 [中心点(CE)] <0,0,0>:(在屏幕上选择第一点)

指定角点或 [立方体(C)/长度(L)]: l

指定长度: 5

指定宽度: 6

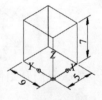

图 7-7 立方体实体

指定高度: 7

3．生成正方体实体

立方体(C)选项用来生成一个正方体实体。我们来画这个正方体,如图 7-8 所示。

命令:

BOX

指定长方体的角点或 [中心点(CE)] <0,0,0>:(键入显示正方体的角)

指定角点或 [立方体(C)/长度(L)]: c

指定长度: 5

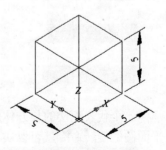

图 7-8 正立方体实体

AutoCAD 使用键入的长度(此时，键入的值是 5)来生成所有边长都等于键入值的正方体。

好，我们现在可以制作长方体了，用同样的方法，我们开始制作一个简单的建筑。
我们做一个简单的酒店建筑的外观（图 7-9），可以看到，酒店的两侧的配楼就是长方体。
它的长：36000 宽：16000 高：15000
按照建筑惯例我们制图使用的是毫米为单位。

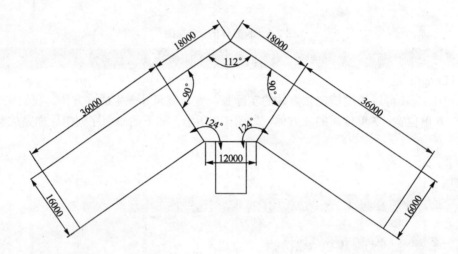

图 7-9　酒店建筑的外观

那么我们开始使用长方体命令：
命令: box

指定长方体的角点或 [中心点(CE)] <0,0,0>:

指定角点或 [立方体(C)/长度(L)]:l

指定长度: 36000

指定宽度: 16000

指定高度: 15000

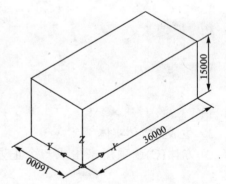

图 7-10　调整角度

一个代表配楼的长方体建立了。然后，我们按照我们的设计意图，调整它的角度：用平面图的旋转命令就可以实现了（图 7-10）。

其实，作为有一定二维图基础的人，做三维图是很简单的，很多二维命令在三维的世界里都可以使用的！

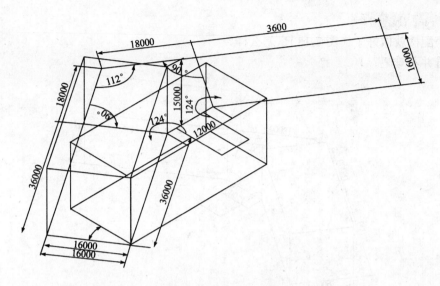

图 7-11 做第二个配楼

我们现在做另一侧的配楼,我们可以按上面做头一个配楼的办法操作这个配楼,如图 7-11 所示。但是,更简单的方法还是借用二维的命令。这次,我们用镜像命令(图 7-12):

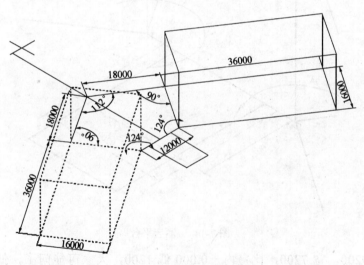

图 7-12 镜像第一个配楼

命令:
MIRROR
选择对象:找到 1 个
选择对象:
指定镜像线的第一点:
指定镜像线的第二点:
是否删除源对象?

[是(Y)/否(N)] <N>:

两个配楼就做好了（图7-13）！怎么样？

三维并不难吧？！

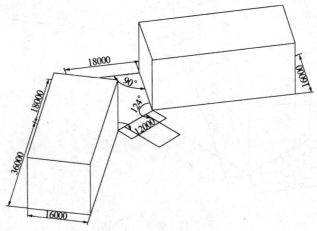

图7-13 做好的两个配楼

下面，我们和前面一样，做酒店前面的平台（图7-14）。

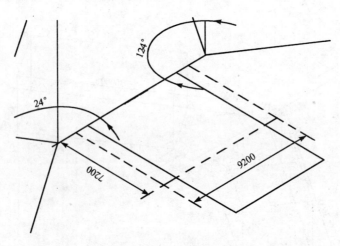

图7-14 酒店平台

平台长9200，宽7200，比室内±0.000低1200，大家可能问了，低1200怎么做呢？当然一个方法是做好了，再用二维的移动命令给移下去，但是，这里，我们直接做低：

命令:_box

指定长方体的角点或 [中心点(CE)] <0,0,0>:

指定角点或 [立方体(C)/长度(L)]:

指定高度: -1200

通过捕捉，选择长方体的第一、二点，如图7-15所示。然后，我们在指定高度时，输入负值：-1200，就指定了平台往下延伸。做好的平台如图7-16所示。

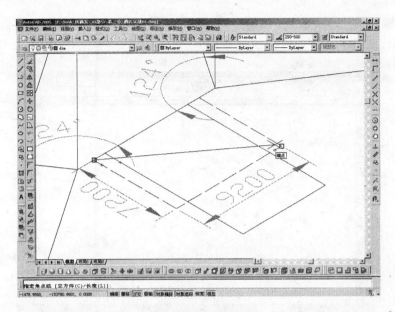

图 7-15　捕捉端点

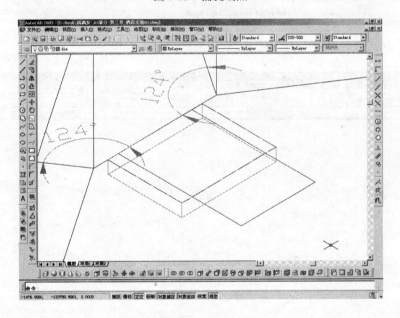

图 7-16　做好的平台

我们再来做雨棚：

长 12000；宽 7200；高 1200。

同样是选择两角点，给定高度：

命令:_box

指定长方体的角点或 [中心点(CE)] <0,0,0>:

指定角点或 [立方体(C)/长度(L)]:

指定高度: 1200

代表雨棚的长方体做好了,如图 7-17 所示,我们把它往上移 3600,移动好的图形如图 7-18 所示。

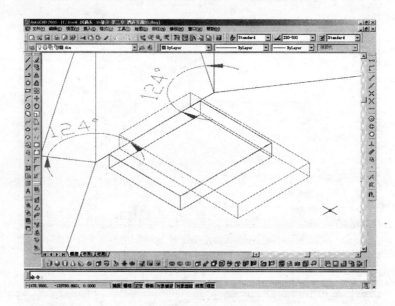

图 7-17　做好的雨棚

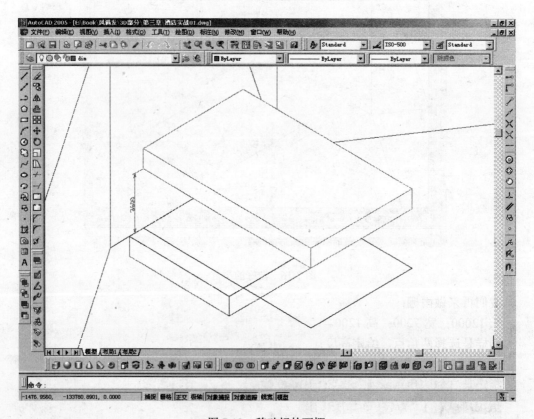

图 7-18　移动好的雨棚

用二维的移动命令：

命令:_move

选择对象: 找到 1 个

选择对象:

指定基点或位移: 指定位移的第二点或 <用第一点作位移>: @0,0,3600

这里我们看到，"二维"的移动命令是如何在三维中使用的。

实际上，作为 CAD 软件，AutoCAD 本身是个三维软件，它的命令大部分实际是三维命令，只不过，我们没有给出 Z 轴上的数值，而系统默认在 Z 轴上的数值量为"零"而已。

7.2.2 生成锥形实体

Cone 命令(见图 7-19)用来生成一个锥形实体。圆锥体菜单命令如图 7-20 所示。

图 7-19 圆锥体工具

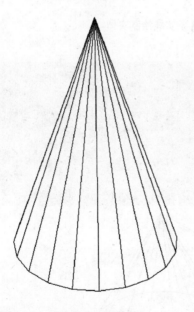

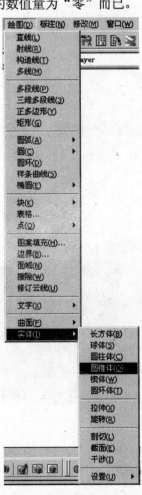

图 7-21 已经完成的圆锥体　　　　　　　　图 7-20 圆锥体菜单

圆形底或椭圆形底都可以用来生成锥。锥的底在当前 UCS 的 XY 平面。
高是指底到顶点的距离，而且垂直于对当前 UCS 平面。
我们用圆形底来生成一个锥。选择 Cone 命令后的命令序列如下：

命令: _cone

当前线框密度：ISOLINES=4

指定圆锥体底面的中心点或 [椭圆(E)] <0,0,0>:(在屏幕上选择一点)
指定圆锥体底面的半径或 [直径(D)]:1

> 注意：既可以使用半径，也可以使用直径来生成底。在本例子中，指定一个值为 1 个单位的半径，因为半径是缺省的指定方式。如果希望键入直径，在这条提示后键入 D，就会提示输入直径。

继续命令序列：
指定圆锥体高度或 [顶点(A)]: 2

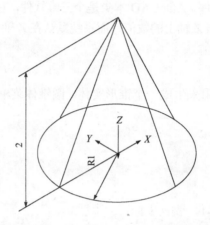

图 7-22　4 条实线绘制实体

图 7-21 显示了已经完成的 3D 锥体。

> 关于：当前线框密度：ISOLINES
> 在缺省状态，AutoCAD 只用 4 条实线绘制实体，如图 7-22 所示。这些线定义了实体的表面。当你将系统变量 Isolines 的值加到 12 时，这些实体看上去就会好得多。方法如下：
> 命令：ISOLINES
> 输入 ISOLINES 的新值 <4>: 12
> 命令：regen
> 正在重生成模型。(重构图，图 7-23 是用 12 线表示的圆锥体)

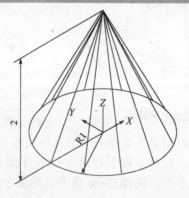

图 7-23　12 条实线描述的锥体

7.2.3 使用椭圆形底构建锥体

椭圆(E)选项可以用椭圆底生成一个锥体。来看一个例子，如图 7-24 所示。

命令：_cone
当前线框密度： ISOLINES=12
指定圆锥体底面的中心点或 [椭圆(E)] <0,0,0>: e
指定圆锥体底面椭圆的轴端点或 [中心点(C)]: (键入第一轴端点，如图 7-24 中点 1)
指定圆锥体底面椭圆的第二个轴端点: (键入点 2)
指定圆锥体底面的另一个轴的长度: (键入点 3)
指定圆锥体高度或 [顶点(A)]: 指定第二点:

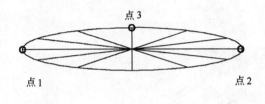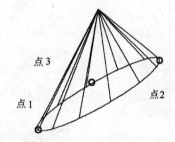

图 7-24 用椭圆底绘制的圆锥体

底面椭圆以与通过 AutoCAD Ellipse 命令绘制标准椭圆同样的方式生成。你也可以使用"中心点(C)"选项生成椭圆(见前面命令序列中的第四行)。如下命令序列说明了怎样建立这样的锥体实体。

命令：_cone
当前线框密度： ISOLINES=12
指定圆锥体底面的中心点或 [椭圆(E)] <0,0,0>: e

指定圆锥体底面椭圆的轴端点或 [中心点(C)]: c

指定圆锥体底面椭圆的中心点 <0,0,0>:
指定圆锥体底面椭圆的轴端点:
指定圆锥体底面的另一个轴的长度:
指定圆锥体高度或 [顶点(A)]: 指定第二点:

注意：这与 AutoCAD Ellipse 椭圆命令十分相似。

下面，让我们来做楼前的一个圆锥塔（图 7-25）。

为什么前面要个圆锥塔？没圆锥塔，怎么练圆锥体命令啊？！

先做二维辅助线，如图 7-26 所示。
再把辅助线往下移动 1200:

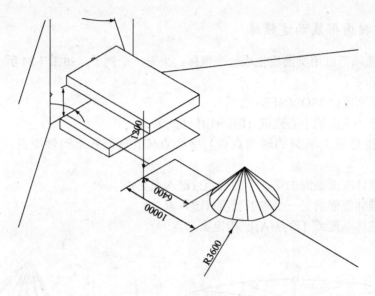

图 7-25 做圆锥塔

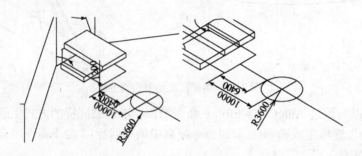

图 7-26 下移二维辅助线

做圆锥体，高 4500：
命令：_cone
当前线框密度：ISOLINES=12
指定圆锥体底面的中心点或 [椭圆(E)] <0,0,0>：

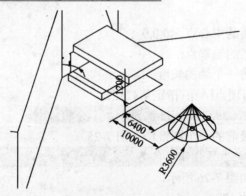

图 7-27 做好的圆锥塔

指定圆锥体底面的半径或 [直径(D)]:
指定圆锥体高度或 [顶点(A)]: 4500

7.2.4 生成圆柱实体

Cylinder 命令用来生成圆柱实体(见图 7-28、图 7-29)。

图 7-28　圆柱体工具

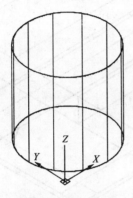

图 7-30　圆柱实体

圆柱实体以与锥体实体类似的方式生成。当然，不同的是，圆柱不是逐渐变尖的。与锥体类似，圆柱既可以用圆形也可以用椭圆形构造。椭圆底面圆柱与以椭圆底面锥体同样的方式生成。下面使用圆形底面生成圆柱实体。参见图 7-31 的输入点。

图 7-29　圆柱体菜单

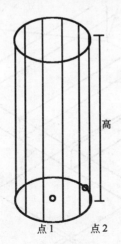

图 7-31　生成的圆柱实体

命令: _cylinder

当前线框密度： ISOLINES=12
指定圆柱体底面的中心点或 [椭圆(E)] <0,0,0>:(输入点1)
指定圆柱体底面的半径或 [直径(D)]: (数值或输入点2)
指定圆柱体高度或 [另一个圆心(C)]: 5

我们用圆柱体来做酒店前的挑檐的柱：
把刚才做挑檐的辅助线往里偏移1000，再往下偏移1200，做柱子的定位点。

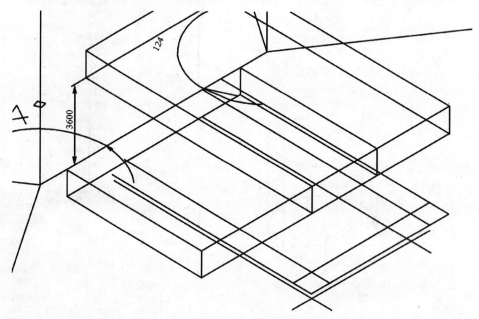

图 7-32 做定位点

柱子直径1000，高3600+1200=4800；
先取交点为柱子底中心，如图7-33所示。

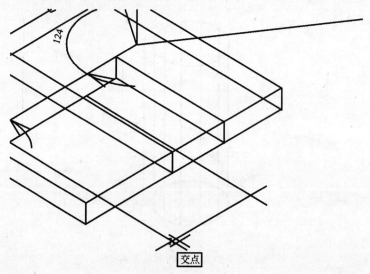

图 7-33 取交点

输入柱子半径,再输入高,成型:

命令:
CYLINDER
当前线框密度: ISOLINES=12
指定圆柱体底面的中心点或 [椭圆(E)] <0,0,0>: int
于(捕捉柱脚的辅助线交点)
指定圆柱体底面的半径或 [直径(D)]: 500
指定圆柱体高度或 [另一个圆心(C)]: 4800

然后,把柱子拷贝到另一个脚,柱子完成,如图 7-34 所示。

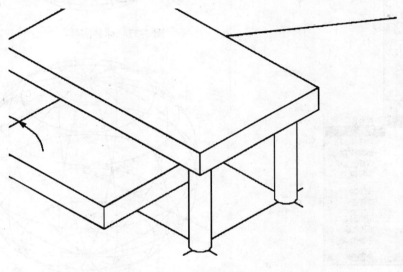

图 7-34 完成的柱子

7.2.5 生成球体实体

Sphere 命令生成一个实心的 3 D 球体(见图 7-35、图 7-36)。

生成球体实体(图 3-37)十分简单。首先指定球心点的位置,然后指定半径或直径。下面来构建一个球体,如图 7-38 所示。

命令:_sphere
当前线框密度: ISOLINES=12
指定球体球心 <0,0,0>:(输入点 1,作为制作球体的球心)
指定球体半径或 [直径(D)]: (给出半径或输入点 2,而实际上,CAD 也是由给定的点 2 与点 1 的距离来倒算半径)

图 7-35 球体实体工具

Sphere 命令使用指定 Z 轴深度上的 UCS 的 X,Y 轴数值给定的球心点。由输入的半径或两点绘制的圆围绕球心旋转来生成球体。球的垂直轴与当前 UCS 的 XY 平面垂直。

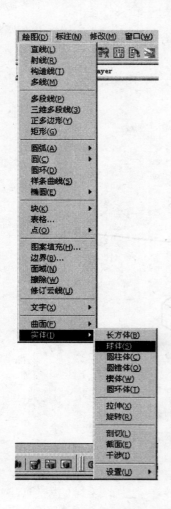

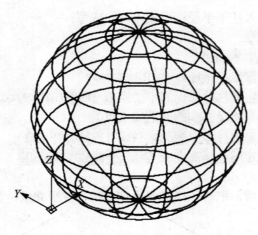

图 7-37 球体实体

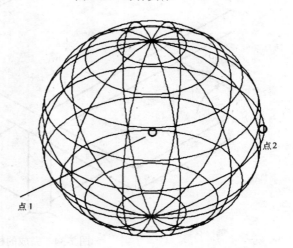

图 7-38 生成的球体实体

图 7-36 球体实体菜单

我们现在给前面做的塔的顶部加个球——还是为了练习用。

我们可以看到,现在的 UCS 是位于塔底面的,如图 7-39 所示。我们要做一个位于塔尖的球,是不是要移动 UCS 呢?在早期的版本是这样的,但是,现在的 CAD 已经发展了……

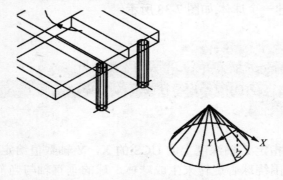

图 7-39 UCS位于塔底

我们直接捕捉塔的顶点就好了。
命令：_sphere
当前线框密度： ISOLINES=12
指定球体球心 <0,0,0>:
指定球体半径或 [直径(D)]: 250

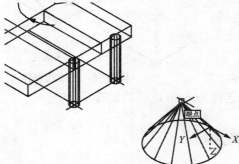

图 7-40　捕捉顶点　　　　　图 7-41　加好球的塔顶

球已经稳当地安在塔顶上了，而原来的 UCS 坐标并没有移动过。

7.2.6　生成一个楔形实体

Wedge 命令用来生成一个楔形实体(见图 7-42、图 7-43、图 7-44)。

图 7-42　楔体工具

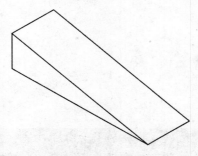

图 7-44　楔形实体(已去掉隐藏线)

楔体，可以看成是被由长高轴对角线切成一半的长方体。所以，楔体的生成参数很多都可以和长方体做类比。生成楔形体可以先指定底面尺寸再指定高度。或者也可以键入长、宽、高的值，参照图 7-45 建立一个楔状体。

命令：_wedge

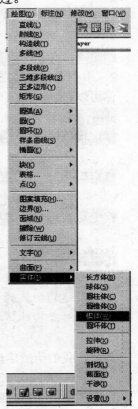

图 7-43　楔体菜单

指定楔体的第一个角点或 [中心点(CE)] <0,0,0>:(输入点1)
指定角点或 [立方体(C)/长度(L)]: (输入点2)
指定高度: 指定第二点:

如果在3D中看楔体,你能发现,楔体的高对应于输入的第一点所在的端,而楔体的"锋"位于底面上由第二点指定的端点位置上。斜度一般是沿着X轴方向。

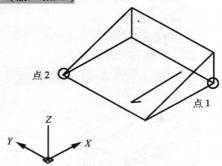

图 7-45 生成的楔体

1. 长度(L)选项

如果希望通过键入实际尺寸生成一个楔状体,简单地选择 Length 选项。如下命令序列显示了选择 Length 选项后的提示。

命令: _wedge
指定楔体的第一个角点或 [中心点(CE)] <0,0,0>:
指定角点或 [立方体(C)/长度(L)]: l

指定长度: (键入一个数值)

指定宽度: (键入一个数值)

指定高度: (键入一个数值)

2. 中心点(CE)和立方体(C)选项

你可以以一个点为中心建立一个楔状体,楔体也可以是等边的(Cube 选项):
命令: _wedge
指定楔体的第一个角点或 [中心点(CE)] <0,0,0>: ce

指定楔体的中心点 <0,0,0>:

指定对角点或 [立方体(C)/长度(L)]: c

指定长度: 500

> 所谓的楔体的中心点,其实就是被破成楔体的长方体中心点。所以笔者认为,这个点对于楔体建模来说,没有什么特别大的意义,而且又比较难控制,故,不推荐使用。

下面,我们给酒店前面加上坡道:
坡道长 3200,高 1200,宽 360:
我们把 UCS 的 X 轴移动到我们需要的位置,如图 7-46 所示。又见到 UCS 了吧!它在三维世界里会和你形影不离的,如果没有学好,赶快去上章补课!

制作坡道，如图 7-47 所示。

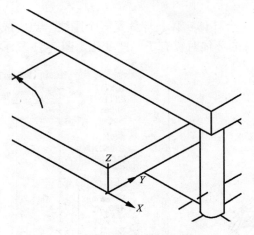
图 7-46　移动UCS

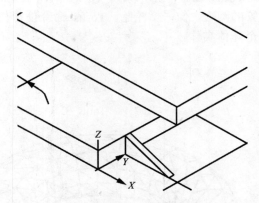
图 7-47　制作坡道

命令:_wedge
指定楔体的第一个角点或 [中心点(CE)]　<0,0,0>:
指定柱的中心到酒店前平台边缘的垂足为角点
指定角点或 [立方体(C)/长度(L)]: l

指定长度: 3200
指定宽度: 360
指定高度: 1200

拷贝到另一边，我们的坡道就做好了，如图 7-48 所示。当然，后面，我们会再加上台阶踏步的。

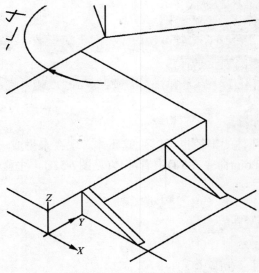
图 7-48　做好的坡道

7.2.7 生成一个环体实体

Torus 命令(见图 7-49、图 7-50)用来生成一个环体实体。环体是一个围绕一点生成闭合管的圆形，像一个轮胎。Torus 命令使得传统的环体对象有了一些变化，图 7-51 显示了一个环体实体。

图 7-49　Torus 工具栏命令

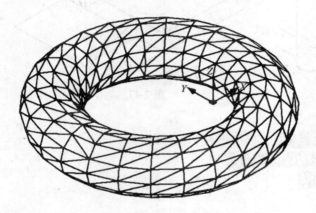

图 7-51　环体实体(已去掉隐藏线)

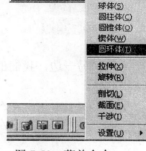

图 7-50　菜单命令

在生成一个环体实体之前，我们来看一个环体的组成。图 7-52 显示了所列的环体组成部分的平面视图。

我们来建立标准的环体。使用如下命令序列，如图 7-52 所示。

命令:_torus
当前线框密度：ISOLINES=12
指定圆环体中心 <0,0,0>:(输入点1)
指定圆环体半径或 [直径(D)]: (给出数值指定圆环体半径或输入点2，其与点1的距离表示半径)
指定圆管半径或 [直径(D)]: (给出数值指定圆管半径或输入点3 它去后面第4点距离表示管半径)
指定第二点：（输入点4）

如果管的半径超过环体的半径也可以生成环体。现在来生成一个环体半径为3、管的半径为5的环体。使用VPoint命令在3 D中看环体(见图7-53)。注意管是怎样在环体的中心处交叠的。

命令:_torus
当前线框密度：ISOLINES=12
指定圆环体中心 <0,0,0>:
指定圆环体半径或 [直径(D)]: 3

指定圆管半径或 [直径(D)]: 5

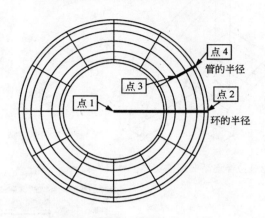

图 7-52 环体的组成部分

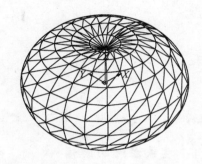

图 7-53 管的半径大于圆环体的半径

你也可以使用一个值为负数的环体半径。但是管的半径必须是正值。例如，环体的半径是-3，管的半径必须比3大。用环体半径为-3，管的半径为5生成一个环体。如图7-54所示。

命令：_torus
当前线框密度：ISOLINES=12
指定圆环体中心 <0,0,0>:
指定圆环体半径或 [直径(D)]: -3
指定圆管半径或 [直径(D)]: -5
值必须为正。
指定圆管半径或 [直径(D)]: 5

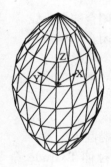

图 7-54 负的圆环体半径生成的圆环体

圆环体没有联系实例，读者可以比照以前的实例自己安排练习。

在前面的部分，你学习了怎样构建基本实体元。在下面的内容中，用户可以练习建立自己设计实体对象的技巧。

7.3 从二维创建实体

使用 AutoCAD 命令可以从 2 D 图形生成 3D 实体。在本章中我们要利用如下命令及其功能(见图 7-55)。

Extrude 将圆和多段线拉伸后生成实体，包括逐渐变细的拉伸。
Revolve 通过对象的旋转生成旋转体实体。
我们来创建一些有趣的实体。

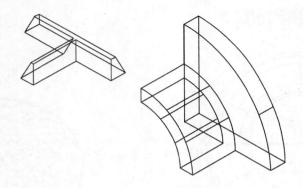

图 7-55　旋转实体和经过拉伸逐渐变细的实体

7.3.1　生成拉伸的实体

Extrude 命令通过拉伸对象来生成实体对象。如下对象是可以被拉伸的：

　　闭合的多段线
　　闭合的样条
　　多边形
　　环形
　　圆
　　区域
　　椭圆

拉伸 Extrude 命令(见图 7-56、图 7-57)的效果类似于在 3D 中通过指定厚度拉伸对象。一个不同是，Extrude 生成的是拉伸实体，而不是 3D 网格。另一个不同是拉伸的动作不必要平行。

图 7-56　工具栏命令

图 7-57　Extruder 的菜单命

1. 实体拉伸的规则和限制

要拉伸的多段线必须有至少三个顶点，少于 500 个顶点。多段线必须闭合而且不能有交叉。

如果任何一段与其他段交叉，则多段线不能拉伸。如果多段线的线宽非零，在多段线的中心按照线宽为零进行拉伸。在一次操作中可以同时拉伸几个对象。如果任何一个所选的对象不能被拉伸，就会忽略掉。不能拉伸一个块的对象。

2. 生成一个拉伸实体

（1）使用 PLine 命令绘制如图 7-58 所示的形状。使用 Close 选项或对象捕捉到端点来保证多段线闭合。

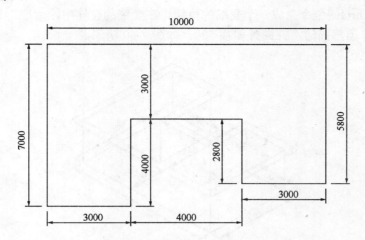

图 7-58 绘制要拉伸的形状

（2）使用拉伸命令生成一个厚度为 3000 单位的拉伸，按下列顺序执行命令：

命令: _extrude
当前线框密度： ISOLINES=4
选择对象:(选择要拉伸的对象)找到 1 个
选择对象:(按回车)
指定拉伸高度或 [路径(P)]: 3000
指定拉伸的倾斜角度 <0>:(按回车接受 0 .)

（3）使用 VPoint 回车，1,1,1 回车命令（关于 VPoint 命令的说明参见第 6 章）在 3 D 中观看对象(见图 7-59)。完成后，使用 Plan 命令回到平面视图并选用 Zoom All。

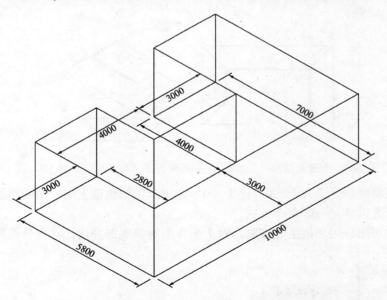

图 7-59 在 3 D中拉伸对象

3．生成逐渐变细的拉伸

(1) 使用 Extrude 命令生成一个变细的拉伸。在变细的拉伸中，"壁"是向内倾斜的。对上面作出对象顶部描边，并向外偏移 500，如图 7-60 所示。

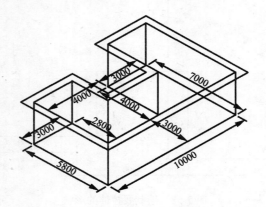

图 7-60　绘制准备拉伸的形状

（2）使用 Extrude 命令建立一个 1950 单位厚的拉伸，并带有 45°的倾斜。

命令:_extrude

当前线框密度： ISOLINES=4

选择对象: 找到 1 个

选择对象:

指定拉伸高度或 [路径(P)]: 1950

指定拉伸的倾斜角度 <0>: 45

（3）使用 VPoint 回车 ，1,1,1 回车命令同前面一样观看对象(见图 7-61)。注意多段线段的边以 45°倾斜。

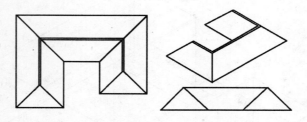

图 7-61　变细的拉伸：平面视图(左)和轴测图（右上）立面图（右下）

指定的倾斜度数必须大于-90°小于 90°。可以使用负值生成一个变粗的拉伸。如果倾斜时发生交叠， Extrude 命令失败。

我们在房脚部分用负值生成坡脚，对上面作出对象底部描边，并向外偏移 300，如图 7-62 所示。

命令:_extrude

当前线框密度： ISOLINES=4

选择对象: 找到 1 个

选择对象:

指定拉伸高度或 [路径(P)]: -40

指定拉伸的倾斜角度 <0>: -85

这样,拉伸的实体就做好了,如图 7-63 所示。

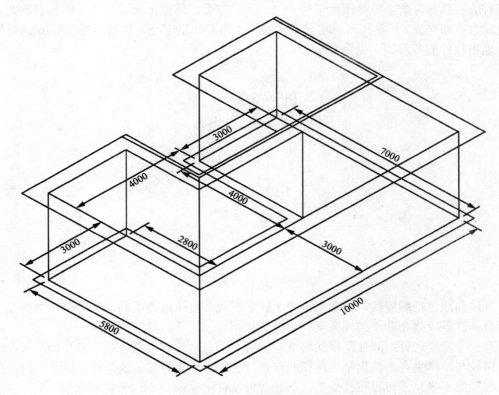

图 7-62　底部预拉伸形状

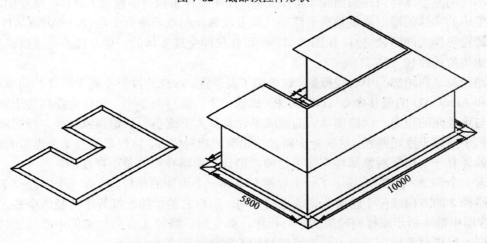

图 7-63　底部的轴测视图和整体关系图

路径（P）选项

这一选项用一个独立存在的对象作为拉伸路径。该路径对象决定了拉伸的长度、方向和形状。当你选了 PATH 选项，拉伸就不能再有锥角了，它的截面尺寸保持不变。可用的路径实体有直线、圆弧、椭圆（样条的和多段线的）、2D 多段线、2D 多边形、3D 多段线和样条线。

路径可以不闭合，也可以是非平面的曲线，但也是有限制的。一个限制是路径的圆弧部分的半径必须大于等于轮廓对象的宽度。也就是说，如果轮廓对象的宽度是 1，则路径上所有的圆弧部分的半径必须大于等于 1。另一方面，路径上允许有角（即具有不同方向的两段直线相交处），甚至可以将直线间的这个角看作是半径为零的圆弧。AutoCAD 只是简单地将拉伸的角斜接（见图 7-64）。

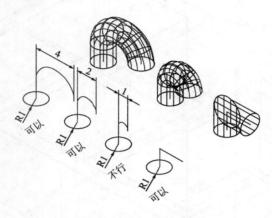

图 7-64 路径的最小半径

三维曲线包括螺旋线，只要它是由 3D 多段线和直线段组成的，就可以作为路径。样条拟合 3D 多段线和非平面样条实体不能用作路径。

有一个特别之处：即使路径的起点与轮廓不垂直，拉伸也总是从轮廓开始，而在结束点上路径与轮廓垂直。结果是当路径的起点与轮廓不垂直时实体像是被切掉了一块。虽然起点与轮廓不垂直是可以被接受的，但是拉伸实体的截面是不同于轮廓面的。

不同的是当路径为样条曲线（实体类型，而不是样条拟合多段线）时，在路径的起点，拉伸生成的实体的端面总是垂直于路径。如果轮廓在起点不垂直于路径，AutoCAD 自动地旋转轮廓使之同路径垂直，如图 7-65 所示。在拉伸生成实体的一端与样条曲线路径垂直，和其他类型的路径一样。

路径总是向轮廓的中心线投影，这增加了复杂性。路径的投影不同于路径的简单移动。可以和 AutoCAD 的偏移命令（OFFSET）比较一下，偏移命令中，偏移的距离等于轮廓的中心与路径间的距离。就像偏移后的圆弧半径总是大于或小于原始圆弧半径，投影路径也总是长于或短于原始路径，这决定于路径与轮廓的相对位置。该投影路径是个虚拟的路径，虽然就像有一个路径对象那样完成了拉伸，但该投影路径对象是不存在的。

看一个例子，图 7-66 显示了一个轮廓对象和三个可能的路径，没有一个路径位于轮廓上。路径 2 的方向线位于轮廓两个端点的中间，所以它的拉伸长度等于路径的全长。路径 1 就像图中箭头所示那样向轮廓的中心投影，会变短。路径 3 在向轮廓的中心投影时会变长。同一轮廓对象经由三个不同的路径拉伸的实体如图 7-66 所示。

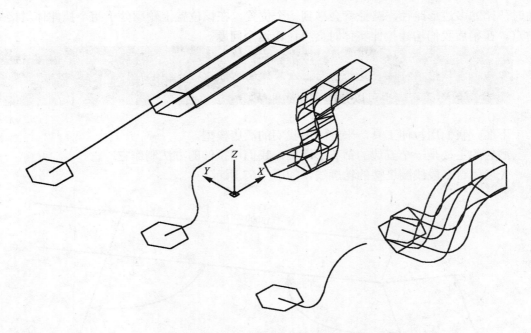

图 7-65　不同路径拉伸实例

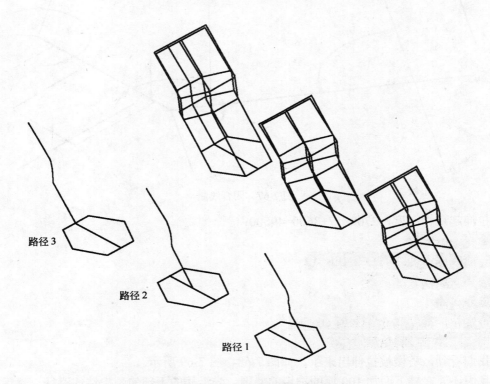

图 7-66　不同位置路径拉伸实例图

这种由于投影而带来的路径尺寸的变化也会发生在闭合路径中。并且当闭合路径有锐角时,比如多边形路径,路径就会移到一个位置,在该位置上轮廓处于两个拉伸体斜接的中点。在稍后我们构建拉伸实体时会再讨论这个问题。

> 提示:尽量保持路径简单。编辑修改拉伸实体比一开始就建一个很精确的路径要容易。在与轮廓对象垂直的方向上开始你的路径。将路径定在每个轮廓对象的中心,也就是路径的方向线位于轮廓两个端点的中间。

下面,我们用拉伸工具,来继续做我们的酒店模型。

酒店的主楼是一个五边的钻石形塔楼,我们用拉伸的方法制作它:

先用闭合多段线圈塔楼的轮廓线,如图 7-67 所示。

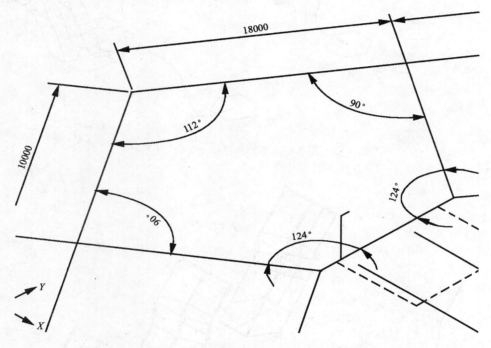

图 7-67 闭合线圈

拉伸起塔楼高度,2700×17+3600=49500:

命令:_extrude
当前线框密度: ISOLINES=12
选择对象:找到 1 个
选择对象:
指定拉伸高度或 [路径(P)]: 49500
指定拉伸的倾斜角度 <0>:

我们看到,塔楼被拉伸出来了,如图 7-68、图 7-69 所示。

我们还要在楼下面加 100 厚的护墙的墙围。先沿楼的下部勾画护墙的路径,然后变换 UCS 到平台的一侧(用 N-F 子选项选择平台的一侧基准新的 UCS),在平台的一侧做闭合的墙围放样曲线。

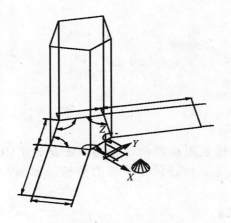

图 7-68 拉伸的塔楼

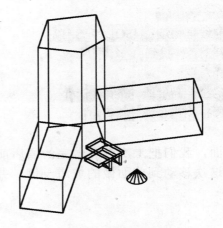

图 7-69 做好的塔楼

命令: ucs

当前 UCS 名称: *没有名称*

输入选项

[新建(N)/移动(M)/正交(G)/上一个(P)/恢复(R)/保存(S)/删除(D)/应用(A)/?/世界(W)]

<世界>: n

指定新 UCS 的原点或 [Z 轴(ZA)/三点(3)/对象(OB)/面(F)/视图(V)/X/Y/Z] <0,0,0>: f

选择实体对象的面:

输入选项 [下一个(N)/X 轴反向(X)/Y 轴反向(Y)] <接受>:

做如图7-70所示，墙围放样曲线。

用刚才描的路径放样，如图7-71所示。

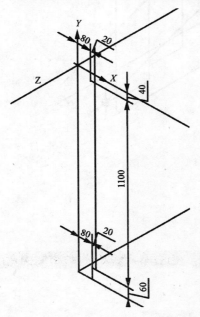

图 7-70 墙围放样曲线

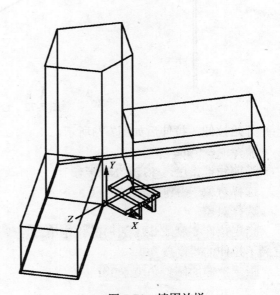

图 7-71 墙围放样

命令: _extrude

当前线框密度: ISOLINES=12

选择对象: 找到 1 个

选择对象:

指定拉伸高度或 [路径(P)]: p

选择拉伸路径或 [倾斜角]:

下面，我们把上次没有做完的酒店前的楼梯也用拉伸命令做完，还是先把UCS移动，这次移动到前面做的坡道一侧，并且在这侧画好预备拉伸的楼梯，如图7-72所示。

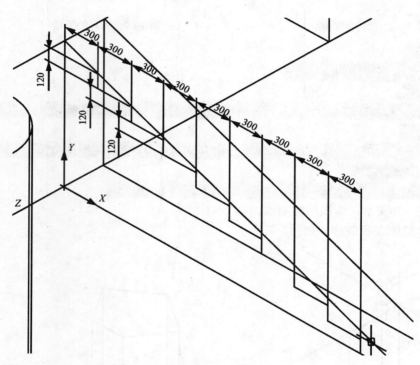

图 7-72　台阶放样

开始拉伸，拉伸后如图7-73所示。

命令: _extrude

当前线框密度: ISOLINES=12

选择对象: 找到 1 个

选择对象:

指定拉伸高度或 [路径(P)]: 指定第二点:（可以看到，在这里，笔者通过坡道间的宽度定义了拉伸的"高度"）

指定拉伸的倾斜角度 <0>:

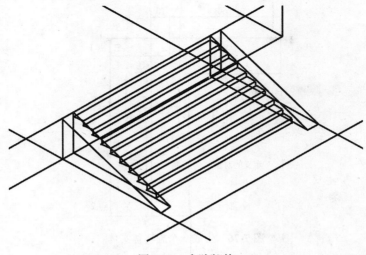

图 7-73　台阶拉伸

7.3.2　生成一个旋转体实体

Revolve命令(见图7-74、图7-75)用来生成旋转体实体,它围绕指定的轴旋转一个对象生成旋转体实体。如下对象可以被旋转:

闭合的多段线
闭合的样条
多边形环形
圆区域
椭圆

图 7-74　Revolve工具条命令

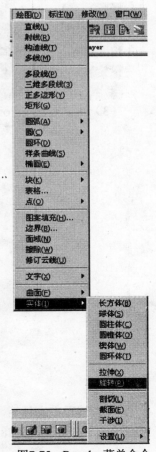

图7-75　Revolve菜单命令

1. 旋转体实体规则和限制

要进行旋转,多段线必须至少有三个顶点,但要少于500个顶点。非零线宽的多段线转换成零线宽。**一次只能旋转一个对象,不能旋转一个块。**闭合多段线规则的要求同Extrude一样。

2. 生成旋转体实体

下面使用Revolve命令建立旋转体实体。

(1) 使用PLine命令绘制一个如图7-76所示的形状,但不要有标注。

(2) 用旋转工具,使用如下的命令序列生成旋转体实体:

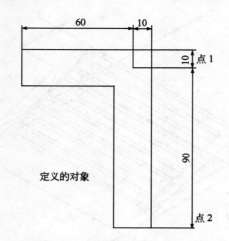

图 7-76 生成一个旋转体实体

命令:_revolve
当前线框密度: ISOLINES=4
选择对象:(选择所定义的多段线)找到 1 个(按Enter)
选择对象:
指定旋转轴的起点或
定义轴依照 [对象(O)/X 轴(X)/Y 轴(Y)]:(选择点1)
指定轴端点:(选择点2)
指定旋转角度 <360>:(按ＥＮＴＥＲ键接受完整地旋转一圈)

（3）再次使用V Point命令在3 D中观察对象(见图7-77)。

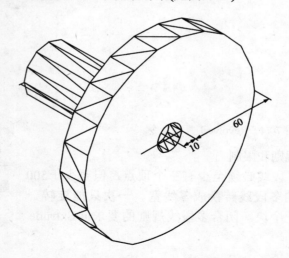

图 7-77 生成的一个旋转体实体

（4）查看完实体后，使用Undo命令回到最初的多段线。使用180°旋转角重新生成一个旋转体实体，如图7-78所示。

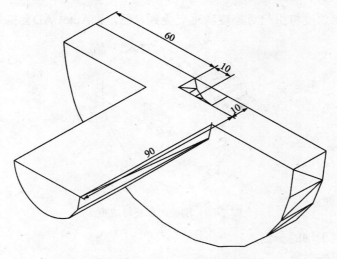

图 7-78 生成的 180° 旋转实体

3．围绕一个对象进行旋转

你可以使用一个独立的对象作为轴，多段线围绕其旋转。

（1）在图7-79中所示的位置处绘制一条线。

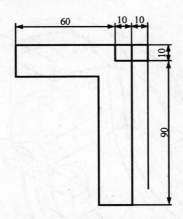

图 7-79 围绕一个对象旋转

（2）生成一个实体对象，沿其中心轴线有一个空洞，如图7-80所示。

命令：_revolve
当前线框密度： ISOLINES=4
选择对象：(选择定义的多段线)找到 1 个
选择对象：(按Enter)
指定旋转轴的起点或
定义轴依照 [对象(O)/X 轴(X)/Y 轴(Y)]: o
选择对象：(选择准备作为轴的线)
指定旋转角度 <360>:(按Enter键接受完整地旋转一圈)

(3) 在3 D中观看对象并会注意到围绕多段线的中心轴的位置。如果轴线有一定的角度

并且如果这个倾斜角度将引起对象旋转时交叠到自己,则AutoCAD会提示:

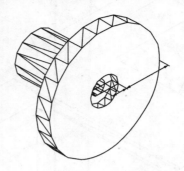

图 7-80 围绕对象旋转成型

"对象必须位于轴的一侧。
无法旋转选定的对象。"

4．X 和 Y 旋转选项

Revolve命令的X和Y选项使用当前UCS的X轴或Y轴作为旋转轴。图7-81显示了使用两个轴完成90°旋转的效果。

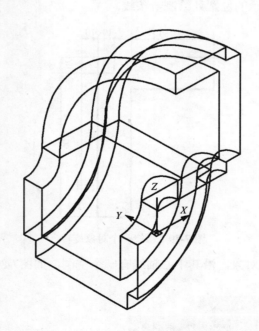

图 7-81 使用X(左)或Y(右)选项的旋转

> 实际上,我们可以简化认为,旋转工具就是一个可以放样的曲线和一条指定的放样轴及放样角度的组合。所谓定义两点、选择围绕物体、XY轴,不过都是如何控制放样轴和大样的关系而已。

下面,用旋转工具来完成锥塔前面的广场和台阶,如图7-82所示。

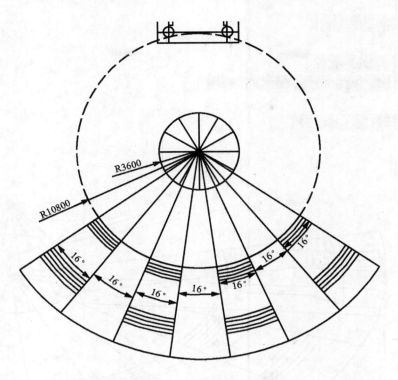

图 7-82 广场台阶的平面图

调整UCS，做台阶小样，如图7-83所示。

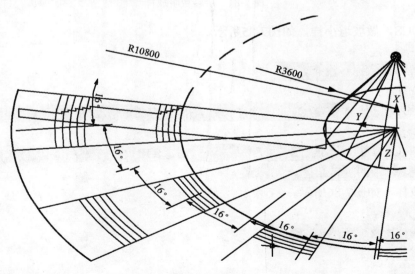

图 7-83 台阶小样

旋转放样，如图7-84所示。
命令：_revolve
当前线框密度： ISOLINES=12

选择对象: 找到 1 个
选择对象:
指定旋转轴的起点或
定义轴依照 [对象(O)/X 轴(X)/Y 轴(Y)]: x

指定旋转角度 <360>: 16

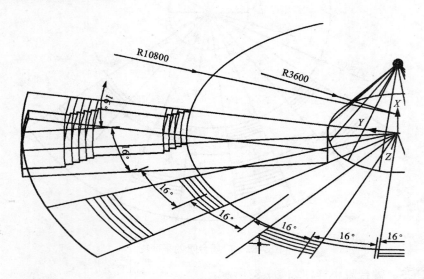

图 7-84　旋转台阶放样

移动UCS，做坡道小样，如图7-85所示。
命令: ucs
当前 UCS 名称: *没有名称*
输入选项
[新建(N)/移动(M)/正交(G)/上一个(P)/恢复(R)/保存(S)/删除(D)/应用(A)/?/世界(W)] <世界>: n
指定新 UCS 的原点或 [Z 轴(ZA)/三点(3)/对象(OB)/面(F)/视图(V)/X/Y/Z] <0,0,0>: x
指定绕 X 轴的旋转角度 <90>: 16
坡道放样，如图7-86所示。
命令: _revolve
当前线框密度:　ISOLINES=12
选择对象:
找到 1 个
选择对象:
指定旋转轴的起点或
定义轴依照 [对象(O)/X 轴(X)/Y 轴(Y)]: x
指定旋转角度 <360>: 16

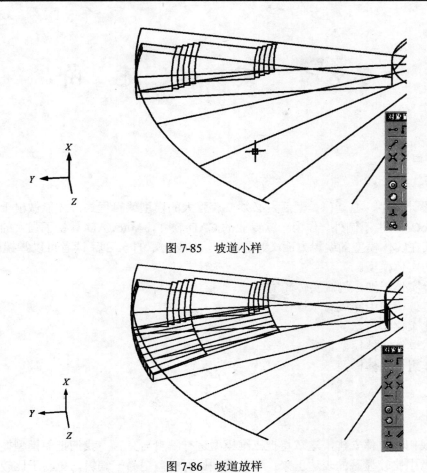

图 7-85 坡道小样

图 7-86 坡道放样

用二维阵列完成台阶和坡道,如图 7-87 所示。

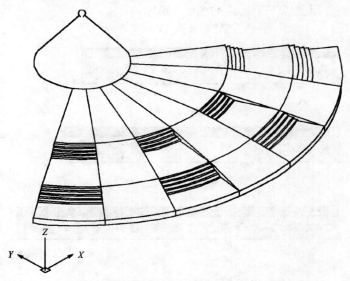

图 7-87 台阶和坡道

第8章 实体进阶

学习目的

辅助设计程序，在制作模型后，必须要有强大的模型编辑程式，才能做出千变万化的模型。AutoCAD 也不例外。作为一款专业的 CAD 软件，AutoCAD 具备了强大的模型编辑功能，尤其在实体模型的编辑方面，更是强大。完成此章的学习后,读者可以掌握以下技能：
- 剖切实体模型。
- 检验实体干涉，勾画实体轮廓。
- 在实体模型中完成布尔操作。
- 细化柔化实体。
- 编辑单体实体模型。
- 制作组合实体模型。

8.1 介 绍

按照我们的整体安排，这章将把三维模型进行编辑与完善，我们把面模型抛开的原因将会在这章中比较显著的表达出来：实体模型比面模型更易于编辑，更易于比较。这点对于我们做快速方案比较更加有利。

我们在这章里会用到以下工具，如图 8-1 所示。

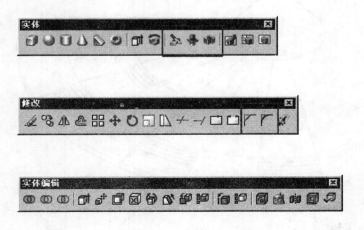

图 8-1 工具介绍

8.2 单体的简单编辑及其他

8.2.1 用平面来分割三维实体

剖切 Slice 命令(见图 8-2 及图 8-3)可以用一个平面把一个三维实体分割成两半，执行命令时你所放置平面的地方就是切割三维模型的位置。分割后得到两个实体(见图 8-4)，AutoCAD 在输出结果时会问你两个都要还是只保留一个。

图 8-2　剖切工具

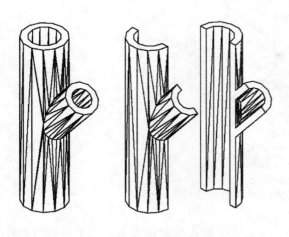

图 8-4　待分割实体(左边)和分割结果(右边)　　　　图 8-3　剖切菜单

命令:_slice
选择对象:(选择一个或多个实体) 找到 1 个
选择对象:(按回车)
指定切面上的第一个点,依照 [对象(O)/Z 轴(Z)/视图(V)/XY 平面(XY)/YZ 平面(YZ)/ZX 平面(ZX)/三点(3)] <三点>:(选择分割平面)
指定平面上的第二个点:
指定平面上的第三个点:
在要保留的一侧指定点或 [保留两侧(B)]: b(按回车表示两半都要或点击你所想要的那一半)

1．对象(O)选项：

对象(O)选项用于选择二维对象来分割实体。有效的二维对象包括圆、椭圆、样条线、圆弧和多义线。若要用这个选项,你必须在剖切 Slice 命令之前已经画好上述二维对象。

2．Z 轴(Z)选项：

这个选项用于定义一个平行于 X Y 平面且有一点在 Z 轴上的二维切割平面。当你输入 Z 时,AutoCAD 会提示：

指定剖面上的点:(选择 X Y 平面上的一点)
指定平面 Z 轴 (法向) 上的点:(选择 Z 轴上的一点)
这个选项不太好理解,我们来画个图表示（如图 8-5）。

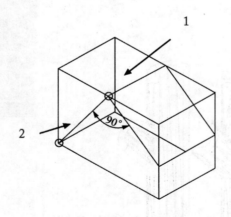

图 8-5　剖切的Z选项的图解

实际上就是用这样一个平面,它以 1、2 点为 Z 轴,来剖切实体。其中 1 点为 Z 轴的 0 点,也就是 Z 轴对于 X Y 平面的垂足。

3．视图(V)选项

此选项用于将切割平面对齐当前视图窗的观看平面,如图 8-6。指定一个点即可定义切割平面的位置。AutoCAD 会提示：

命令:_slice

选择对象: 找到 1 个

选择对象:

指定切面上的第一个点，依照 [对象(O)/Z 轴(Z)/视图(V)/XY 平面(XY)/YZ 平面(YZ)/ZX 平面(ZX)/三点(3)] <三点>: v

指定当前视图平面上的点 <0,0,0>: (选择一个点)

在要保留的一侧指定点或 [保留两侧(B)]: b

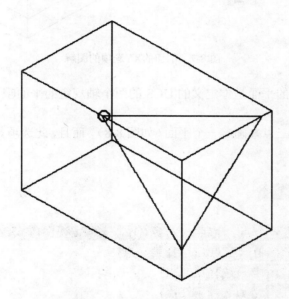

图 8-6　剖切 V 选项的图解

注意，这次平行的平面是你看实体的视图平面！

4. XY 平面(XY)/YZ 平面(YZ)/ZX 平面(ZX)

这三个选项用于选择平行于当前 UCS 中的 XY 或 YZ 或 ZX 平面的二维切割面。你只需指明平行于哪个平面，并指明一个点来确定平面的位置即可（如图 8-7）。具体操作如下：

命令:_slice

选择对象: 找到 1 个

选择对象:

指定切面上的第一个点，依照 [对象(O)/Z 轴(Z)/视图(V)/XY 平面(XY)/YZ 平面(YZ)/ZX 平面(ZX)/三点(3)] <三点>: xy 或 yz 或 zx

指定 XY 平面上的点 <0,0,0>: (选择一个点)

在要保留的一侧指定点或 [保留两侧(B)]: b

注意，这里的UCS坐标，如果选错了XY、YZ、ZX的话，剖切也就会错哦！

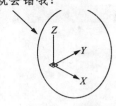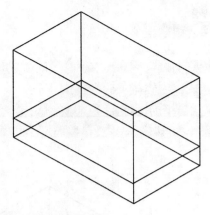

图 8-7　剖切的XY选项的图解

注意，这次平行的平面是你定义的 UCS 的两个轴规定的平面哦！

5. 三点(3)

此选项用于选择三点来确定一个平面（如图 8-8），而且，此选项是缺省选项。AutoCAD 会提示：

命令:_slice
选择对象: 找到 1 个
选择对象:
指定切面上的第一个点，依照 [对象(O)/Z 轴(Z)/视图(V)/XY 平面(XY)/YZ 平面(YZ)/ZX 平面(ZX)/三点(3)] <三点>:(选择第一点)
指定平面上的第二个点:(选择第二点)
指定平面上的第三个点:(选择第三点)
在要保留的一侧指定点或 [保留两侧(B)]: b

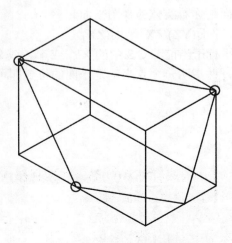

图 8-8　剖切的三点选项的图解

实际上，这么多个选项只是为了帮助你通过不同的方法建立一个剖切的平面而已。在工作中你尽可以选择你熟悉的，并且好用的选项来做剖切。

下面我们又回到上章讲的酒店的模型，把它没有完成的一些部分完成。

我们做如图 8-9 的门侧坡道：

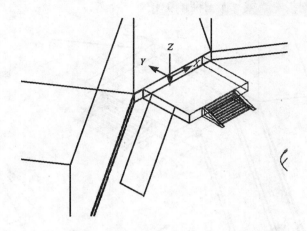

图 8-9 门侧坡道示意

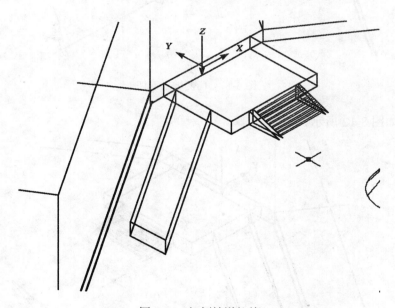

图 8-10 门侧坡道拉伸

多段线向下拉伸，如图 8-10 所示，这我们就不多说了。现在剖切它的斜面，步骤如图 8-11 所示。

命令:_slice
选择对象: 找到 1 个
选择对象:

指定切面上的第一个点，依照 [对象(O)/Z 轴(Z)/视图(V)/XY 平面(XY)/YZ 平面(YZ)/ZX 平面(ZX)/三点(3)] <三点>:
指定平面上的第二个点:
指定平面上的第三个点:
在要保留的一侧指定点或 [保留两侧(B)]:

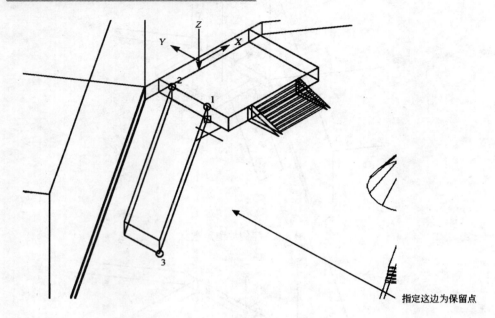

图 8-11　门侧坡道剖切

成图，如图 8-12 所示。

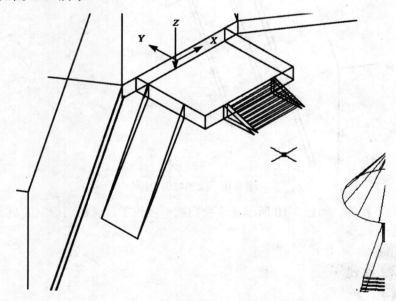

图 8-12　门侧坡道剖切成图

8.2.2 实体截面

截面 Section 命令(见图 8-13 及图 8-14)在某种程度上与剖切 Slice 命令是十分相像的。其区别在于剖切命令把一个实体切成两半，而截面命令则用于提供剖面。它的作用在于利用平面和实体的相交而建立一个区域，如图 8-14。

AutoCAD 会在当前的图层上建立区域对象，并在剖面的位置上插入它们。若选取数个实体，则可对每一个实体分别建立区域。

图 8-13 切割工具

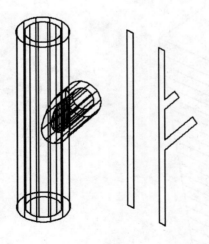

图 8-15 截面实例

图 8-14 截面菜单

AutoDesk 在这里似乎有个疏忽，菜单的中文和工具栏上面的说明文字不一样，菜单上面的是截面，工具栏上的切割，笔者认为，在这里叫截面更加贴切。所以，除了对工具栏的说明外，其他部分都以截面作为此命令的中文解释。

命令:_section
选择对象:(选择对象)找到 1 个
选择对象:（回车）
指定截面上的第一个点，依照 [对象(O)/Z 轴(Z)/视图(V)/XY 平面(XY)/YZ 平面(YZ)/ZX 平面(ZX)/三点(3)] <三点>:(选择一个选项)
指定平面上的第二个点:
指定平面上的第三个点:_qua 于

这些选项与剖切命令中的选项是一模一样的。执行完此命令，你就可以看到在你所选择的平面处的一些新的二维对象(见图 8-15)。这些二维对象是区域对象。你可以用移动命令来把截面移到空白的地方或给区域加上阴影，这样可以看得更清楚。

切割工具，在建筑中，主要应用在特殊造型楼体。当然，如果做的都是四平八稳的建筑，也就不会急切的用到这个工具了。

（这个工具在建筑方面的主要用途是，做如图 8-16 所示的这些比较"怪异"的楼体的截面线，当然，如果你一直做四平八稳的建筑就好象不会太多用到这个工具。不过，你怎么知道不会有一天，让你去切安德鲁的"蛋"呢？）

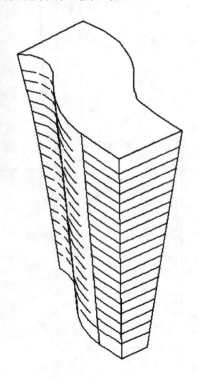

图 8-16　有点怪异的楼

8.2.3 找出重叠区域

干涉"Interference"命令(见图 8-17 及图 8-18)用来找出两个或多个三维实体之间的重叠区域，并以它们共同的部分来建立一个三维合成实体如图 8-19 所示。

图 8-17 通过工具栏按钮使用"干涉"命令

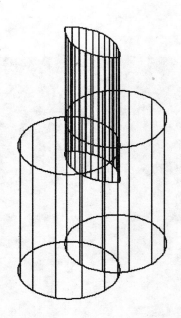

图 8-19 实体模型(左边)和重叠实体(右边)　　图 8-18 通过菜单使用"干涉"命令

命令: _interfere 选择实体的第一集合:
选择对象:(选择实体)找到 1 个
选择对象: :(回车)
选择实体的第二集合:
选择对象:(选择实体)找到 1 个
选择对象:(回车)
比较 1 个实体与 1 个实体。
干涉实体数 (第一组): 1
　　　　　　(第二组): 1
干涉对数: 　　　　1
是否创建干涉实体？[是(Y)/否(N)]<否>: y

输入 Y 表示产生一个新实体。它是由前两个实体的共同部分建立的实体。利用 Move 命令再选择 L 选项，可以把新实体从其他实体中挪出来，以便于观察，见前图。

假如有多个实体产生重叠，你可以选择高亮度显示重叠部分。键入 Y 来产生高亮度显示，再选择 Ｎｅｘｔ可以循环查看所有可能的重叠对。

假如所选择的那些实体没有重叠，那么ＡｕｔｏＣＡＤ会显示："实体不干涉"。

实体干涉可以用于我们检查建筑内各专业间空间的冲突，当然，前提是其他专业也用 3D 作图。

8.3　布　尔　操　作

布尔操作得名于１９世纪英国数学家乔治·布尔。

> 英国数学家乔治·布尔（George Boole）于1849年创立逻辑代数，亦称布尔代数。在当时，这种代数纯粹是一种数学游戏，自然没有物理意义，也没有现实意义。在其诞生100多年后才发现其应用和价值。其规定:
> 1. 所有可能出现的数只有０和１两个。
> 2. 基本运算只有"与"、"或"、"非"三种。
> 与运算（逻辑与、逻辑乘）定义为: ∩为与运算符
> 0∩0＝0　0∩1＝0　1∩0＝0　1∩1＝1
> 或运算（逻辑或、逻辑加）定义为: ∪为或运算符
> 0∪0＝0　0∪1＝1　1∪0＝1　1∪1＝1
> 非运算（取反）定义为:
> $\bar{0}=1$　$\bar{1}=0$
> 至此布尔代数宣告诞生。尽管布尔没有将布尔代数与计算机联系起来，但他的工作却为现代计算机的诞生作了重要的理论准备。

他发展了逻辑理论，这些理论现在还广泛应用于计算机中。实际上所有计算机编程语言都有"或（OR）"、"与（AND）"和"异或（XOR）"三种布尔操作，同样，AutoCAD

也有三条命令实现对实体和面域的布尔操作：并集 UNION、差集 SUBTRACT 和交集 INTERSECT。

三条命令都比较简单和容易理解，如表 8-1 所示。UNION 将两个或多个实体组合成一体；SUBTRACT 从一个实体中减去另一个实体；INTERSECT 从两个或多个实体的相交部分取得实体。虽然图解只用了一对实体来演示布尔操作，但在多个实体时是同样有效的。虽然我们的讨论只限于实体布尔操作，对面域也是同样有效的。但是你不可以在布尔操作中混淆实体和面域。

通常由布尔操作得到的实体属于复合实体，因为它至少含有两个元素。有些实体建模程序保存了原始实体的变化踪迹，甚至能将复合实体复原成多个原始实体。可是 AutoCAD 做不到这一点。一旦当一组实体的布尔操作完成以后，生成的实体就不能再回到它的原始状态（除了用另外的修改操作，或用 UNDO 命令）。

实体模型可以由定制形状和基本形状结合而构造产生。设计者能通过重叠、结合以及减去等操作来得到所期望的三维实体，这些操作就是我们所说的布尔操作，操作工具如图 8-20 所示。

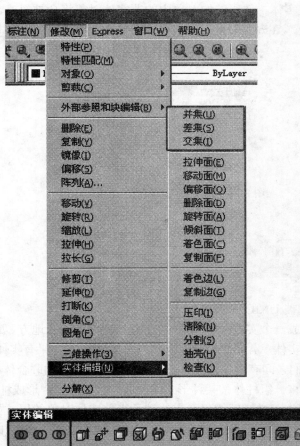

图 8-20　布尔操作工具及菜单组

布 尔 操 作 表 表 8-1

	没有共同部分的两个圆盘	有共同部分的两个圆盘	完全重合的两个圆盘
原形	A ○ ○ B	A ◯◯ B	A，B ○
并集 UNION	A∪B ○○	A∪B ◯◯	A∪B ○
差集 SUBTRACT	A-B ○	A-B ◖	A-B 空
交集 INTERSECT	A∩B 空	A∩B ◊	A∩B ○

8.3.1 并集 UNION 操作

并集 UNION 将一组实体组合成一个实体，可能是使用率最高的布尔操作。如图 8-21 当调用这条命令时，AutoCAD 将提示你选择要组合的实体，不会有选项和其他提示。可以用任何选择实体的方法选取实体。你所选的对象中的非实体对象将会被忽略，但如果你所选的对象中的实体少于 2 个，AutoCAD 将提示"至少必须选择 2 个实体或共面的面域。"

图 8-21 并集的菜单和工具

命令：_union
选择对象：(用任何选择实体的方法选取至少 2 个实体) 找到 1 个
选择对象：找到 1 个，总计 2 个
选择对象：（回车）

然后，所选择的对象就被 UNION 了……

所有被选实体将被组合成一个实体，不管它们位于三维空间的什么地方。如果实体重叠，其共同部分将生成一个新的实体，AutoCAD 会生成新实体的边界。如果有实体互相不接触，它们仍将组成一体，尽管它们之间有间隙。有时候互不接触的实体间的联合体在布尔操作时是很有用的。例如，你可以将一组柱体按某种形式排列后联合成一体，形成柱网。

与 AutoCAD 的其他操作一样，新的复合实体继承当前实体对象的层。如果原始实体不在同一层内，新的复合实体继承第一个被选实体的层，或当用选取窗选取时，继承最新实体的层。

我们现在把锥塔前面的广场台阶合并，如图 8-22、图 8-23 所示。

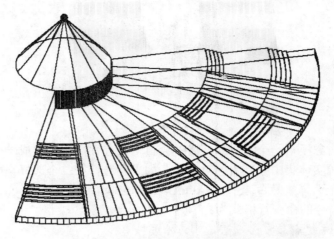

图 8-22 锥塔前的广场台阶合并前

```
命令:_union
选择对象: 指定对角点: 找到 5 个
选择对象: 指定对角点: 找到 5 个 (3 个重复)，总计 7 个
选择对象:
```

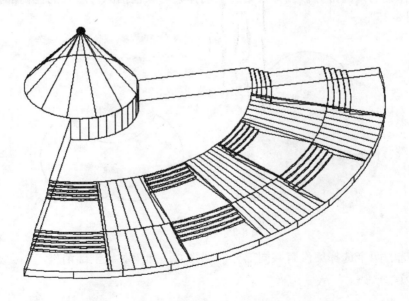

图 8-23 锥塔前的广场台阶合并后

8.3.2 差集 SUBTRACT 命令

差集，布尔差操作从一组相交实体的一个实体集中去除相交部分。可以用该命令修剪实体或打孔。它由差集 SUBTRACT 命令进行。如图 8-24 所示，首先会提示你选择将要被切的实体。

图 8-24　差集菜单和工具

如果选取的对象不只一个，AutoCAD 会自动执行并操作以生成一个单一的源对象。接下来会提示从源实体集中被减去的对象集，如果在选择第二个选择集中又恰好包涵了源对象，无论第二个选择集是否选中，AutoCAD 都会执行本操作。

SUBRACT 命令的命令行格式为：

命令：_subtract 选择要从中减去的实体或面域...
选择对象:(用任何选择实体的方法选取实体)指定对角点: 找到 2 个
选择对象:
选择要减去的实体或面域 ..
选择对象:(用任何选择实体的方法选取实体) 指定对角点: 找到 3 个
选择对象:（回车）

两个选择集的共同部分被去掉，第二次选择集对象包括源对象外的任何部分也会在图上消失(见图 8-25)：

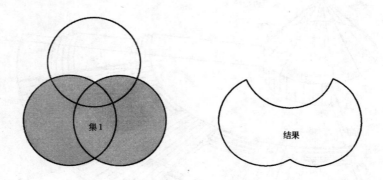

图 8-25　差集图示一

如果所选的两个选择集没有共同部分，则第二选择集对象全部消失，不会去除任何部分(见图 8-26)。

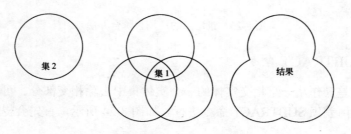

图 8-26　差集图示二

命令:_subtract 选择要从中减去的实体或面域...
选择对象: 指定对角点: 找到 3 个
选择对象:
选择要减去的实体或面域 ..
选择对象: 指定对角点: 找到 1 个
选择对象:

如果源对象完全等同于第二个选择集,会有如下反映:

命令:_subtract 选择要从中减去的实体或面域...
选择对象: 指定对角点: 找到 3 个
选择对象:
选择要减去的实体或面域 ..
选择对象: 指定对角点: 找到 3 个
选择对象:
未选定实体或面域。

AutoCAD 会显示一个信息:"未选定实体或面域。"

结果生成实体的层就是源对象的层。如果选取的源对象不只一个,而它们又不是处于同一层,生成实体的层就是第一个被选实体的层,当用选取窗同时选取多个实体时,它们中最后一个被创建的对象的层作为新生成实体的层。

我们在酒店的侧墙上做如图 8-27 的装饰线,线深 50。

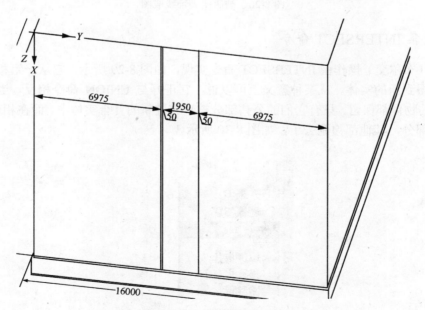

图 8-27　酒店侧装饰线示意

通过差集切入,成图如图 8-28 所示。
命令:_subtract 选择要从中减去的实体或面域...

选择对象：（选择酒店配楼）找到 1 个
选择对象：（回车）
选择要减去的实体或面域 ..
选择对象：指定对角点：（选择两条装饰线）找到 2 个
选择对象：（回车）

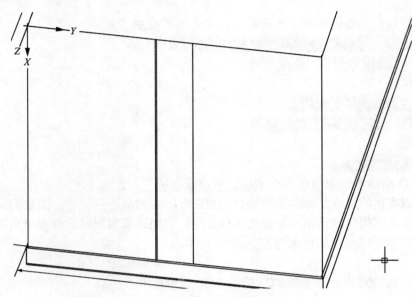

图 8-28　酒店侧装饰线成图

8.3.3　交集 INTERSECT 命令

交集（布尔交）操作由 INTERSECT 命令实现，如图 8-29 所示，它从一组相交实体的共同部分得到新的实体。从某种意义上可以说，它正好与 UNION 命令相反。当实体组合时，所有的物体都保留，只有它们的公共部分被吸收进新的复合实体中。而在相交操作时，除了共同部分，其他都被删去了，如图 8-30 所示。

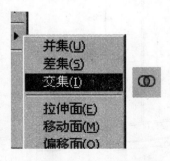

图 8-29　交集的菜单和工具

像并集 UNION 命令一样，交集 INTERSECT 只提示选择要相交的实体，你可以用任何选择实体的方法选取实体。命令行的格式为：

命令: _intersect
选择对象:(用任何选择实体的方法选取至少2个实体)
选择对象:(回车)

生成的复合实体继承第一个被选实体的层,或用选取窗选取的实体中最新实体的层。

有被选实体的搭接部分保留下来,被选实体的其他所有部分都将消失。如果所有被选中的对象间没有共同部分,则所有被选中的对象全部消失, AutoCAD 会显示一个信息:"创建了空实体 - 已删除"。

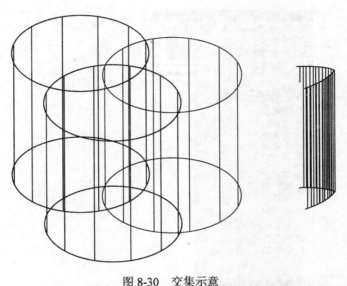

图 8-30　交集示意

> 注意与干涉命令 INTERFERE 的区别:
> 干涉该命令也从两个或多个实体中得到新的实体,但它不消去原始实体。并且它只对一对实体进行操作,即使有多个实体被选中也是这样。

大家可以看到,在这部分,操作并不是难点,关键是掌握好布尔运算的规则。

8.4　单个对象的边角修整操作

布尔操作是针对至少2个实体的操作,AutoCAD 还有对单个对象进行修改的工具。许多常用的编辑命令只能在二维中有效,不能用于三维对象。你不能对三维实体用 BREAK、TRIM、EXTEND、LENGTHEN 和 STRETCH 命令,但可以对三维实体进行拷贝、移动、旋转和擦除。另外,如果你炸开(explode)一个实体,实体上的平面将转化为面域,曲面和圆表面变成体(AutoCAD 体对象,有点像非平面面域,只能由炸开三维实体得到)。

FILLET 和 CHAMFER 命令都能识别实体对象,用一组特别的提示和选项来给实体倒圆和倒角。但是,注意,它们只对单一对象有效,不能给实体的连接处倒圆和倒角。

8.4.1 圆角 FILLET 命令

圆角是实体的两个面之间的圆形边,如图 8-31 所示。倒圆边的横截面就是倒圆的圆弧,圆弧的两端与毗连的面相切。使用 FILLET 命令时选择的第一个对象如果有三条边相交, AutoCAD 就显示一个特别的追踪提示,将接下来要求的对象改成实体。提示允许你以一条命令同时给任意多条边倒圆,甚至允许半径有变化,所以有些倒圆会与其他倒圆有不同的半径。同样如果你对三个面的交点倒圆, AutoCAD 将会把它变成球形。

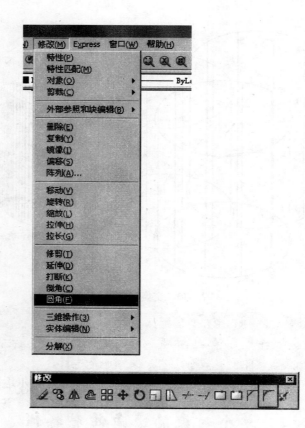

图 8-31 圆角菜单和工具

FILLET 命令对于实体的命令行格式为:

命令:_fillet
当前设置: 模式 = 修剪,半径 =3.0000(当前圆角值)
选择第一个对象或 [多段线(P)/半径(R)/修剪(T)/多个(U)]: (选取一个三维实体)
输入圆角半径 <3.0000>: (输入一个大于零的距离)指定第二点:
选择边或 [链(C)/半径(R)]: (选取一个边或输入 C 或 R,或直接回车)
选择边或 [链(C)/半径(R)]:
选择边或 [链(C)/半径(R)]:

选择边或 [链(C)/半径(R)]:
已选定 4 个边用于圆角

命令开始时出现的关于圆角的信息模式与三维实体无关紧要。你选取的边将被高亮显示，在回车后完成倒圆。注意，选取边后，AutoCAD 重现当前的半径，允许你修改。与线框模型不同的是，对于实体，半径必须大于 0，如图 8-32 所示。

8.4.1.1 边(E)选项

通过拾取在边上的一个点来选取一个边，边将被高亮显示，并且会重复出现提示项。按下回车键后，AutoCAD 会报告有多少边被选取了并完成倒圆。一旦选取了某条边，没有办法取消选定。

8.4.1.2 链(C)选项

这一选项允许以一次拾取选定几个边，条件是边之间相切。追踪提示将显示：

命令: _fillet
当前设置: 模式 = 修剪，半径 = 0.0000
选择第一个对象或 [多段线(P)/半径(R)/修剪(T)/多个(U)]:
输入圆角半径: 2
选择边或 [链(C)/半径(R)]: c
选择边链或 [边(E)/半径(R)]:
选择边链或 [边(E)/半径(R)]:
已选定 4 个边用于圆角。

8.4.1.3 半径(R)选项

这一选项允许你改变倒圆半径。所有在此后选取的边将会以新的半径倒圆。它的追踪提示为：

命令: _fillet
当前设置: 模式 = 修剪，半径 = 0.0000
选择第一个对象或 [多段线(P)/半径(R)/修剪(T)/多个(U)]:
输入圆角半径: c
需要数值距离或两点。
输入圆角半径: 2（注意，这里是头一次输入的半径）
选择边或 [链(C)/半径(R)]: c
选择边链或 [边(E)/半径(R)]:
选择边链或 [边(E)/半径(R)]: r（开始 R 选项）
输入圆角半径 <2.0000>: 1（注意，这里是第二次输入的半径）
选择边链或 [边(E)/半径(R)]:
选择边链或 [边(E)/半径(R)]:
选择边链或 [边(E)/半径(R)]:

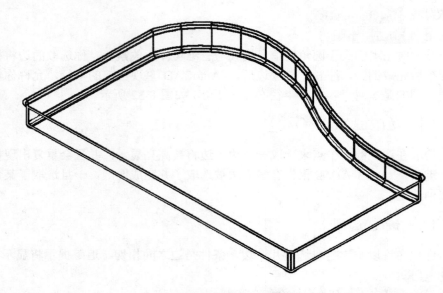

图 8-32 通过圆角工具做的游泳池

这里特别要说的一点是,当你开始做圆角的时候,最好一次把要做的边都选择好,否则,第二次选择的话,有些和先前做过圆角的边相邻的边就不好做了。

8.4.2 倒角 CHAMFER 命令

倒角 CHAMFER 命令在三维实体上倒出斜边。当 FILLET 命令用于三维实体时,它是基于单条边,而 CHAMFER 命令既基于边又基于面。这是因为斜边可以在两个面上偏移不同的距离。

因此,命令执行时要定义基本的面。倒角会在基本面和与基本面相交的面之间产生。CHAMFER 命令行格式为:

命令: _chamfer
("修剪"模式) 当前倒角距离 1 = 0.0000,距离 2 = 0.0000
选择第一条直线或 [多段线(P)/距离(D)/角度(A)/修剪(T)/方式(M)/多个(U)]: (选取一个三维实体)
基面选择...
输入曲面选择选项 [下一个(N)/当前(OK)] <当前>:(输入 N 或 O,或者回车)
指定基面的倒角距离: 指定第二点:
指定其他曲面的倒角距离 <7.6879>:
选择边或 [环(L)]: 选择边或 [环(L)]:

命令执行时出现的关于 TRIM 的提示对三维实体无关紧要。但是,注意,当你像倒圆那样拾取两面间的边时,必须指定哪一个是基本面。AutoCAD 将高亮显示两个面中的一个面的边线,如图 8-33 所示。如果高亮显示的面是你想要的基本面,选择 OK 选项。如果你想要另一个面成为基本面,选择 NEXT 选项,AutoCAD 将高亮显示另一个面的边线。你可以用 NEXT 选项在两个相交的面中来回选择,直到选择 OK 或按回车。

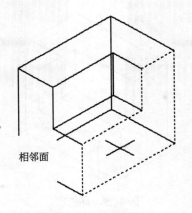

图 8-33 倒角示意

如果你的基本面上有网格线或等值线,就可以用拾取网格线或等值线来开始 CHAMFER 命令。AutoCAD 会将它所在的面作为基本面,跳过"Next/OK"提示。

一旦基本面确定,AutoCAD 就提示你输入倒角在基本面和其连接面上的距离。

按回车表示接受当前倒角距离。两个面上的倒角距离都必须大于 0。AutoCAD 接下来会提示选择要倒角的边。

该提示会反复出现,直到你输入回车以表示结束命令。

8.4.2.1　边(E) 选项

该选项选取单条边。被选的边必须在基本面上。AutoCAD 将高亮显示被选的边,在按下回车键后进行倒角,如图 8-34 所示。

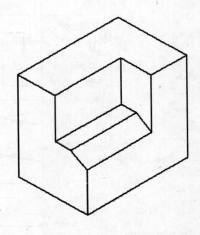

图 8-34　边选项

8.4.2.2　环(L) 选项

这一选项允许你一次选取就给基本面的所有边倒角,如图 8-35 所示。

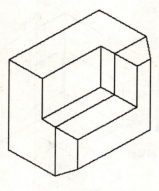

图 8-35 环选项

8.5 编辑实体

SoidEdit 命令(见图 8-36)能使你在一个三维实体模型上进行一系列的操作。可以通过此命令突出表面、锥化一个孔、移动表面、生成实体的薄外壳以及改变实体的颜色等等。

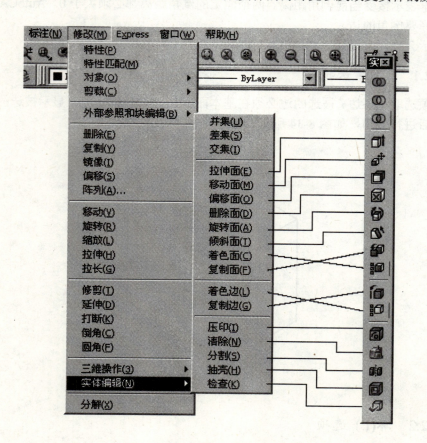

图 8-36 实体编辑菜单及命令

命令:SOLIDEDIT
实体编辑自动检查： SOLIDCHECK=1
输入实体编辑选项 [面(F)/边(E)/体(B)/放弃(U)/退出(X)] <退出>：

SolidEdit 命令允许对实体的表面、边缘以及主体进行编辑。一个表面表示实体的一面，边缘表示两个表面之间的交线。主体就是表示整个实体本身，而不论实体是什么形状。

系统变量 SolidCheck 验证实体是否是实体建模系统接受的对象。

8.5.1 表面编辑

若要对一个或多个表面进行编辑，键入 F 即可。AutoCAD 显示下列选项：
输入面编辑选项
[拉伸(E)/移动(M)/旋转(R)/偏移(O)/倾斜(T)/删除(D)/复制(C)/着色(L)/放弃(U)/退出(X)] <退出>：

这些选项的功能如下所示：

8.5.1.1 拉伸(E)

拉伸(E)Extrude 选项能突出你所选择的平面到你想要的高度，或沿着一个确定的轨迹拉伸。**正的距离值表示沿着坐标轴正方向拉伸表面，负的距离值表示沿着坐标轴负方向拉伸表面**。它与 Extrude 命令极其相像，惟一的区别就是这个选项只能在一个已经存在的实体上操作。在拉伸表面时，用此选项很方便，还能指定拉伸时的锥度角。如图 8-37，及图 8-38 所示。

我们看如下操作：

命令: _solidedit
实体编辑自动检查: SOLIDCHECK=1
输入实体编辑选项 [面(F)/边(E)/体(B)/放弃(U)/退出(X)] <退出>: _face
输入面编辑选项
[拉伸(E)/移动(M)/旋转(R)/偏移(O)/倾斜(T)/删除(D)/复制(C)/着色(L)/放弃(U)/退出(X)] <退出>: _extrude
选择面或 [放弃(U)/删除(R)]: 找到一个面
选择面或 [放弃(U)/删除(R)/全部(ALL)]:
指定拉伸高度或 [路径(P)]: -10
指定拉伸的倾斜角度 <0>:
已开始实体校验。
已完成实体校验。
输入面编辑选项
[拉伸(E)/移动(M)/旋转(R)/偏移(O)/倾斜(T)/删除(D)/复制(C)/着色(L)/放弃(U)/退出(X)]

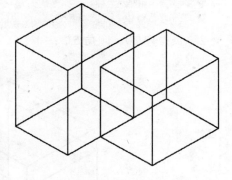

图 8-37 拉伸面例一

<退出>:
　　实体编辑自动检查： SOLIDCHECK=1
　　输入实体编辑选项 [面(F)/边(E)/体(B)/放弃(U)/退出(X)] <退出>:
这里，我们用负值，把面往下"拉伸"了10个单位（读者右手边的方形）。
我们下面做倾角的两种情况的比较：
1. 正拉伸10，倾角5°：
命令: _solidedit
实体编辑自动检查： SOLIDCHECK=1
输入实体编辑选项 [面(F)/边(E)/体(B)/放弃(U)/退出(X)] <退出>: _face
输入面编辑选项
[拉伸(E)/移动(M)/旋转(R)/偏移(O)/倾斜(T)/删除(D)/复制(C)/着色(L)/放弃(U)/退出(X)]
<退出>: _extrude
选择面或 [放弃(U)/删除(R)]: 找到一个面
选择面或 [放弃(U)/删除(R)/全部(ALL)]:
指定拉伸高度或 [路径(P)]: 10
指定拉伸的倾斜角度 <0>: 5
已开始实体校验。
已完成实体校验。
输入面编辑选项
[拉伸(E)/移动(M)/旋转(R)/偏移(O)/倾斜(T)/删除(D)/复制(C)/着色(L)/放弃(U)/退出(X)]
<退出>:
　　实体编辑自动检查： SOLIDCHECK=1
　　输入实体编辑选项 [面(F)/边(E)/体(B)/放弃(U)/退出(X)] <退出>:
2. 负拉伸10，倾角5°：

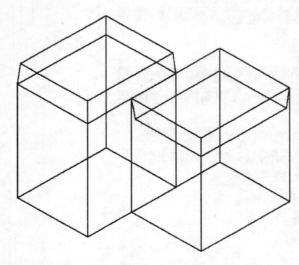

图 8-38　拉伸面例二，读者左手边的是正拉伸，右边的是负拉伸

命令：_solidedit
实体编辑自动检查： SOLIDCHECK=1
输入实体编辑选项 [面(F)/边(E)/体(B)/放弃(U)/退出(X)] <退出>: _face
输入面编辑选项
[拉伸(E)/移动(M)/旋转(R)/偏移(O)/倾斜(T)/删除(D)/复制(C)/着色(L)/放弃(U)/退出(X)]
<退出>: _extrude
选择面或 [放弃(U)/删除(R)]：找到一个面
选择面或 [放弃(U)/删除(R)/全部(ALL)]：
指定拉伸高度或 [路径(P)]: -10
指定拉伸的倾斜角度 <0>: 5
已开始实体校验。
已完成实体校验。
输入面编辑选项
[拉伸(E)/移动(M)/旋转(R)/偏移(O)/倾斜(T)/删除(D)/复制(C)/着色(L)/放弃(U)/退出(X)]
<退出>:
实体编辑自动检查： SOLIDCHECK=1
输入实体编辑选项 [面(F)/边(E)/体(B)/放弃(U)/退出(X)] <退出>:

从上面的两个例子，我们可以看到，正负拉伸和倾角对实体的影响。

8.5.1.2 移动(M)

移动（M）选项能把实体内选定的一部分挪到另一个位置。该选项移动一个或几个面。它的提示与MOVE命令相似，要你指定基点和目标点。如果必要，与其相连的面将会被拉伸或压缩。面不可以被移动到与另外的面相连。但可以做以下的移动，如图8-39所示。

命令：_solidedit
实体编辑自动检查: SOLIDCHECK=1
输入实体编辑选项 [面(F)/边(E)/体(B)/放弃(U)/退出(X)] <退出>: _face
输入面编辑选项
[拉伸(E)/移动(M)/旋转(R)/偏移(O)/倾斜(T)/删除(D)/复制(C)/着色(L)/放弃(U)/退出(X)]
<退出>: _move
选择面或 [放弃(U)/删除(R)]：找到一个面
选择面或 [放弃(U)/删除(R)/全部(ALL)]：
指定基点或位移：
指定位移的第二点：
已开始实体校验。
已完成实体校验。
输入面编辑选项
[拉伸(E)/移动(M)/旋转(R)/偏移(O)/倾斜(T)/删除(D)/复制(C)/着色(L)/放弃(U)/退出(X)]
<退出>:
实体编辑自动检查： SOLIDCHECK=1

输入实体编辑选项 [面(F)/边(E)/体(B)/放弃(U)/退出(X)] <退出>:

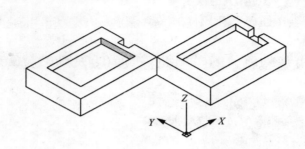

图8-39 移动例一

我们看到，颜色的面被移动到与小缺口连通了。这样的移动是被允许的。

我们下面来看看移动和拉伸的区别。这两个命令，在细节上有差异：

我们做一个异型的大楼外形，为什么又是异型的？如果大家永远在四平八稳的楼体里转悠，还要三维辅助设计干嘛？！我还这么费劲写这本书干嘛？！大家可以回避异型，但是，能不能成功创造新颖的建筑，就不得而知了，而且，下次被外国建筑师抢了标，也就不要骂。

我们这个异型的建筑是曲线平面，3°角向建筑外侧倾斜，我们对它的楼顶面分别进行高度方向200的拉伸和移动，让我们来看看最后的结果：读者左手边的是原来的建筑，中间的是拉伸的，右边的是移动的：

命令: _solidedit
实体编辑自动检查: SOLIDCHECK=1
输入实体编辑选项 [面(F)/边(E)/体(B)/放弃(U)/退出(X)] <退出>: _face
输入面编辑选项
[拉伸(E)/移动(M)/旋转(R)/偏移(O)/倾斜(T)/删除(D)/复制(C)/着色(L)/放弃(U)/退出(X)] <退出>: _move
选择面或 [放弃(U)/删除(R)]: 找到一个面
选择面或 [放弃(U)/删除(R)/全部(ALL)]:
指定基点或位移:
指定位移的第二点: @0,0,200
已开始实体校验。
已完成实体校验。
输入面编辑选项
[拉伸(E)/移动(M)/旋转(R)/偏移(O)/倾斜(T)/删除(D)/复制(C)/着色(L)/放弃(U)/退出(X)] <退出>:
实体编辑自动检查: SOLIDCHECK=1
输入实体编辑选项 [面(F)/边(E)/体(B)/放弃(U)/退出(X)] <退出>:

命令: _solidedit
实体编辑自动检查: SOLIDCHECK=1
输入实体编辑选项 [面(F)/边(E)/体(B)/放弃(U)/退出(X)] <退出>: _face
输入面编辑选项
[拉伸(E)/移动(M)/旋转(R)/偏移(O)/倾斜(T)/删除(D)/复制(C)/着色(L)/放弃(U)/退出(X)]
<退出>: _extrude
选择面或 [放弃(U)/删除(R)]: 找到一个面
选择面或 [放弃(U)/删除(R)/全部(ALL)]:
指定拉伸高度或 [路径(P)]: 指定第二点: @0,0,200
指定拉伸的倾斜角度 <0>:
已开始实体校验。
已完成实体校验。
输入面编辑选项
[拉伸(E)/移动(M)/旋转(R)/偏移(O)/倾斜(T)/删除(D)/复制(C)/着色(L)/放弃(U)/退出(X)]
<退出>:
实体编辑自动检查: SOLIDCHECK=1
输入实体编辑选项 [面(F)/边(E)/体(B)/放弃(U)/退出(X)] <退出>:

大家可以看到，拉伸需要大家对角度有相应的操作，否则，就会产生直上直下的结果，但是，移动，就可以直接产生楼体的增长。所以，在用这些命令的时候，不能单纯的从字面理解，要想想，自己到底想要的是什么样的结果，如图 8-40 所示。

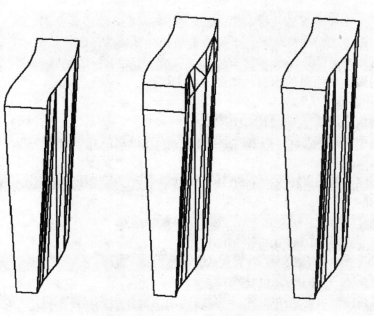

图 8-40 拉伸和移动的区别

8.5.1.3 旋转(R)

旋转（R）选项能把实体的一个表面或一部分进行旋转。它的选项有：

1．2points 选项

当你指定一个点，该点将确定旋转轴的一个端点。将会有一个提示要你输入旋转轴的另一个端点。如果你用回车来回答第二个提示，命令行提示将又从第一个点开始。

2．Axis by object 选项

该选项用线框对象来定义旋转轴。将会提示你选取一个曲线作为旋转轴。不要管提示中的"曲线"，你可以选直线或是有直线段的多段线。旋转轴是所选对象的两个端点间的直线。如果你选取圆、圆弧或是椭圆，旋转轴将是通过所选对象的中心点且与其平面垂直的直线。

3．View 选项

该选项定义与当前视点的投影线平行的直线为旋转轴。将会提示你选取一个旋转轴通过的点。

4．Xaxis、Yaxis、Zaxis 选项

这几个选项定义与 UCS 的 X、Y 和 Z 轴平行的轴为旋转轴。将会提示你选取一个旋转轴通过的点。确定了旋转轴以后，你将被提示指定旋转角。

类似于 ROTATE 命令的角度选项,你可以输入一个绝对角度值或由三个点来指定一个相对角度值。

> 关于所谓的角度的注意事项：这里旋转的角度是在当前的 UCS 的 XY 平面上的投影角度，而角度的正负值，则由你给出的旋转轴的正方向产生的右手定则确定。如果这部分不清楚的话，尽快回前面的三维基础章节学习，否则你很难进行三维操作的。

下面我们做一个简单的示例，如图 8-41 所示。

命令:_solidedit
实体编辑自动检查： SOLIDCHECK=1
输入实体编辑选项 [面(F)/边(E)/体(B)/放弃(U)/退出(X)] <退出>:_face
输入面编辑选项
[拉伸(E)/移动(M)/旋转(R)/偏移(O)/倾斜(T)/删除(D)/复制(C)/着色(L)/放弃(U)/退出(X)]
<退出>:_rotate
选择面或 [放弃(U)/删除(R)]:（选择要旋转的面）
选择面或 [放弃(U)/删除(R)/全部(ALL)]:
指定轴点或 [经过对象的轴(A)/视图(V)/X 轴(X)/Y 轴(Y)/Z 轴(Z)] <两点>:z（平行 Z 轴）
指定旋转原点 <0,0,0>:（指定线顶点）
指定旋转角度或 [参照(R)]: r（用参照选项，做参照旋转，不熟悉 UCS 和右手定则的赶快去学！）
指定参照 (起点) 角度 <0>: 指定第二点:

指定端点角度:
已开始实体校验。
已完成实体校验。
输入面编辑选项
[拉伸(E)/移动(M)/旋转(R)/偏移(O)/倾斜(T)/删除(D)/复制(C)/着色(L)/放弃(U)/退出(X)] <退出>:
实体编辑自动检查: SOLIDCHECK=1
输入实体编辑选项 [面(F)/边(E)/体(B)/放弃(U)/退出(X)] <退出>:

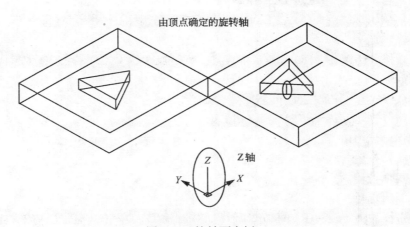

图 8-41　旋转面实例一

8.5.1.4　偏移(O)

偏移（O）选项能使一个表面上各点以穿过一个点的方式或以一定的距离进行等量偏移。输入正值时能增加实体的尺寸，输入负值时能减小实体尺寸。需要注意的是，对于孔来说正好相反：正值表示缩小孔的尺寸，而负值则表示扩大孔的尺寸。

下面是分别对长方体和长方体开孔 10 个单位的偏移，如图 8-42 所示。

- 长方体：

命令:_solidedit
实体编辑自动检查: SOLIDCHECK=1
输入实体编辑选项 [面(F)/边(E)/体(B)/放弃(U)/退出(X)] <退出>:_face
输入面编辑选项
[拉伸(E)/移动(M)/旋转(R)/偏移(O)/倾斜(T)/删除(D)/复制(C)/着色(L)/放弃(U)/退出(X)] <退出>:_offset
选择面或 [放弃(U)/删除(R)]: 找到一个面
选择面或 [放弃(U)/删除(R)/全部(ALL)]:
指定偏移距离: 10
已开始实体校验。

已完成实体校验。
输入面编辑选项
[拉伸(E)/移动(M)/旋转(R)/偏移(O)/倾斜(T)/删除(D)/复制(C)/着色(L)/放弃(U)/退出(X)] <退出>:

实体编辑自动检查: SOLIDCHECK=1
输入实体编辑选项 [面(F)/边(E)/体(B)/放弃(U)/退出(X)] <退出>:

- 长方体开孔：

命令: _solidedit
实体编辑自动检查: SOLIDCHECK=1
输入实体编辑选项 [面(F)/边(E)/体(B)/放弃(U)/退出(X)] <退出>: _face
输入面编辑选项
[拉伸(E)/移动(M)/旋转(R)/偏移(O)/倾斜(T)/删除(D)/复制(C)/着色(L)/放弃(U)/退出(X)] <退出>: _offset
选择面或 [放弃(U)/删除(R)]: 找到一个面
选择面或 [放弃(U)/删除(R)/全部(ALL)]:
指定偏移距离: 10
已开始实体校验。
已完成实体校验。
输入面编辑选项
[拉伸(E)/移动(M)/旋转(R)/偏移(O)/倾斜(T)/删除(D)/复制(C)/着色(L)/放弃(U)/退出(X)] <退出>:

实体编辑自动检查: SOLIDCHECK=1
输入实体编辑选项 [面(F)/边(E)/体(B)/放弃(U)/退出(X)] <退出>:

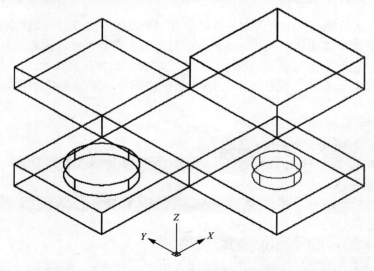

图 8-42　偏移面工具例

注意，读者左手面的是原型

8.5.1.5 倾斜(T)

倾斜（T）选项可以以一定的角度锥化一个表面。使一个圆柱体变成一个圆锥体时，这个选项是非常有用的。我们看这样的例子，如图 8-43 所示。

命令：_solidedit
实体编辑自动检查： SOLIDCHECK=1
输入实体编辑选项 [面(F)/边(E)/体(B)/放弃(U)/退出(X)] <退出>: _face
输入面编辑选项
[拉伸(E)/移动(M)/旋转(R)/偏移(O)/倾斜(T)/删除(D)/复制(C)/着色(L)/放弃(U)/退出(X)] <退出>: _taper
选择面或 [放弃(U)/删除(R)]: 找到一个面
选择面或 [放弃(U)/删除(R)/全部(ALL)]:
指定基点:
指定沿倾斜轴的另一个点:
指定倾斜角度: -10
已开始实体校验。
已完成实体校验。
输入面编辑选项
[拉伸(E)/移动(M)/旋转(R)/偏移(O)/倾斜(T)/删除(D)/复制(C)/着色(L)/放弃(U)/退出(X)] <退出>:
实体编辑自动检查： SOLIDCHECK=1
输入实体编辑选项 [面(F)/边(E)/体(B)/放弃(U)/退出(X)] <退出>:

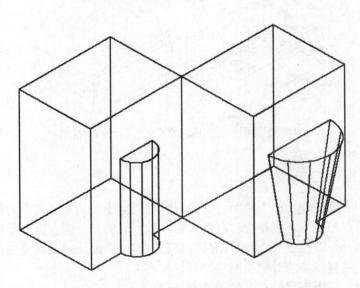

图 8-43 倾斜例一

8.5.1.6 删除(D)

删除（D）选项可以将你所不想要的三维模型上的面去掉。当面被选中后，就会被删除掉。用来删除某些部分，如倒角、孔等，如图 8-44 所示。

命令: _solidedit
实体编辑自动检查: SOLIDCHECK=1
输入实体编辑选项 [面(F)/边(E)/体(B)/放弃(U)/退出(X)] <退出>: _face
输入面编辑选项
[拉伸(E)/移动(M)/旋转(R)/偏移(O)/倾斜(T)/删除(D)/复制(C)/着色(L)/放弃(U)/退出(X)] <退出>: _delete
选择面或 [放弃(U)/删除(R)]: 找到一个面
选择面或 [放弃(U)/删除(R)/全部(ALL)]: 找到 2 个面
选择面或 [放弃(U)/删除(R)/全部(ALL)]: 找到 2 个面
选择面或 [放弃(U)/删除(R)/全部(ALL)]: 找到 2 个面, 已删除 1 个
选择面或 [放弃(U)/删除(R)/全部(ALL)]:
已开始实体校验。
已完成实体校验。
输入面编辑选项
[拉伸(E)/移动(M)/旋转(R)/偏移(O)/倾斜(T)/删除(D)/复制(C)/着色(L)/放弃(U)/退出(X)] <退出>:
实体编辑自动检查: SOLIDCHECK=1
输入实体编辑选项 [面(F)/边(E)/体(B)/放弃(U)/退出(X)] <退出>:

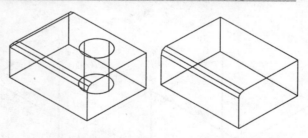

图 8-44 删除面读者左边的原形的孔和倒圆角被删除了

8.5.1.7 复制(C)

复制（C）选项复制所选中的面。它的提示项类似于 COPY 命令的提示，复制件放置的位置根据基点和目标点或是位移向量来定。被复制的只是面，而不是三维实体对象。因此你不能复制一个圆孔或一个槽。你只能复制它们的侧面。平面的复制品的对象类型将是面域，非平面的复制品的对象类型将是体。

我们来复制上例中原型的孔，如图 8-45 所示。
命令: _solidedit

实体编辑自动检查： SOLIDCHECK=1
输入实体编辑选项 [面(F)/边(E)/体(B)/放弃(U)/退出(X)] <退出>: _face
输入面编辑选项
[拉伸(E)/移动(M)/旋转(R)/偏移(O)/倾斜(T)/删除(D)/复制(C)/着色(L)/放弃(U)/退出(X)]
<退出>: _copy
选择面或 [放弃(U)/删除(R)]: 找到一个面。
选择面或 [放弃(U)/删除(R)/全部(ALL)]:
指定基点或位移:
指定位移的第二点:
输入面编辑选项
[拉伸(E)/移动(M)/旋转(R)/偏移(O)/倾斜(T)/删除(D)/复制(C)/着色(L)/放弃(U)/退出(X)]
<退出>:
实体编辑自动检查： SOLIDCHECK=1
输入实体编辑选项 [面(F)/边(E)/体(B)/放弃(U)/退出(X)] <退出>:

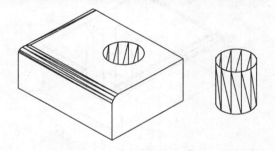

图 8-45　复制前例 8-44

可以看到，只是孔的特殊的"体"被复制了，但并不是孔被复制。

8.5.1.8　着色(L)

着色（C）选项使你能够改变表面的颜色。当选择此选项时，AutoCAD 会显示出一个对话框供你选择颜色，见图 8-46，着色后的面见图 8-47。

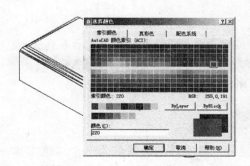

图 8-46　着色工具的对话框

命令: _solidedit
实体编辑自动检查: SOLIDCHECK=1
输入实体编辑选项 [面(F)/边(E)/体(B)/放弃(U)/退出(X)] <退出>: _face
输入面编辑选项
[拉伸(E)/移动(M)/旋转(R)/偏移(O)/倾斜(T)/删除(D)/复制(C)/着色(L)/放弃(U)/退出(X)]
<退出>: _color
选择面或 [放弃(U)/删除(R)]: 找到一个面
选择面或 [放弃(U)/删除(R)/全部(ALL)]:
输入面编辑选项
[拉伸(E)/移动(M)/旋转(R)/偏移(O)/倾斜(T)/删除(D)/复制(C)/着色(L)/放弃(U)/退出(X)]
<退出>:
实体编辑自动检查: SOLIDCHECK=1
输入实体编辑选项 [面(F)/边(E)/体(B)/放弃(U)/退出(X)] <退出>:

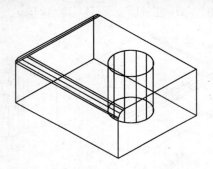

图 8-47　着色后的面

8.5.1.9　放弃(U)

放弃 Undo 选项用于撤消以前的操作所产生的结果。

8.5.1.10　退出(X)

退出（X）立即回到 SolidEdit 提示。

8.5.2　边缘编辑

键入 E 即可编辑一个或多个边缘。AtuoCAD 显示下列选项:
输入边编辑选项 [复制(C)/着色(L)/放弃(U)/退出(X)] <退出>:
这些选项的功能如下所示:

8.5.2.1　复制(C)

复制（C）选项可以复制三维实体的边缘线为一个二维实体——直线、圆弧、样条线或椭圆。这个选项在做三维实体的二维视图时是非常有用的，如图 8-48 所示。
命令: _solidedit

实体编辑自动检查: SOLIDCHECK=1
输入实体编辑选项 [面(F)/边(E)/体(B)/放弃(U)/退出(X)] <退出>: _edge
输入边编辑选项 [复制(C)/着色(L)/放弃(U)/退出(X)] <退出>: _copy
选择边或 [放弃(U)/删除(R)]:
选择边或 [放弃(U)/删除(R)]:
选择边或 [放弃(U)/删除(R)]:
选择边或 [放弃(U)/删除(R)]:
选择边或 [放弃(U)/删除(R)]:
选择边或 [放弃(U)/删除(R)]:
指定基点或位移:
指定位移的第二点:
输入边编辑选项 [复制(C)/着色(L)/放弃(U)/退出(X)] <退出>:
实体编辑自动检查: SOLIDCHECK=1
输入实体编辑选项 [面(F)/边(E)/体(B)/放弃(U)/退出(X)] <退出>:

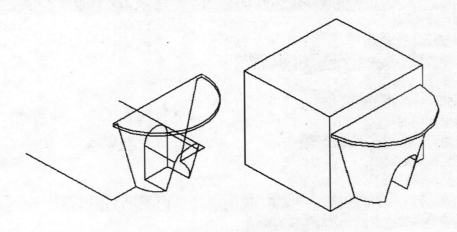

图 8-48　复制边的例子

和二维平面图纸有点联系了?

8.5.2.2 着色(L)

着色(L)选项使你能够改变线的颜色。当选择此选项时，AutoCAD 会显示出一个对话框供你选择颜色。此对话框其实是 AutoCAD 标准颜色对话框，样子见前面着色面的说明。

8.5.2.3 放弃(U)Undo

放弃(U)，Undo 选项用于撤消以前的操作所产生的结果。

8.5.2.4 退出(X)Exit

退出(X)立即回到 SolidEdit 提示。

8.5.3 主体编辑

若要编辑实体的主体,键入 B。AutoCAD 显示以下选项:
[压印(I)/分割实体(P)/抽壳(S)/清除(L)/检查(C)/放弃(U)/退出(X)] <退出>:

8.5.3.1 压印(I)

压印(I)选项能在一个三维实体上"印刻"其他对象,这些对象可以是:圆弧、直、椭圆、二维多义线、样条线、三维多义线、主体或者是另外一个三维实体。你可以认为印刻是把一个二维对象加入到三维实体上的操作,见图 8-49。

命令: _solidedit
实体编辑自动检查: SOLIDCHECK=1
输入实体编辑选项 [面(F)/边(E)/体(B)/放弃(U)/退出(X)] <退出>: _body
输入体编辑选项
[压印(I)/分割实体(P)/抽壳(S)/清除(L)/检查(C)/放弃(U)/退出(X)] <退出>: _imprint
选择三维实体:
选择要压印的对象:
是否删除源对象 [是(Y)/否(N)] <N>: y
选择要压印的对象:
必须为压印选择不同的对象。
选择要压印的对象:
必须为压印选择不同的对象。
选择要压印的对象:
输入体编辑选项
[压印(I)/分割实体(P)/抽壳(S)/清除(L)/检查(C)/放弃(U)/退出(X)] <退出>:
实体编辑自动检查: SOLIDCHECK=1
输入实体编辑选项 [面(F)/边(E)/体(B)/放弃(U)/退出(X)] <退出>:

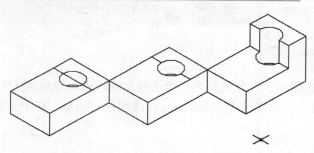

图 8-49 压印实例

与实体模型接触的线段仍然保留在实体表面,但是,它已不再是线段,而是属于实体模型的一个部分,这条线将顶面分成两个面。用拉伸面工具拉伸新生成的面,结果如图 8-49 所示,这个面高出了另一半。用这个压印工具可以将顶面分成两个面。

8.5.3.2 分割实体(P)

分割实体(P)选项用于把实体中不相连的部分分成几个单独的实体,需要注意的是此命令对布尔操作所产生的实体无效,例如 Union 和 Subtract。

还记得以前我们在第五章做的楼梯吗?可以用此工具把如前的楼梯那样的两个单独的实体组分割成两个单独的实体。

8.5.3.3 抽壳(S)

抽壳(S)选项能把一个三维实体变成一个中空、薄壁的外壳;外壳的厚度由设计者指明。把每一个已有表面偏移到实体初始位置外侧就可以得到这个新的实体。需要注意的是,一个三维实体只能做一个外壳。在 AutoCAD 的提示"输入抽壳偏移距离"下,你需要输入外壳的偏移距离。输入正值表示所得的外壳是由实体往里偏移得到的,而输入负值则表示所得的外壳是由实体往外偏移产生的。制壳操作完毕后,三维实体看起来没有什么变化,这是因为命令只不过是使实体内部变空了。

当灵活使用删除面的功能后会发现,这个工具对我们做挑檐等槽板类东西很有帮助,见图 8-50。

命令:_solidedit
实体编辑自动检查: SOLIDCHECK=1
输入实体编辑选项 [面(F)/边(E)/体(B)/放弃(U)/退出(X)] <退出>: _body
输入体编辑选项
[压印(I)/分割实体(P)/抽壳(S)/清除(L)/检查(C)/放弃(U)/退出(X)] <退出>: _shell
选择三维实体:
删除面或 [放弃(U)/添加(A)/全部(ALL)]: 找到 2 个面,已删除 2 个
删除面或 [放弃(U)/添加(A)/全部(ALL)]:
输入抽壳偏移距离: 指定第二点:
已开始实体校验。
已完成实体校验。
输入体编辑选项
[压印(I)/分割实体(P)/抽壳(S)/清除(L)/检查(C)/放弃(U)/退出(X)] <退出>:
实体编辑自动检查: SOLIDCHECK=1
输入实体编辑选项 [面(F)/边(E)/体(B)/放弃(U)/退出(X)] <退出>:

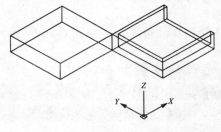

图 8-50 抽壳例子

8.5.3.4 清除(L)

清除(L)CLean 选项用于清除多余的边、顶点以及印刻物体和不用的几何线段。

8.5.3.5 检查(C)

检查(C)Check 选项用于检验一个三维实体是否是一个有效的 ShapeManager 实体。AutoCAD 执行此命令的结果要么是"此对象是有效的 ShapeManager 实体。",要么是"必须选择三维实体。"。与此选项相关的是系统变量 SolidCheck，它可以切换对三维实体的检验的打开或关闭状态,缺省值是打开状态。

8.5.3.6 放弃(U)

放弃(U), Undo 选项用于撤消以前的操作所产生的结果。

8.5.3.7 退出(X)

立即回到 SolidEdit 提示。

下面我们加工酒店前面的台阶，原型如图 8-51 所示。

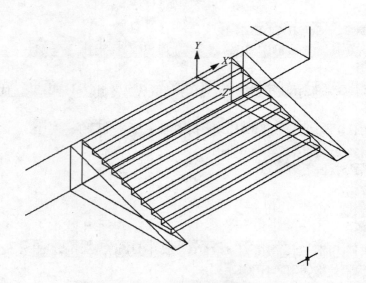

图 8-51 酒店前的台阶原形

我们给每个台阶下面 40 都加线准备压印，如图 8-52 所示。

命令: _solidedit
实体编辑自动检查： SOLIDCHECK=1
输入实体编辑选项 [面(F)/边(E)/体(B)/放弃(U)/退出(X)] <退出>: _edge
输入边编辑选项 [复制(C)/着色(L)/放弃(U)/退出(X)] <退出>: _copy
选择边或 [放弃(U)/删除(R)]:

（……连续选择台阶的边……）
指定基点或位移：
指定位移的第二点：指定向下位移 40
输入边编辑选项 [复制(C)/着色(L)/放弃(U)/退出(X)] <退出>：
输入实体编辑选项 [面(F)/边(E)/体(B)/放弃(U)/退出(X)] <退出>：

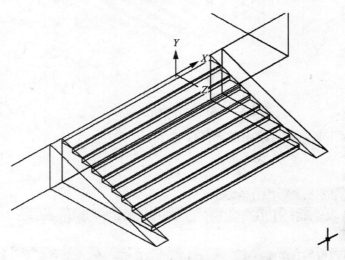

图 8-52　酒店前的台阶压印前

压印，如图 8-53 所示。
命令: _solidedit
实体编辑自动检查： SOLIDCHECK=1
输入实体编辑选项 [面(F)/边(E)/体(B)/放弃(U)/退出(X)] <退出>: _body
输入体编辑选项
[压印(I)/分割实体(P)/抽壳(S)/清除(L)/检查(C)/放弃(U)/退出(X)] <退出>: _imprint
选择三维实体：
选择要压印的对象：
是否删除源对象 [是(Y)/否(N)] <N>: y
……（重复对台阶压印）……
选择要压印的对象：（回车）
输入体编辑选项
[压印(I)/分割实体(P)/抽壳(S)/清除(L)/检查(C)/放弃(U)/退出(X)] <退出>：
实体编辑自动检查： SOLIDCHECK=1
输入实体编辑选项 [面(F)/边(E)/体(B)/放弃(U)/退出(X)] <退出>：

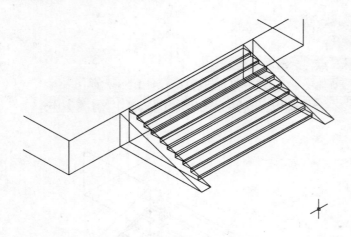

图 8-53 酒店前的台阶压印后

然后，用拉伸面工具，将台阶上部向外偏移 20：

拉伸面：

命令：_solidedit

实体编辑自动检查： SOLIDCHECK=1

输入实体编辑选项 [面(F)/边(E)/体(B)/放弃(U)/退出(X)] <退出>：_face

输入面编辑选项

[拉伸(E)/移动(M)/旋转(R)/偏移(O)/倾斜(T)/删除(D)/复制(C)/着色(L)/放弃(U)/退出(X)] <退出>：_extrude

选择面或 [放弃(U)/删除(R)]：找到一个面。

选择面或 [放弃(U)/删除(R)/全部(ALL)]：

指定拉伸高度或 [路径(P)]：20

指定拉伸的倾斜角度 <0>：

已开始实体校验。

已完成实体校验。

输入面编辑选项

[拉伸(E)/移动(M)/旋转(R)/偏移(O)/倾斜(T)/删除(D)/复制(C)/着色(L)/放弃(U)/退出(X)] <退出>：

实体编辑自动检查： SOLIDCHECK=1

输入实体编辑选项 [面(F)/边(E)/体(B)/放弃(U)/退出(X)] <退出>：

如果，我们用移动面或偏移面工具则会出现：

移动面：

命令：_solidedit

实体编辑自动检查： SOLIDCHECK=1

输入实体编辑选项 [面(F)/边(E)/体(B)/放弃(U)/退出(X)] <退出>：_face

输入面编辑选项

[拉伸(E)/移动(M)/旋转(R)/偏移(O)/倾斜(T)/删除(D)/复制(C)/着色(L)/放弃(U)/退出(X)]

<退出>: _move
　　选择面或 [放弃(U)/删除(R)]: 找到一个面。
　　选择面或 [放弃(U)/删除(R)/全部(ALL)]:
　　指定基点或位移:
　　指定位移的第二点: @0,0,20
　　建模操作错误:
　　　　不可填充的间距。
　　……
失败！
偏移面:
命令: _solidedit
实体编辑自动检查: SOLIDCHECK=1
输入实体编辑选项 [面(F)/边(E)/体(B)/放弃(U)/退出(X)] <退出>: _face
输入面编辑选项
[拉伸(E)/移动(M)/旋转(R)/偏移(O)/倾斜(T)/删除(D)/复制(C)/着色(L)/放弃(U)/退出(X)]
<退出>: _offset
　　选择面或 [放弃(U)/删除(R)]: 找到一个面。
　　选择面或 [放弃(U)/删除(R)/全部(ALL)]:
　　指定偏移距离: 20
　　建模操作错误:
　　　　对一个边界没有解。
　　……
再次失败！！

大家可以从这里看到并且比较如果这两个工具使用失败后的状态，也能从中体会工具的不同用法。

拉伸后的台阶（图8-54）：

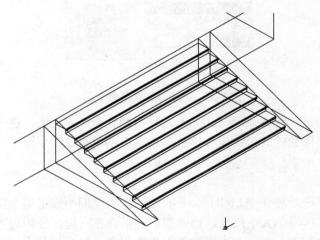

图8-54　酒店前的台阶拉伸后

在这章完结前,我们最后谈一下三维操作。

8.6 三维操作菜单命令

在三维空间中,AutoCAD 同样提供了类似于二维的阵列、镜像、旋转的命令(见图 8-55),就是三维阵列、三维镜像、三维旋转命令。可以把这三个命令当作是二维的阵列、镜像、旋转命令在三维世界中的延伸。而且这三个三维的命令也几乎就是二维命令增加了一个 Z 轴方向的变化,命令行的使用方法大同小异,如果读者对 UCS 和右手定则比较熟悉的话,完全可以由二维命令推演到这三个三维命令,或者由 UCS 的变化利用二维的阵列、镜像、旋转命令完成三维工作并且直观不易出错误,所以,在这里,我就不多废唇舌了。

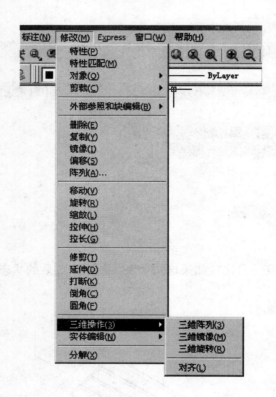

图 8-55 三维操作菜单命令

我要在这里说的是:对齐命令(align),缺省简化命令是 AL。这个命令很有特色,甚至当你在二维中使用它的时候,也会给你带来很多的好处。

ALIGN 命令

在此要讨论的方法是对齐 ALIGH 命令的使用。当我们不知道每个实体究竟要旋转多少角度甚至不知道实体简单大小比例,而要把它们组合在一起,使用对齐 ALIGH 命令就会简单很多。对齐 ALIGH 命令,不需要输入角度信息,只要将源点与目标点对齐就可以完成组合工作。指定三对点，实体移动并使三对点对齐；第一目标点是对齐的基点，将要对齐的实体在这个点上锁定。按下面的命令过程和图示，将带孔的板与底板对齐，第一个目标点是基点，即圆柱的定位点。

初始图如图 8-56 所示。

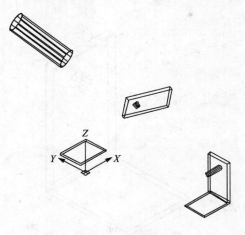

图 8-56　初始图

我们先把孔板就位，如图 8-57 所示。

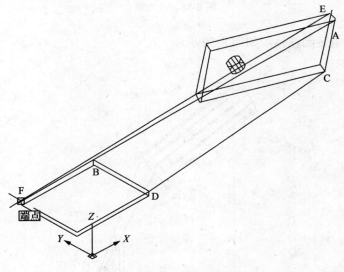

图 8-57　孔板定位图

命令: ALIGN
选择对象: 找到 1 个
选择对象:
指定第一个源点:A
指定第一个目标点:B
指定第二个源点:C

指定第二个目标点:D
指定第三个源点或 <继续>:E
指定第三个目标点:F

就位后如图 8-58 所示。

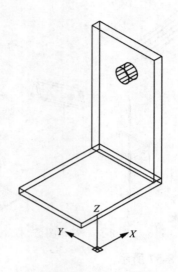

图 8-58　孔板就位

下面，我们组装圆柱体，如图 8-59 所示。

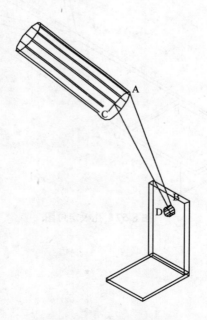

图 8-59　Align圆柱体定位图

命令: al
ALIGN
选择对象: 找到 1 个
选择对象:
指定第一个源点:
指定第一个目标点:
指定第二个源点:
指定第二个目标点:
指定第三个源点或 <继续>:
是否基于对齐点缩放对象？[是(Y)/否(N)] <否>: y

注意，这里我们用圆柱体的象限点和孔的象限点来定位，千万不能搞错。通过基于对齐点的缩放，我们也解决了圆柱体的大小问题。这在组工作中是相当有用的。

成图，如图 8-60 所示。

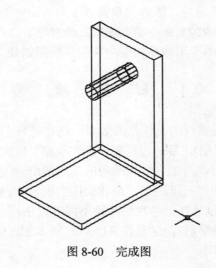

图 8-60　完成图

同样，在二维里，我们也可以利用 ALIGN 命令完成类似的工作，在此，不再赘述。

到此，我们已经把模型空间里的三维实体操作讲完了，大家应当能够根据自己的需要完成一件实体模型了。下面的章节我们就要进入对实体模型进行观察研究了。

第 9 章　三维模型的观察利用

学习目的

制作三维模型，从来不是 CAD 的目的，当然，主业做效果图的读者除外，AutoCAD 是一个辅助设计的软件，我们做三维模型的目的也就在此。我们的目的是，用做好的三维模型来研究设计，透过虚拟的三维世界，来推敲我们的设计。然后，将推敲好的结果快速地通过二维的图纸表达出来。

所以，这章，我们将讲解：如何观察研究三维模型和如何把三维模型快速准确的用二维方式输出。在完成本章学习后，读者将掌握以下内容：
- 使用 DVIEW 和 3DORBIT 命令动态观察三维对象。
- 能够使用 AutoCAD 的专用命令根据 3D 实体模型创建 2D 多视图。

9.1　三维观察

作为建筑设计，我们很重视的是作品的效果，这也是我们做很多模型，画效果图的目的。同样，我们做三维的 CAD，目的也是要尽快地观察、研究我们作品的效果，在第一时间把自己的作品做好，然后，再把它做成准确的二维图纸。

所以，如何快速准确观察三维图形，是我们应当很好掌握的本领。

作为三维的观察，AutoCAD 给了我们两种不同的方法：

一是，用"三维动态观察器"，这是在 R15 以后版本加入的，快速，但是，相对来讲，不能准确定点观察，见图 9-1。

图 9-1　三维动态观察器

二是，用 DVIEW 命令，这个命令虽然复杂，但是，它可以准确定点观察模型。

9.1.1　三维动态观察模式

我们先来说三维动态观察。三维动态观察是调用三维动态观察器来完成的。我们首先要做的是如何进入三维动态观察模式。

我们先调出三维动态观察器的工具栏。

图 9-2 三维动态观察器工具栏

通过调用三维动态观察器上的任何一个工具，或者通过工具栏上的三维动态观察工具，进入三维观察状态（图 9-2），或者从视图菜单中选择三维动态观察器，我们都可以进入三维动态观察的模式。

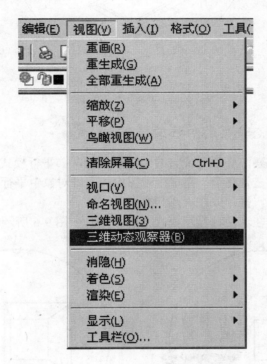

图 9-3 三维动态观察器菜单

进入三维动态观察模式时，UCS 图标由一个三维形状的 UCS 图标代替（见图 9-4）。

图 9-4 三维形状的UCS图标

进入三维动态观察模式以后，就进入了这个模式的视口内，既不可以进行对象编辑，也会使缩放（ZOOM）工具和PAN命令、DSVIEWER命令和滚动条都不再起作用了。很多相应的命令菜单，由单击右键的弹出式菜单调用，见图9-5。

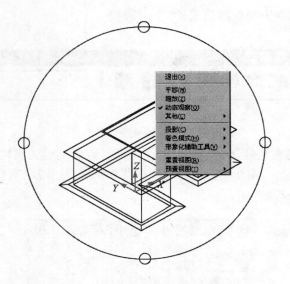

图 9-5　三维动态观察时的右键菜单

9.1.1.1　三维动态观察的两种投影显示模式

我们谈三维动态观察，必须先说它的两种显示模式：平行模式和透视模式。

这两种视图的不同之处在于：在平行视图中，三维对象中平行的线在视图中仍然保持平行，而在透视视图中，平行线在灭点相交。

我们看一个长方体在这两种显示模式下的不同，如图 9-6 所示。

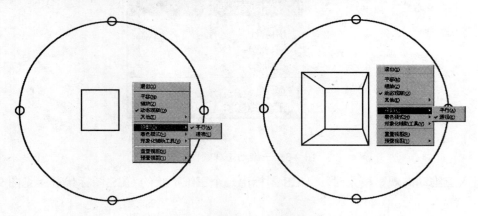

图 9-6　平行模式和透视模式

缺省状态下是平行模式，但是，我们一般在观察的时候，要把模式调整到透视模式——我们现实生活中看到的就是透视模式，所以，我们希望机器辅助设计时也能帮助我们进行这种模式的辅助显示。

投影选项平行（Parallel）和透视（Perspective）由图形区域右击所弹出的快捷菜单中选择，即可选择"投影→平行"或"投影→透视"。

9.1.1.2 三维动态观察的六种着色显示模式

当处于三维动态观察中时，可以通过从快捷菜单中选择六种着色模式为对象着色。这六种模式是，我们用一个圆柱体来举例说明：

- 线框。显示用直线和曲线表示边界的三维视图中的对象如图 9-7 所示。

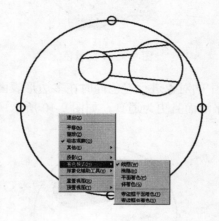

图 9-7　线框着色模式

- 消隐。显示用线框表示的三维视图中的对象，同时消隐表示后面的线，如图 9-8 所示。

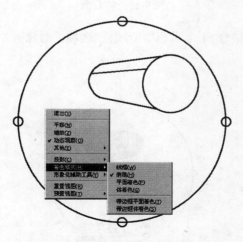

图 9-8　消隐着色模式

- 平面着色。对在多边形表面之间的三维视图中的对象进行着色。这使对象的外观为镶嵌面并且不太光滑，如图 9-9 所示。

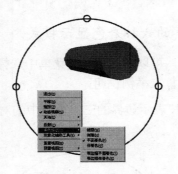

图 9-9　平面着色

● 体着色。对三维视图中的对象进行着色同时在多边形表面之间的边缘进行平滑处理。这使对象的外观显得较为平滑而且更为逼真，如图 9-10 所示。

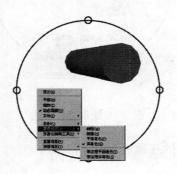

图 9-10　体着色

● 带边框平面着色。结合"平面着色"和"线框"选项。对象被平面着色，同时显示线框，如图 9-11 所示。

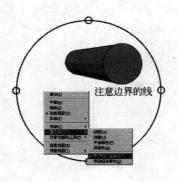

图 9-11　带边框平面着色

● 带边框体着色。结合"体着色"和"线框"选项。对象被体着色，同时显示线框，如图 9-12 所示。

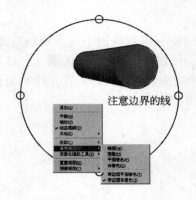

图 9-12　带边框体着色

注意，如果对三维动态观察器视图中的对象进行着色，即使退出三维动态观察后，着色仍应用到对象中。三维动态观察处于未激活状态时，使用 SHADEMODE 命令可以改变着色。

> 通常，我们在观察时，选择显示模式的透视模式和着色模式的消隐模式，这样，既可以得到比较直观的三维透视图，又相对比较节省硬件资源。如果模型很小的时候，推荐使用透视模式加带边框着色模式。如果模型很大，在捕捉透视点的时候，建议使用透视模式加线框模式，这样的图形相对比较乱，定好捕捉点后，应至少调整到透视模式加消隐模式。

9.1.1.3　三维动态观察

这个工具可以让我们方便地变换观察三维模型的三维角度（图 9-13、图 9-14）。

图 9-13　三维动态观察器工具

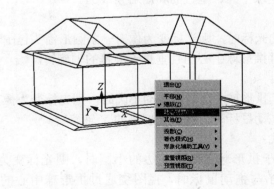

图 9-14　动态观察工具

命令行命令是：3DORBIT。

可以点击或拖动鼠标从围绕三维对象的不同点观察对象。使用三维动态观察器工具时，会出现一个拱形球，它是一个具有 4 个小圆的圆，且这些小圆将其 4 等分。目标是拱形球的中心。当正在使用三维动态观察工具时，在三维轨道视图中，认为目标是静止的，而相机则绕目标移动（见图 9-15）。

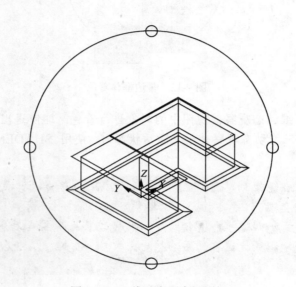

图 9-15　三维动态观察视图例

当在 3D 轨道视图之上移动光标时，鼠标光标图标改变。不同的图标表示视图旋转的不同方向。如图 9-16 所示。

1．轨道模式：

当在拱形球内移动光标时，光标看上去像有两条线包围着的球体。该图标为轨道模式图标，且点击与拖动鼠标允许自由旋转视图，就像光标抓住了围绕对象的一个球体并沿目标点移动。移动可以是水平的、垂直的和沿对角线的。

2．旋转模式：

当在拱形球外移动光标时，则光标变为像有一条圆形箭头包围着的球体。当点击与拖动鼠标时，视图绕通过拱形球中心的且垂直于屏幕的轴旋转。

3．左右轨道模式：

当将光标移向位于拱形球左边或右边的小圆时，则光标变为像有一个水平椭圆形包围着的球体。当点击与拖动鼠标时，视图绕屏幕的 Y 轴旋转。

4．上下轨道模式：

当将光标移向位于拱形球上边或下边的小圆时，则光标变为像有一个垂直椭圆形包围着的球体。当点击与拖动鼠标时，视图绕通过拱形球中心的屏幕的水平轴或 X 轴旋转。

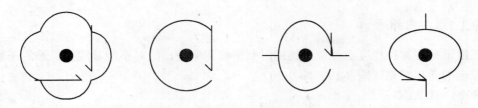

图 9-16　鼠标的光标的四种模式示意

当处于三维动态观察模式时，可以在图形区域单击右键以显示快捷菜单，该菜单显示三维动态观察时的所有可使用选项。要退出 3 DORBIT 命令，从快捷菜单中选择 Exit 或按 Esc 或 Enter 键。

9.1.1.4　三维缩放

三维缩放类似于二维的实时缩放命令，用来在三维动态观察模式的时候，在保证相机的位置不变的前提下，把观察的三维对象的图象缩小或放大。（图 9-17、图 9-18）

图 9-17　三维缩放工具

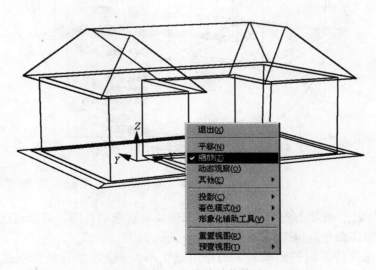

图 9-18　三维缩放菜单

命令行：3DZOOM

当处于透视投影情况下使用三维缩放时，放大的透视图有时会引起对象的失真。3DZOOM 命令可以在 3DORBIT 命令激活时，通过弹出的快捷菜单选择 Zoom 调用。

另外，在三维动态观察时，用鼠标中间滚轮的作用等于三维缩放。

9.1.1.5 三维平移

三维平移在某种程度上类似二维的时实平移。但是，绝对不能看成是二维的平移命令在三维上的简单扩充（图9-19、图9-20）。

命令：3DPAN

图 9-19 三维平移工具

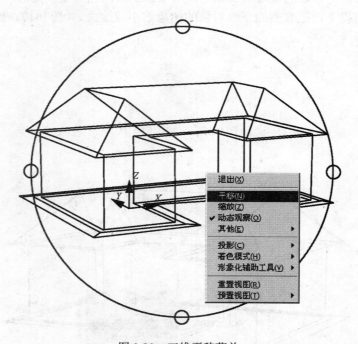

图 9-20 三维平移菜单

该工具可以在三维动态观察模式激活时水平或垂直拖动视图，可以通过从快捷菜单中选择平移来调用该命令，也可以通过三维平移图标调用。

注意，它在两种不同投影模式下的作用是很不同的。在平行投影模式时，它的表现更多地类似于二维的实时平移；但是在透视投影模式时，它就根本不同于二维的实时平移了——更类似于把模型球在相机前旋转，也就是，可以这样理解，我们把模型封装在一个球里面，在球体前面架设相机，三维平移就是，你用这个工具给你的"手"（正好这个工具的代表图标就是一只手！）左右上下推动这个模型球围绕模型球的球心转动（图9-21、图9-22）。

图 9-21 三维平移工具在平行投影模式下的表现

图 9-22 三维平移工具在透视投影模式下的表现

9.1.1.6 三维调整距离

这个工具让我们调整相机于目标点的距离。如图 9-23、图 9-24 所示。

图 9-23 三维调整距离工具

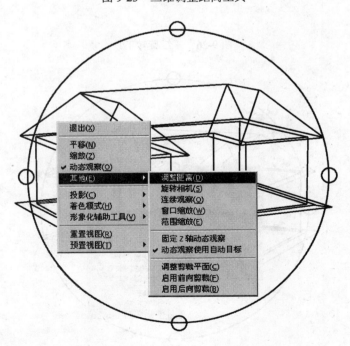

图 9-24 三维调整距离

命令：3DDISTANCE

该工具相当于现实世界里我们把相机移近与远离目标的操作，即它使得对象显得拉近或远离。该命令也可启动三维动态观察模式。三维调整距离工具与三维缩放工具不同，它并不在视图中放大透视图，我们看到视图的大小变化是由于相机与目标的距离变化产生的，这点尤其在相机迫近目标乃至进入"模型封装球"里面的时候要特别的注意，否则，用错了的话，麻烦大大。至于什么麻烦嘛，我们在下面的 DVIEW 命令里面会有介绍。当使用该命令时，光标的图标改变为一条具有向上箭头与向下箭头的直线（图 9-25）。点击与拖动鼠标，可以使对象拉近与远离相机，即改变相机与目标之间的距离。鼠标向屏幕上方运动相应于相机接近模型，向屏幕下方运动，相应于相机远离模型。

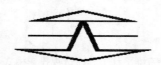

图 9-25 三维调整距离时的鼠标图

9.1.1.7 三维旋转

这个工具用来摇动相机。如图 9-26、图 9-27 所示。

图 9-26 三维旋转工具

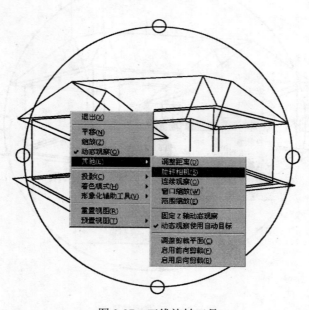

图 9-27 三维旋转工具

命令：3DSWIVEL

该命令与在一个三角架上旋转相机而不改变相机与目标之间距离的操作相似。可以在三维动态观察时，通过从弹出的快捷菜单中选择"其他→旋转相机"来调用。当使用该工具时，光标图标改变为相机镜头前面有一个旋转符号的图标。该命令也启动交互式 3 D 观察。

9.1.1.8　三维动态观察模式中的形象化辅助工具

可以选择在三维动态观察模式中显示以下任何可视化辅助工具（图 9-28）：指南针（图 9-29）、栅格（图 9-30）或 UCS 图标。当三维动态观察模式激活时，在图形区域右击弹出快捷菜单，从中选"形象化辅助工具→指南针、栅格或 UCS 图标"，这时一个"对号"符号出现在所选选项旁边。若选择指南针，则在拱形球中会出现一个具有三条指示 X、Y 和 Z 轴的直线的球体。这里所指的指南针，更多是那种飞机或者卫星上用的那种罗盘样子的指南针，若按平时生活里的形象来说，说坐标球可能更好理解。若选择栅格，则在当前 X Y 平面中会出现栅格，可以使用 ELEVATION 系统变量确定高度。在进入三维动态观察模式之前，GRID 系统变量控制栅格选项的显示。选择 UCS 图标则显示 UCS 图标，若不选择该选项，即对号未放置在 UCS 图标旁边时，系统关闭 UCS 图标的显示；如果选择了该选项，在三维动态观察模式下，一个 3D 形状的 UCS 图标显示，其 X 轴是红色的、Y 轴是绿色的、Z 轴是蓝色或青色的。缺省状态是 UCS 图表被选定，指南针和栅格不被选定。

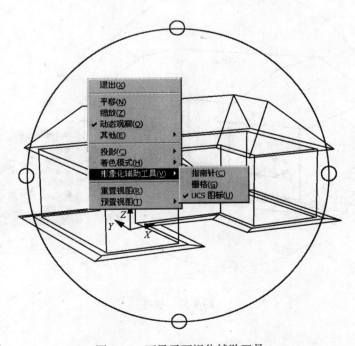

图 9-28　可显示可视化辅助工具

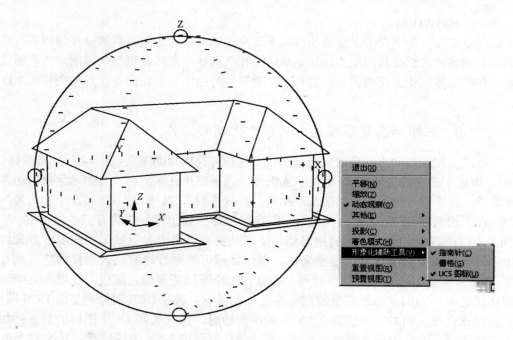

图 9-29 指南针

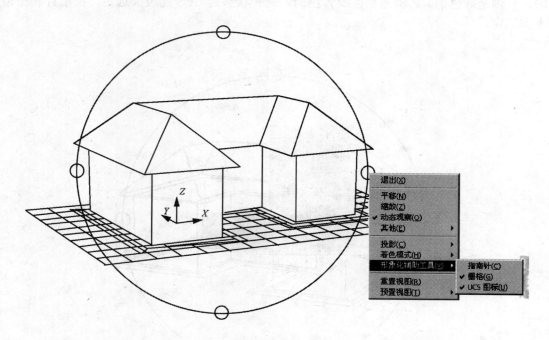

图 9-30 栅格

9.1.1.9 三维连续观察

这个工具让你控制模型球连续旋转,以方便用户连续观察(图9-31、图9-32)。

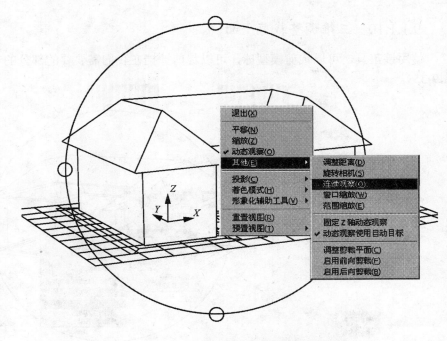

图 9-31　　　　　　　　　　　　　　图 9-32　连续观察选项

命令：**3DCORBIT**

此工具启动三维动态观察模式，并允许设置在3D视图中所选对象沿一个自由轨道连续运动。可以在三维动态观察模式激活时，通过从弹出的快捷菜单中选择"其他→连续观察"来调用。在使用三维连续观察工具时，光标变为连续轨道光标，即一个由两条实线包围着的球（图9-33）。在图形区中点击并向任何方向拖动鼠标，可以沿鼠标的移动方向移动对象。当放开鼠标键，即停止点击与拖动时，对象可继续沿所指定轨道移动。光标移动的速度决定了对象旋转的速度。可以重新点击与拖动鼠标，为在连续轨道上的旋转确定另一个方向。此命令的运动方式、方向完全可以参考前面"三维动态观察"节，可以说，此命令就是"三维动态观察"的连续版本，惟一不同的是，不用操作者一直按着鼠标，只要用鼠标给模型球一个初始的速度就可以了。当使用该工具时，可以在图形区右击以弹出快捷菜单，并从显示中添加或删除可视化辅助工具，在退出该工具之前，可选择投影模式、着色模式、重置视图 或预置视图选项。选择三维平移、三维缩放、三维动态观察、剪裁等，可以结束连续轨道。

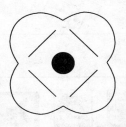

图 9-33　光标样式

9.1.1.10 三维调整裁剪平面

使用该工具，可以裁剪模型球，可以裁剪掉挡在我们需要要的部分的物体（图9-34、图9-35）。

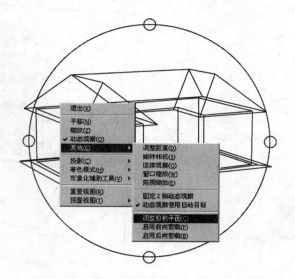

图 9-34 三维调整裁剪平面工具　　　　图 9-35 选择调整剪裁平面

命令：3DCLIP

可以在3DORBIT命令激活时，通过弹出的快捷菜单选择"其他→调整裁剪平面"来调用。该工具也启动三维动态观察模式，并显示调整裁剪平面窗口（见图9-36），从中可以决定位置、打开或关闭前或后剪裁平面。在调用该窗口时，对象会向在窗口中的当前视图顶部方向旋转90°出现，这使得剪裁平面以两条线的形式显示。在窗口中前或后剪裁平面的设置反映在当前视图中。3DCLIP命令的各种选项显示在窗口中的调整剪裁平面工具条中。也可以在窗口中右击，然后从弹出的快捷菜单中选择其中的"启动前向剪裁"、"启动后向剪裁"这两个选项，相应的这两个选项也可以在工具条中选择（图9-36）。

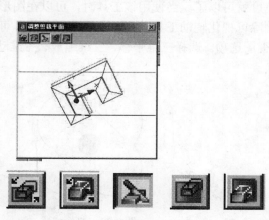

图 9-36 裁剪平面窗口与工具条

1．调整前向剪裁：

该选项是缺省选项，且允许定位前剪裁平面。当上下移动位于调整裁剪平面窗口底部附近的黑色直线时，可以在当前三维动态观察模式视图中看见最后的三维视图。在使用该选项时，要确保"启动前向剪裁"选项被选择，一个"对号"显示在位于快捷菜单中的该选项旁边，或在调整剪裁平面工具条中"前向剪裁开/关"按钮被按下。

2．调整后向剪裁：

该选项允许定位后剪裁平面。当上下移动位于调整剪裁平面窗口顶部附近的绿色直线时，可以在当前三维动态观察模式视图中看见最后的三维视图形式。在使用该选项时，要确保"启动后向剪裁"选项被选择，一个"对号"显示在位于快捷菜单中的该选项旁边，或在调整剪裁平面工具条中"后向剪裁开/关"按钮被按下。

3．创建剖切面：

选择该选项，可以使前后剪裁平面同时移动。可视片段建立于两个剪裁平面之间，并显示在当前三维动态观察模式视图中。可以通过选择各自的选项先分别调整前和后剪裁平面，然后在工具条中点击创建剖切面按钮以同时激活两个剪裁平面，并在当前视图中显示结果。

4．前向剪裁开/关

该选项可以打开或关闭前剪裁平面。显示在通过右击调整剪裁平面窗口所弹出的快捷菜单中的"启动前向剪裁"选项旁边的对号表示该选项被选中。也可以在三维动态观察器工具条中选择启动前向剪裁工具。

5．后向剪裁开/关

该选项可以打开或关闭后剪裁平面。显示在通过右击调整剪裁平面窗口所弹出的快捷菜单中的"启动后向剪裁"选项旁边的对号表示该选项被选中。也可以在三维动态观察器工具条中选择启动前向剪裁工具。

点击窗口旁的小叉可退出调整剪裁平面窗口。当使用三维动态观察器中的系列旋转工具旋转模型球的时候，如果前和后剪裁平面打开时，模型被剪裁平面切掉不同的部分。

9.1.1.11 预置视图

三维动态观察模式中预置了十种视图，以方便我们观察。预置视图工具用来调用这十种视图（图9-37、图9-38）。

当三维动态观察模式打开的时候，我们可以单击右键，弹出菜单，选择预置视图。它允许对所选观察的对象选择任何6个标准正交视图之一或任何4个标准等轴视图之一，也可以从三维动态观察器工具条中的视图控制下拉列表中选择任何一个预置视图。

9.1.1.12 重置视图

从快捷菜单中选择重置视图可以恢复在三维动态观察模式启动时的视图为当前的视图。类似于其他命令或工具的UNDO。

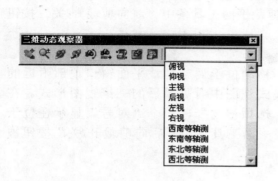
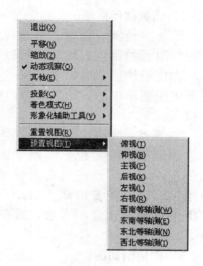

图 9-37 预置视图工具　　　　　　　　图 9-38 预置视图菜单

9.1.2 古老的三维观察：DVIEW 命令

还记得我们前面说的比较复杂的命令吗？现在，我们来讲这个命令了。

DVIEW 命令，好像从 AutoCAD 能简单处理三维的时候，就已经有这个命令了。虽然经过了这么多年，CAD 版本一换再换，但是，这个命令作为三维模拟显示的基础，依然没有什么改变。而且，笔者认为，要真正观察推敲三维的模型，还要依靠这个古老的命令。因为，它有极强的数理可控制性，如果不考虑数理可控性，很多其他的三维软件要比 CAD 的三维动态观察器要好用，所以，在这里还要不厌其烦地介绍这个古老的命令。

DVIEW 作为一个古老的命令，它完全保留了老式 CAD 的命令与子命令的格式，而没有简单的菜单、图标、按钮可以帮助操作，所以，我们要学这个命令，只有去熟悉它的各个子命令和选择项了。

命令：DVIEW
默认的简化命令：DV

成功调用 DVIEW 命令后，如同前面的三维动态观察器，我们可以在当前视口中建立模型的平行投影或透视投影视图。DVIEW 命令使用相机和目标的概念，可从三维空间的任何所需位置对模型进行观察，甚至模型的内部。如同我们现实生活中一样，相机点就是我们摆放相机的位置，也就是我们假想的在虚拟环境中的观察点，并用目标点指定观察方向，在这两点之间所形成的线就是我们给定的假想视线。为了得到不同的视线，可以移动相机点或目标点。一旦确定了所需的观察方向后，通过沿视线的方向移动摄像机，可以改变相机与目标之间的距离。通过添加一个广角镜头或长焦镜头可以改变视野区域。可平移或旋转图像，可以剪裁模型中不需要观察的部分。在 DVIEW 命令中，ZOOM、PAN、DS-

VIEWER 命令和滚动条无效（图 9-39）。

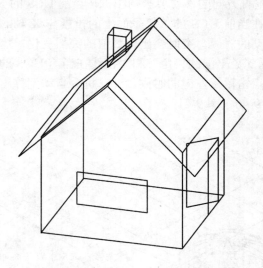

图 9-39 DVIEWBLOCK，满可爱的小房子

命令: dv[回车]
DVIEW
选择对象或 <使用 DVIEWBLOCK>: 选择所需动态观察的对象或按 Enter 键使用 DVIEWBLOCK 指定对角点: 找到 3 个
选择对象或 <使用 DVIEWBLOCK>:
输入选项
[相机(CA)/目标(TA)/距离(D)/点(PO)/平移(PA)/缩放(Z)/扭曲(TW)/剪裁(CL)/隐藏(H)/关(O)/放弃(U)]: 确定一个点或选择一个选项

所确定的点就是拖动的起点。当移动光标时，观察方向改变。命令提示是:
输入方向和幅值角度:
输入 0°~360°之间的角度或在屏幕上确定一个点方向角度决定了观察的正方向，幅度角度决定了观察的距离。DVIEW 命令的不同选项讨论如下。

9.1.2.1 相机(CA) 选项

利用 相机(CA) 选项，可以绕目标点旋转相机。要调用 相机(CA) 选项，在
输入选项
[相机(CA)/目标(TA)/距离(D)/点(PO)/平移(PA)/缩放(Z)/扭曲(TW)/剪裁(CL)/隐藏(H)/关(O)/放弃(U)]:
提示下输入 CA。一旦调用了该选项，则图形是静止的，但是可以上下（在目标上或下）或左右移动相机（绕目标逆时针或顺时针移动）。记住在移动相机时，目标是静止的，而当目标移动时，相机则是静止的。系统显示的下一个提示是:
指定相机位置，输入与 XY 平面的角度，
或 [切换角度单位(T)] <当前值>:

这时候，鼠标的操作状态是推动模型球绕其球心旋转的状态了，在移动光标时，对象也动态地移动。鼠标在垂直方向的移动会影响相机与当前 UCS 的 XY 平面的夹角，水平方向的移动会影响到视线在当前 UCS 的 XY 平面上的投影与 X 轴的夹角。会看到，状态栏显示的角度值在鼠标移动的时候，有时会出现数值的突然变化，这就表明了，显示的数值在"视线与当前 UCS 的 XY 平面的夹角"和"视线在当前 UCS 的 XY 平面上的投影与 X 轴的夹角"间切换。当点击鼠标左键的时候，计算机会自动倒算出一对角度值来确定相机（观察点）的位置（图 9-40、图 9-41）。

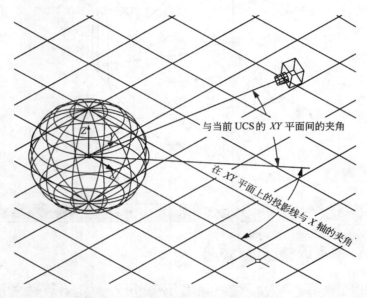

图 9-40　两种夹角的说明

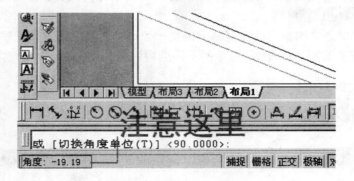

图 9-41　状态栏的显示

当然，还可以利用键盘，更加精确确定这对角度值。
当出现提示：
指定相机位置，输入在 XY 平面上与 X 轴的角度，

或 [切换角度起点(T)] <当前值>: 输入一个-90°~90°之间的角度或用"T"键切换

时，可以输入一个-90°~90°之间的角度给定视线与当前 UCS 的 XY 平面的夹角。

视线与当前 UCS 的 XY 平面的夹角角度值的范围从-90°~90°。与 XY 平面成 90°的夹角的情况下，视线垂直于当前 UCS 的 XY 平面，使相机位于对象的顶部直接向下观察对象，这可得到一个俯视图（平面透视图），-90°角使相机直接从底部观察对象。

或者用[切换角度单位(T)] 选项切换到给定视线在当前 UCS 的 XY 平面上的投影与 X 轴的夹角。

指定相机位置，输入与 XY 平面的角度，

或 [切换角度单位(T)] <当前值>: 输入一个-180°~180°之间的角度或用"T"键切换

该提示要求确定。这仅仅是相机的水平移动（左或右）。可以在-180°~180°之间输入角度值，增加角度值可使相机向对象的右边移动（逆时针），减小角度值可使相机向对象的左边移动（顺时针）。

在这里，[切换角度起点(T)]和[切换角度单位(T)]，分别代表切换到确定视线在当前 UCS 的 XY 平面上的投影与 X 轴的夹角和切换到视线与当前 UCS 的 XY 平面的夹角。

我们可以用切换键"T"，切换这两个角度数值，先确定任意一个，当我们确定了"视线在当前 UCS 的 XY 平面上的投影与 X 轴的夹角"时，鼠标的水平方向的移动，显示在状态栏中的角度值不变。当我们确定了"视线与当前 UCS 的 XY 平面的夹角"时，鼠标的竖直方向的移动，显示在状态栏中的角度值不变。这样，更利于我们观察模型。

注意当使用 DVIEW 而没有选择对象时，DVIEWBLOCK 会自动显示。可以定义或重新定义自己的子 DVIEWBLOCK，就像其他符号块一样。只是要保证定义其大小为 1×1×1，以使其在 DVIEW 命令中有一个适当的比例。

9.1.2.2 目标(TA)选项

利用TA rg e t选项可以相对于相机旋转目标点。要调用TA rg e t选项，可在
输入选项
[相机(CA)/目标(TA)/距离(D)/点(PO)/平移(PA)/缩放(Z)/扭曲(TW)/剪裁(CL)/隐藏(H)/关(O)/放弃(U)]:

提示下输入TA。一旦调用了该选项，图形就是静止的，但可以绕相机上、下、左、右地移动目标点。当移动目标点时，相机是静止的。目标(TA)选项的提示序列是：

命令: dv [回车]
DVIEW
选择对象或 <使用 DVIEWBLOCK>: [回车]
输入选项
[相机(CA)/目标(TA)/距离(D)/点(PO)/平移(PA)/缩放(Z)/扭曲(TW)/剪裁(CL)/隐藏(H)/关

(O)/放弃(U)]: TA[回车]

指定相机位置，输入与 XY 平面的角度，

或 [切换角度单位(T)] <16.6112>: 确定在相机之上或之下的目标点的角度

指定相机位置，输入在 XY 平面上与 X 轴的角度，

或 [切换角度起点(T)] <16.61124>: 确定在相机之左或之右的目标点的角度

这里的操作不论用鼠标的还是用键盘输入数值的，都与CA相似，可以参考CA的部分。但是应当注意的是，这里的角度，指的是由目标到相机的角度。

9.1.2.3 距离(D)选项

如前所述，连接相机位置与目标位置的线称为视线。距离(D)选项用于沿视线将相机相对于目标移近或推开。调用距离(D)选项可以透视视图。到目前为止，还未使用过距离(D)选项，所有前面的视图都是平行投影视图。

图 9-42 注意UCS坐标的变化

另一个需注意的区别是常规坐标系统图标由透视图标代替。该图标指示系统处于透视视图模式中（图9-42）。

距离(D)选项可通过在

输入选项

[相机(CA)/目标(TA)/距离(D)/点(PO)/平移(PA)/缩放(Z)/扭曲(TW)/剪裁(CL)/隐藏(H)/关(O)/放弃(U)]:

提示下输入D调用。

一旦调用了距离(D)选项，系统会提示确定相机与目标之间的新距离。

指定新的相机目标距离 <当前值，在初次调用的时候，是1.0000>:

输入所需相机与目标之间的新距离。

在屏幕的顶部会出现一个长条，它以0 x到16 x标记。当前距离用1 x标记表示。可以在长条中相对于1 x标记左右移动滚动条来验证，当向右移动滚动条时，相机与目标之间的距离增加；当向左移动滚动条时，相机与目标之间的距离减少。当将滚动条移到2 x标记时，则相机与目标之间的距离增加为原来的2倍；当将滚动条移到4 x标记时，则相机与目标之间的距离增加为原来的4倍；……以此类推。相机与目标之间的距离动态地显示在状态栏中。如果在将滚动条移到16 x标记时还不能够完美显示时，可由键盘输入一个更大的距离。要切换为平行视图，调用Off选项。如果希望在透视视图不打开的情况下放大图形，可以使用Zoom选项（图9-43）。

这里注意，如果观察点离模型太近，会有变形出现。

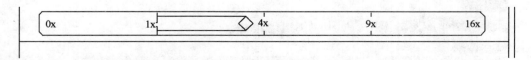

图 9-43 顶部的滑动条显示

9.1.2.4 点(PO)选项

使用点(PO)选项,我们要给定目标点和观察点X、Y、Z坐标,这样,通过这两点,就可以确定视线了。可以使用任何用于确定点的方法,包括使用.X、.Y、.Z过滤器来确定X、Y、Z的坐标。X、Y、Z的坐标值相对于当前UCS。我们还可以用对象捕捉的方式来精确确定这两个点。该选项可以通过在

输入选项
[相机(CA)/目标(TA)/距离(D)/点(PO)/平移(PA)/缩放(Z)/扭曲(TW)/剪裁(CL)/隐藏(H)/关(O)/放弃(U)]:

提示下输入PO调用。然后,会出现如下提示:

指定目标点 <当前目标点值>:

我们可以通过各种点输入法确定目标点。当目标点确定后,从当前目标位置到图形光标头会出现一条橡皮线,这条线我们可以看成是视线。并且会出现如下提示:

指定相机点 <当前相机点值>:

同样,我们也可以通过各种点输入法确定相机点。

新目标点和相机点的建立导致平行投影。如果在透视投影处于活动时确定这两个点,则透视投影会暂时关闭,直到相机与目标点确定为止。一旦点的确定完成,对象重新以透视图的形式显示。如果通过新目标位置和相机位置改变了观察方向,则生成一个预览图像以显示该变化。

在这里特别要提出的是,通过捕捉命令给定相机点和目标点。这样做,很方便我们精确定点观察建筑物。

9.1.2.5 平移(PA)选项

DVIEW命令的平移(PA)选项介于PAN命令与前面三维动态观察器的三维平移之间,操作起来,更像PAN命令。该选项用于相对于图像显示区移动整个图形。正如PAN命令一样,必须通过确定两个点确定平移距离与平移方向。如果透视视图是活动的,则必须用鼠标确定这两个点。该选项的提示序列是:

命令:DVIEW [回车]
DVIEW
选择对象或 <使用 DVIEWBLOCK>: 选择物体或回车使用 DVIEWBLOCK
输入选项
[相机(CA)/目标(TA)/距离(D)/点(PO)/平移(PA)/缩放(Z)/扭曲(TW)/剪裁(CL)/隐藏(H)/关(O)/放弃(U)]: pa
指定位移基点:确定第一点
指定第二点:确定第二点
输入选项

9.1.2.6 缩放(Z)选项

同样的,DVIEW命令的介于ZOOM命令前面三维动态观察器的三维缩放之间。利用该

选项可以放大或缩小图形。该选项可以通过在提示中输入Z调用：
输入选项
[相机(CA)/目标(TA)/距离(D)/点(PO)/平移(PA)/缩放(Z)/扭曲(TW)/剪裁(CL)/隐藏(H)/关(O)/放弃(U)]:Z [回车]
然后，出现提示：
指定缩放比例因子 <1>:
如果，你进入了透视模式，会出现：
指定镜头长度 <50.000mm>:
输入选项

在这里，我们输入要把图形放大的比例。在缩放(Z)选项中，也会在屏幕顶部出现一个从0 x标记到16 x标记的滚动条。滚动条的缺省位置是1 x。这时，可以确定两种缩放方法。第一种用于处于透视模式时，在这种情况下，缩放以镜头的长度决定。1 x标记（缺省位置）相对于长度为50.000 mm的镜头。当滚动条向右移动时，镜头长度增加；当滚动条向左移动时，镜头长度减小。例如，当滚动条移动到16 x标记时，则镜头长度增加了16倍，为16×50.000mm = 800.000 mm。通过增加镜头的长度，可以模拟长镜头的效果；通过减小镜头长度，可以模拟广角镜头的效果。镜头长度可动态地显示在状态栏中。如果未处于透视视图模式中，缩放则取决于缩放比例因子。在这种情况下，Zoom选项与ZOOM Center命令相似，且中心点位于当前视口的中点。1 x标记表示比例因子为1，当向右移动滚动条时，比例因子增加；当向左移动滚动条时，比例因子减小。比例因子可动态地显示在状态栏中。

9.1.2.7 扭曲(TW)选项

扭曲(TW)选项可以绕视线旋转视图。当以相机做参照系时，可以认为模型绕屏幕中心点旋转，因为显示总是调整目标点位于屏幕的中点。如果用鼠标确定角度值，则该角度值动态地显示在状态栏中。从中点（目标点）到图形的十字光标头出现一条橡皮线，且当用鼠标移动十字头时，屏幕中的对象绕视线旋转。也可以从键盘输入扭曲角度，扭曲角从右边起以逆时针方向度量。

DVIEW
选择对象或 <使用 DVIEWBLOCK>:选择物体或回车使用 DVIEWBLOCK
输入选项
[相机(CA)/目标(TA)/距离(D)/点(PO)/平移(PA)/缩放(Z)/扭曲(TW)/剪裁(CL)/隐藏(H)/关(O)/放弃(U)]: tw[回车]
指定视图扭曲角度 <0.00>:确定旋转（扭曲）角度

9.1.2.8 剪裁(CL)选项

剪裁(CL)选项用于剪切部分图形，可以帮我们把前面挡住视线的物体剪掉。AutoCAD利用两个不可见剪切平面实现剪切。这些剪切面可以放置在屏幕中的任何位置且垂直于视线。一旦放置并打开了剪切平面，系统会删除位于前剪切平面之前与后剪切平面之后的所有线。剪裁(CL)选项可同时用于平行和透视投影视图中。当处于透视视图模式中时，前剪切平面自动有效（图9-44、图9-45）。

> 注意，如果确定距离为正，剪切平面放置在目标与相机之间。如果所确定距离为负，则剪切平面放置在目标之外。

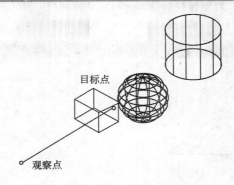

图 9-44 观察点和目标点

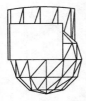 

图 9-45 剪切前，正值剪切，负值剪切

剪裁(CL)选项的提示是：
输入选项
[相机(CA)/目标(TA)/距离(D)/点(PO)/平移(PA)/缩放(Z)/扭曲(TW)/剪裁(CL)/隐藏(H)/关(O)/放弃(U)]: cl [回车]
输入剪裁选项 [后向(B)/前向(F)/关(O)] <关>: B [回车]

一旦确定了所需剪切平面，一个滚动条会在屏幕中出现。当将指针移向滚动条的右边时，目标与剪切平面之间的负距离增加；当将指针移向滚动条的左边时，目标与剪切平面之间的正距离增加。滚动条最右边的标记对应的距离等于目标与所需剪切对象上最远点的距离。在确定了与剪切平面的距离后，需要再次调用剪裁(CL)选项以根据前剪切平面与目标的距离确定前剪切平面的位置。当将指针移向滚动条的右边时，目标与前剪切平面之间的负距离增加，当负距离增加时，图形前面中较大的部分被剪切。滚动条最右边的标记对应的距离等于目标与后剪切平面的距离（图9-46）。

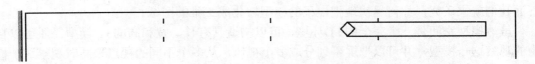

图 9-46 剪裁(CL)选项的滚动条

9.1.2.9 隐藏(H)选项

隐藏(H)选项用于消隐不可见的线。通过

输入选项
[相机(CA)/目标(TA)/距离(D)/点(PO)/平移(PA)/缩放(Z)/扭曲(TW)/剪裁(CL)/隐藏(H)/关(O)/放弃(U)]:

输入H调用（图9-47）。

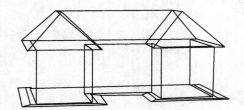 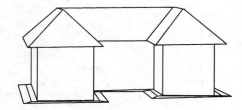

图9-47 不隐藏和隐藏的效果

9.1.2.10 关(O)/Off 选项

关(O)Off选项可将透视投影关闭。提示序列是：

输入选项
[相机(CA)/目标(TA)/距离(D)/点(PO)/平移(PA)/缩放(Z)/扭曲(TW)/剪裁(CL)/隐藏(H)/关(O)/放弃(U)]:

当透视投影关闭后，可注意到透视图标由正常图标代替。

9.1.2.11 Undo 选项

Undo选项类似于UNDO命令。Undo选项可以使上一个DVIEW命令无效。正如在UNDO命令中一样，可以多次使用该选项以放弃多个DVIEW操作。

输入选项
[相机(CA)/目标(TA)/距离(D)/点(PO)/平移(PA)/缩放(Z)/扭曲(TW)/剪裁(CL)/隐藏(H)/关(O)/放弃(U)]:

输入U[回车]

9.2 三维模型的二维输出

我们可以利用计算机来观察研究模型，但是，我们不能把电子的模型带到工地上去啊，下面我们就来研究，如何尽快地把电子的模型转化成二维的图纸。

虽然模型空间是一个完全的3D环境，可以构造具有长、宽和高的3D模型。还可以自由的观察这一模型，并可以把屏幕划分成多个视口，从多个不同的视点来同时观察这个模型，但是，模型空间不适宜把3D模型制成2D图形。原因主要有四：其一，在模型空间中，不管计算机屏幕上有多少个视口，仅能输出当前视口。因此，要同时打印3D模型的多个视图是不可能的。其二，添加注释、标注尺寸和控制实体是否可见都很不方便。其三，很难输出具有精确比例的视图。其四，很难保证多个观察方向视图的保存。而上面这些问题在图纸空间里能很好地解决，所以，大量使用图纸空间来做后面的处理。

9.2.1 图纸空间中的实体模型

AutoCAD有三条专用命令——SOLPROF、SOLVIEW和SOLDRAW用于在图纸空间中处理3D实体。这些命令根据3D实体创建一个中间图以供生成视图和标注尺寸，而不使用模型本身，这可以用3D表面和线框模型来实现。这些中间对象由线框实体组成——例如直线、圆弧、圆和椭圆——比3D实体容易标注尺寸，并允许把隐藏的边显示为虚线。一般地，这些中间对象被投影到与视线垂直的平面上，尽管SOLPROF命令能够制作3D线框。这三条命令在一个名为SOLIDS.ARX的外部程序中，在首次执行其中的任一条命令时该程序被自动加载。激活这些命令的菜单和工具条按钮如图9-48所示。

9.2.2 SOLPROF 命令

SOLPROF命令用来生成由一至多个3D实体轮廓和边的线框对象组成的图块组中。虽然此图块组生成于模

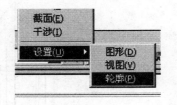

图 9-48　从模型到图纸的工具菜单

型空间，但这个命令必须在图纸空间浮动视口中执行。所有的边，不管是可见的或是隐藏的，都包涵在此图块组中。用户可以选择把可见的边和隐藏的边放在不同的图块中（图9-49、图9-50）。

图 9-49　设置轮廓工具　　　　　　　图 9-50　设置轮廓菜单

如果用户已指定分开放置可见边和隐藏边。AutoCAD 使用 PV-句柄图层来放置实体的可见边，使用 PH-句柄图层来放置实体的隐藏边。这些层名中句柄是浮动视口的描述字。例如：如果浮动视口的句柄=C0，则图层名为 PV-C0 和 PH-C0（浮动视口的句柄是 AutoCAD 分配的十六进制数。通过 LIST 命令可以看到视口的句柄）。如果这些层名不存在，AutoCAD 会自动创建，其线型是 Continuous。如果不指定分开放置可见边和隐藏边，则生成的本该隐藏的边也会放在 PV-句柄图层图块——与可见边图块放在同一个块里。而且，还可以选择生成的图块是平面的还是三维的，是否显示曲面边缘的切线。

SOLPROF命令的格式如下：

命令: _solprof
选择对象: 找到 1 个（选择一个或多个3D实体）
选择对象:
是否在单独的图层中显示隐藏的轮廓线？[是(Y)/否(N)] <是>:（输入Y或N，或按回车）
是否将轮廓线投影到平面？[是(Y)/否(N)] <是>:（输入Y或N，或按回车）
是否删除相切的边？[是(Y)/否(N)] <是>:（输入Y或N，或按回车）
已选定一个实体。

各选项说明如下：

9.2.2.1 "是否在单独的图层中显示隐藏的轮廓线？"选项

如果输入Y或按回车响应，AutoCAD将把由可见边组成的块放在PV-句柄层，把由隐藏边组成的另一个块放在PH-句柄层。如果选中了多个实体，在其他实体后面的实体上的边将放在PH-句柄图层。这个过程只生成两个块，而不考虑选中了多少个实体。

如果输入N响应，AutoCAD将把各实体上的可见边和隐藏边组成一个块放在PV-句柄层。这个过程为各实体生成一个块，此块含有所有实体的所有边，包括在其他实体后面的边以及单个实体的隐藏边。

9.2.2.2 "是否将轮廓线投影到平面？"选项

如果输入 Y 或按回车响应，则生成位于通过 WCS 坐标原点并垂直于观察方向的平面内的二维图块。输入 N 响应，生成位于被选实体上的三维图块。但是，注意，这些块并非是实体边的完整拷贝。例如，假设有一长方体实体，我们在视图中的观察方向正好是它的一个面，所以长方体看起来像一个矩形，生成的块将不包括迎面的四条边，如图 9-51 所示。

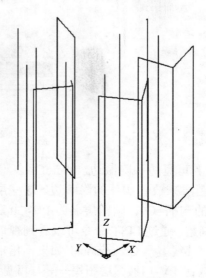

图 9-51 不完全的轮廓边

9.2.2.3 "是否删除相切的边?"选项

实体上的曲面与相邻表面相切产生过渡边缘,如实体上相邻两面用圆角过渡。如果输入Y或按回车响应这一提示,AutoCAD将显示过渡边缘。如果输入N响应这一提示,AutoCAD将不显示过渡边缘,如图9-52所示。

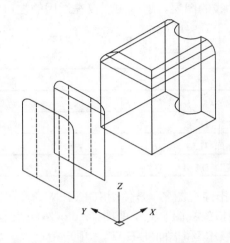

图9-52　Y响应读者左手边,N响应读者右手边

> 注意,SOLPROF 命令的结果并不容易立刻发现,因为所生成的包涵边的图块完全覆盖了实体的相关边。所以,观看由 SOLPROF 命令生成的图块,必须移动或删除实体,或者关闭或冻结实体所在的层(强烈推荐此方法!)。
> 　　由 SOLPROF 命令生成的图块是无名图块。如果要把其中的一个图块输出到另一张图纸,可以使用 BLOCK 或 WBLOCK 命令从中生成一个命名的图块。如果 SOLPROF 图块是二维的,则必须首先把 UCS 的 XY 平面设置在该图块所在的平面内。虽然使用 SOLP ROF 命令可以制作 3D 实体的正投影视图,但使用 SOLVIEW 和 SOLDRAW 命令则更方便。
> 　　通常,过渡边缘是不需要显示的。然而,对于某些几何形体过渡边缘就需要显示了。

9.2.3　SOLVIEW 命令

SOLVIEW命令为从三维实体模型生成多个视图的二维图纸建立浮动视口,为使用SOLDRAW命令做准备(图9-53、图9-54)。SOLVIEW命令建立视口,SOLDRAW命令则完善视口。明确地讲,SOLVIEW命令能:

图9-53　设置轮廓工具　　　　　　　　图9-54　设置轮廓菜单

- 把视口放置在名为VPORTS的图层中。如果这个图层不存在，AutoCAD会自动生成。
- 为主要的正投影视图、辅助视图和剖面视图创建和排列浮动视口。
- 为这些视口中的模型设置合适的视图方向和比例。
- 为可见线、隐藏线、尺寸线和剖面线在每个视口中创建层。

AutoCAD为可见线、隐藏线和剖面线创建的图层由SOLDRAW命令来使用。为了方便用户标注尺寸，创建了尺寸线的图层。这些图层仅在适用的视口中解冻，在其他所有视口中都是冻结的。这些图层如下表9-1所示。

表 9-1

图 层 名	图层中放置的项目
"用户指定视图名"-VIS	可见对象的线和边
"用户指定视图名"-HID	隐藏对象的线和边
"用户指定视图名"-HAT	剖面线
"用户指定视图名"-DIM	尺寸对象

在这些层名中的"用户指定视图名"是使用SOLVIEW命令时在每个视口中指派的视图名。例如，假设你命名了视口的视图名为平面图，AutoCAD则会给这些图层取名为平面图-VIS、平面图-HID、平面图-DIM和平面图-HAT。"用户指定视图名"-HAT图层仅当使用了SOLVIEW命令的截面(S)选项时才创建。

SOLVIEW命令是一条交互式的命令——提示你输入位置、尺寸、比例和视图名。如果系统变量Tilemode的值不为0，AutoCAD将会把它设置为0，然后继续该命令的操作。SOLVIEW命令的命令行格式如下：

命令：_solview

输入选项 [UCS(U)/正交(O)/辅助(A)/截面(S)]：（输入一选项或按回车）

在执行完一个选项后重复这一提示，按Enter键结束本命令。除UCS外的所有选项需要一个现有的浮动视口。因此，你选择的第一个选项必须是UCS。

9.2.3.1 UCS 选项

此选项创建一个浮动视口，其视图方向与UCS的平面图方向一致。然后提示：

命令：_solview

输入选项[UCS(U)/正交(O)/辅助(A)/截面(S)]: ucs

输入选项[命名(N)/世界(W)/?/当前(C)] <当前>：（输入一选项或按回车）w

- 命名(N)选项设置视点到命名的用户坐标系视图。AutoCAD将提示输入UCS名。

输入要恢复的UCS名：

输入的UCS名必须是一个用UCS命令保存过的UCS名。

- 世界(W)设置新视口的视点到WCS平面图。
- ? 显示现有的已命名的用户坐标系名。AutoCAD显示如下提示使你能过滤用户坐标系名列表。

输入要列出的UCS 名 <*>：（输入一用户坐标系名列表或按回车）

按回车观看包涵全部UCS名的一个列表，使用通配符（*或？）观看经过滤的UCS名列表。在列出了UCS名后，AutoCAD将重新显示"命名(N)/世界(W)/?/当前(C)"提示。
- 当前(C)这一选项设置新建视口的视点到当前的UCS。

一旦指定了UCS来设置新建浮动视口的视图方向，AutoCAD会进一步提示输入视口的比例。

输入视图比例 <当前比例值>: 1/2（输入一数值或按回车）

输入的数值将用来设置视口相对于图纸空间的比例。AutoCAD接下来提示输入视口的位置。

指定视图中心:（输入一个点作为视口的中心）

一旦输入了视口的中心点，AutoCAD就以该点为中心，按规定的比例显示模型，并显示如下提示：

指定视图中心 <指定视口>:（指定一点或按回车）

如果对此位置感到满意就按回车。否则，继续指定其他的点直至找到想要的位置，并按回车确认。然而AutoCAD将提示输入视口尺寸。

指定视图中心 <指定视口>:
指定视口的第一个角点:（指定一点）
指定视口的对角点:（指定一点）

这两点确定浮动视口边界的对角点。AutoCAD将继续显示模型，从第一角点拖动橡皮筋矩形框有助于确定视口的大小。

最后，AutoCAD提示输入视图名。

输入视图名: 平面图
UCSVIEW = 1 UCS 将与视图一起保存（输入一视图名）

这个视图名与VIEW命令指派和使用的视图名是相同的，不能是已经存在的视图名。AutoCAD在为每个视口创建的层名中使用这个视图名。

9.2.3.2 正交(O)选项

这一选项创建一个浮动视口，其中的视图与已有视口中的视图成90°角。AutoCAD首先提示你拾取基准视口的一边。

指定视口要投影的那一侧:（选择视口的一边）

接着AutoCAD打开正交方式，在基准视口一边的中点固定橡皮筋线的起点，然后提示输入新建视口的中心。

指定视图中心:（指定一点）

当选中一点后，AutoCAD将以该点为中心，用与基准视口相同的比例和绕基准视口的视图方向转过90°角以后的视图方向显示模型。然后提示你是移动或是接受该视口位置。

指定视图中心 <指定视口>:（指定一点或按回车）

你可以尝试多次直至找到想要的视图中心位置，按Enter键接受输入。然后AutoCAD会提示输入视口的两对角点和视图名。

指定视口的第一个角点:（指定一点）

指定视口的对角点:（指定一点）
输入视图名:（输入视图名）
UCSVIEW = 1 UCS 将与视图一起保存

视口的第一个角点一选中，AutoCAD会固定橡皮筋矩形框的一个角点到这一点以帮助你定位另一对角点。在视口的层名中将用到该视图名。

9.2.3.3 辅助(A)选项

与任何主要正投影视图平面不平行的视图可由这一选项生成。这一选项创建一个视口，其中的视图垂直于模型上的一个平面，并显示该平面的真实大小。通过选择平面边缘上的两点可确定投影的角度并开始该选项的操作。

指定斜面的第一个点:（指定一点）
指定斜面的第二个点:（指定一点）
指定要从哪侧查看:（指定一点）

确定平面的两个点必须在同一视口中，该平面必须成一条线，也就是该平面必须平行于视口的视图方向。否则，在辅助视口中将不会显示平面的真实尺寸。指定从哪一边观察该平面的点也必须在同一视口中，并且必须偏离确定倾斜平面的两点连线组成的直线。AutoCAD接着旋转图纸空间的UCS使X轴垂直于该平面，从该点出发延伸橡皮筋直线，打开正交方式，提示输入视口中心。

指定视图中心:（指定一点或按回车）

当选中一点后，AutoCAD将以该点为中心，用与基准视口相同的比例和直视基准视口所选平面的方向为视图方向显示模型。然后提示：

指定视图中心 <指定视口>:（指定一点或按回车）

当你找到了合适的视口中心位置后按Enter键确认。接着AutoCAD将提示输入视口的两对角点和视图名。

指定视口的第一个角点:（指定一点）
指定视口的对角点:（指定一点）
输入视图名:（输入视图名）
UCSVIEW = 1 UCS 将与视图一起保存

AutoCAD会固定橡皮筋矩形框的一个角点为选中的第一个视口对角点以帮助你定位另一对角点。即使视口中的视图是倾斜的，但视口的边界与图纸空间的X轴和Y轴相平行。指定的视图名将用于视口的图层名。

9.2.3.4 SECTION选项

这一选项用于生成模型的剖视图。最终的视图由剖面图和剖切面后的可见轮廓线组成。不过，剖视图对象在使用SOLDRAW命令后才真的生成。这一选项首先提示输入两点以定义剖切面，然后要求输入剖视图的观看方向以及新视口的比例。

输入选项 [UCS(U)/正交(O)/辅助(A)/截面(S)]: s
指定剪切平面的第一个点:（指定一点）
指定剪切平面的第二个点:（指定一点）